屋顶绿化与垂直绿化

新加坡南洋大学艺术和设计学院。
照片来源于Sidonie Carpenter。

瑞士苏黎世MFO公园。
照片来源于©JakobAG。

本书为纪念Brian Richardson（1927—2007年）而作，他是建筑师、
公民自由活动参与者和屋顶绿化的先驱

小园林设计与技术译丛

屋顶绿化与垂直绿化

［英］ 奈杰尔·邓尼特 著
诺埃尔·金斯伯里

甘德欣　何丽波　译

中国建筑工业出版社

著作权合同登记图字：01-2010-0626号

图书在版编目（CIP）数据

屋顶绿化与垂直绿化/（英）邓尼特，金斯伯里著；甘德欣，
何丽波译.—北京：中国建筑工业出版社，2016.6
（小园林设计与技术译丛）
ISBN 978-7-112-18994-6

Ⅰ.①屋… Ⅱ.①邓… ②金… ③甘… ④何… Ⅲ.①屋顶—
绿化—研究 Ⅳ.①S731.2 ②TU985.12

中国版本图书馆CIP数据核字（2016）第007988号

责任编辑：戚琳琳 张鹏伟
责任校对：刘 钰 张 颖

小园林设计与技术译丛
屋顶绿化与垂直绿化
［英］ 奈杰尔·邓尼特 著
诺埃尔·金斯伯里
甘德欣 何丽波 译
*
中国建筑工业出版社出版、发行（北京西郊百万庄）
各地新华书店、建筑书店经销
北京锋尚制版有限公司制版
北京缤索印刷有限公司印刷
*
开本：850×1168毫米 1/16 印张：21½ 字数：278千字
2016年8月第一版 2016年8月第一次印刷
定价：158.00元
ISBN 978 - 7 - 112 - 18994 - 6
（28240）

献给我的父亲和母亲，
他们教导我热爱园林和植物

目录

第一版前言

　　写作本书仅仅是因为本人密切关注建筑上创新和生态地利用植物。到德国和斯堪的纳维亚旅游，拓展了我对屋顶绿化从微观到宏观的视野，但这部分工作属于北美屋顶绿化健康城市组织，这些工作也让植物为建筑带来了经济上的益处。非常感谢屋顶绿化健康城市组织的Steven Peck，在本书中我取用了他们一些素材。特别感谢德国ZinCo公司的Heidi Eckert，他提供了一些影像资料。同时我非常感谢瑞典Veg Tech 的Tommy Porselius、Stephan Brenneisen和Manfred Köhler，他们提供了非常珍贵的影像，还有Andy Clayden 的素描。Roofscape Inc 的Charlie Miller 对本书给予了非常有益的评价。谢谢Timber出版社的Anna Mumford保障了本书的适时出版。

　　感谢我的妻子Helen，因为她的爱和鼓励，让我在自家的院子里建成了屋顶绿化并使其成为试验基地。

奈杰尔·邓尼特

　　我非常感谢这些人，他们慷慨地给予我时间并帮助我理解这些富有灵感和希望的技术：德国Optigrün 的Gunter Mann，波特兰的Tom Liptan，瑞典Malmö的Lindhqvist，瑞士的Fritz Wassmann。同时，我非常感谢Hans-Joachim Liesecke 教授和Walter Kolb 博士，他们慷慨回答我一些问题，并提供给我屋顶绿化的历史和背景。

同时我非常感谢Ian Huish，他是我在德国的老师，如果没有他的帮助，这些工作就没有办法完成。最后，我要感谢我的搭档Jo Eliot，她所给予的爱和支持。

诺埃尔·金斯伯里

第二版前言

在本书第二版的准备中，很多国家的同仁们提供了帮助，综述了各个国家在这个领域令人惊喜且快速的变化。我们特别感谢Ayako Nagase，她是谢菲尔德大学博士研究生，也是英国第一个对屋顶绿化种植技术进行研究的学生。她给我们提供了试验数据、参考资料以及日本的研究技术。

同时我们感谢以下这些人接受我们的阅卷调查，感谢他们提供图片、绘画、参考资料和信息：Brian Richardson，Jonathan Hines，Manfred Köhler，Sidonie Carpenter，Randy Sharp，Roland Raderschall，Seiza Eccles，Hay Joung Hwang，Dusty Gedge，日本Gifu国际园艺研究所的Aida Akira，日本Meiji大学的Hyukjae Lee 和Takeshi Tsujie，以及在Jakob AG G-Sky 和Rudolf Lehmann的Chad Sichello。

奈杰尔·邓尼特

诺埃尔·金斯伯里

第1章　引言

对屋顶和墙体进行绿化已成为生态学、园艺学和环境建设领域里发展速度较快、最富有创新性的方向之一。对于那些不太熟悉这些概念的人来说，开始看上去有点不可思议，甚至会觉得标新立异或者难以接受。如果对一些已竣工的工程稍微熟悉或者有一定了解之后，所有的疑虑则会烟消云散。福特公司最终选择了密歇根州迪尔伯恩市一个制造厂进行了屋顶绿化。如果对屋顶绿化持之以恒地进行广泛钻研，条理会逐步清晰。

到欧洲中部旅行的人可能注意到了这里近年来越来越多的屋顶已经进行了绿化——一些富豪区的屋顶不一定是屋顶花园，在一些商业性建筑、对美学上的要求不高或人很少使用的屋顶上，往往只种植了一些草皮或其他低矮的植物。在德意志联邦共和国西南部的斯图加特市，山顶上有一个很小但非常漂亮的中国园，可以俯瞰全城。在其后部有一个场地是观察城市屋顶绿化的绝佳场所。细心的旅游者可以充分利用这个地点去欣赏城市里有多少屋顶已经用各种植物进行了覆盖。到一些高校、社区、学校和一些工厂的现代建筑上则可以近距离地欣赏一些绿化的屋顶。

在邻近瑞士的苏黎世市一个火车站站台顶上，散落着一层沙石，覆盖着城市废弃地里生长的植物，这里为蜥蜴和一些珍稀昆虫提供了一个非常好的栖息地。墙或篱笆上的绿化也促使了一些野生生物的生长。从火车站北部出口可以看到一个6层的尖塔建筑，那是国家

在德国斯图加特商业区，所有可以利用的屋顶都能支持植被。

图片来源于©ZinCo。

这个铁路站台顶棚所支撑的绿化屋面设计的目的是为蜥蜴和珍稀昆虫提供生境。这里用了石头、砂子和卵石，植被则是典型的城市"褐地"废弃地植被。

图片来源于 Dusty Gedge。

博物馆，在其两个角上都爬满了紫藤。看了这些让人惊叹的奇观后，细心的观察者会寻找其他类似的例子，逐渐明白在这个地方人们除了喜欢在屋顶上绿化外，也喜欢在一些墙上栽植植物。对于那些一度认为建筑和植物不能混合在一起的人，这个时候他们也看到了一种完美结合。更让人惊讶的是在一些国家和地区，屋顶绿化已成为一种强制性条文。

在世界上的其他国家，在一些新的和创意性强的建筑上进行屋面绿化已成为一种常态。一种在中欧德语国家萌芽的思想和技术已广泛传播到世界上其他的工业化国家，甚至是热带地区。墙体垂直绿化也正在推广，一些攀缘植物（也是德语国家发起的）和一些垂直生长的植物得以广泛运用——这种最新的技术主要起源于日本。

屋顶绿化和垂直绿化的区别在于栽植、支撑设施和建筑结构的整合方式以及一些现代材料的运用。其结果是活体植物、建筑和一些使用人群的楔形接合。这些都是旧的工程技术无法达到的。及时区分新的植物栽植技术与老技术之间的区别是非常重要的。

集约式屋顶绿化能支持多样的植被，这个屋顶花园建在一个停车场上部（可见一个通风设施），包括乔木、灌木和石质铺装道路。阿姆斯特丹ING银行大楼。

现代屋顶绿化的技术特征是将种植、支撑结构和建筑整合在一起。

图片来源于Fritz Wassmann。

这是阿姆斯特丹Rembrandt Plein草皮屋顶，它将大楼和周边公园连在一起，同时允许人们在上面行走或进行日光浴。由Sven-Ingmar Andersson设计。

老式屋顶花园一般是将植物限定在一定的容器里或者在屋顶表面撒一层普普通通的土壤，这样就要求屋面必须足够的坚固。传统中屋顶绿化的植物容器或者梯状物往往放在铺装上，而新式屋顶绿化则能整合很大部分的硬质铺装，可用作休闲场所或其他用途，主要是植物和绿色覆盖了屋顶。新式屋顶绿化主要包含两种：集约式屋顶绿化和简约式屋顶绿化。这种分类既考虑到了德国对屋顶绿化的分类方式，更主要是考虑了不同类型屋顶绿化对维护管理工作的需要。

集约式屋顶绿化

集约式屋顶绿化和旧式的屋顶花园一样，人们可以像使用任何其他传统花园一样使用屋顶花园。植物往往像地面花园一样保持在一个个独立的基地里。土壤深度一般在15cm以上，往往掺和了一些轻质的生长基质。有些简单型集约式屋顶绿化主要用草皮或地被，

这个有草皮和花坛的休闲式屋顶只离地面一层楼高，但包含所有地面花园所具备的所有元素，需要相同的维护管理和资源投入。

所以需要定期维护，但因为基质较薄，在建设初期费用较低。

　　集约式屋顶绿化能支持乔木、灌木、草皮等所有类型植物的生长。条件允许时还可建一些水体。这种屋顶绿化往往可达性强，看上去也非常美观。

简约式屋顶绿化

　　简约式屋顶绿化在建筑结构允许的情况下，往往可以设计一些过道或者供人集会的地方，但其建设的目的不是为了满足人们日常的使用，它甚至不可见。因为不需要长期的投入以维持其稳定，与传统的屋顶花园相比，他们更为"生态"或者说可持续性更强。栽培基质很薄，往往在2~15cm之间，这样就减少了建筑的负荷。植物处理也很简单，就像一块草皮一样。维护管理也往往控制到最低（如走过时拔掉一些有问题的物种，修剪或者剪掉所有植被）。与复杂式屋顶绿化相比，因建设和维护费用低，简约式屋顶绿化更为经济。

半简约式和杂合型屋顶绿化

　　集约式和简约式屋顶绿化的差别有时并不是如上面所述非常清楚。我们感觉在广义上来说这样分类是非常好的，也很严格。屋顶绿化有时看上去既像集约式又像简约式，很有可能这两种类型同时存在于一个屋顶上。为何屋顶花园和集约式屋顶绿化需要高维护而且看上去更为传统？相反地，为何那些看上去与自然式的栽植、生物多样性、可持续的水管理和其他环境利益相关的简约式屋顶绿化看上去很好，却在根本上没法兼顾人类的需要？

　　这时我们可以从这两个词汇中跳跃出来并仔细考虑它们各自的

简约式屋顶绿化是轻质的，相比复杂式屋顶绿化，基质更薄，常常看上去也更自然些。

半简约式屋顶像简约式屋顶一样采用轻质的栽培基质，深一点的基质厚度满足了更多种植物能够生长。由Nigel Dunnett完成植物种植设计。

在同一屋顶上能同时运用集约式屋顶绿化和简约式屋顶绿化技术。这是芝加哥市政府大楼楼顶。

美国景观设计协会总部顶楼屋顶绿化，由Michael Van Valkenburgh协会和保护设计联盟设计，这个屋顶建设的初衷是建成一个可进入的友好的环境（拥有传统屋顶花园的特色），同时必须是轻质，对环境友好（拥有简约式屋顶绿化的特色）。两种屋顶绿化方式结合在一起。抬高的波形地带下填塞了一些绝缘材料，这样既对屋顶进行了遮挡，同时起到围合花园的作用。抬起的地形支撑轻质的栽培基质和植被混合体——让参观者和自然紧密接触，增强其对景观的感知。

优点。简约式屋顶因其技术兼容性强而得到有力的推崇，但全世界这种屋顶看上去都差不多。直到最近因大力提倡生物多样性才提高美感的重要性。同样，也没有说那些生态的措施只能用于一些人无法到达的简约式屋顶。所以说，用在一些可到达的屋顶上，通过在一些预设点或容器里栽植一些大灌木或乔木，集合简约式和半简约式屋顶绿化的优点，这样和过去的屋顶花园相比可持续性更强。在屋顶上，一些生态学的概念可以通过水循环、水收集、太阳能和风能的利用等途径来实现。促进野生生物的生长、生物多样性的实现和生境的建设也不再局限于那些不可见或者不可达的屋顶了——这样就有很多创造性技术既有利于野生生物也有利于人类。屋顶绿化的未来是杂合型屋顶绿化的快速发展，因为这种类型结合了所有传统类型的优点，从不同尺度上建成了一个可持续的屋顶环境。

在本书中，半简约式屋顶因在一些可视屋面及一些人类可以利用的潜在场地中，创造性地拓展了屋顶植物栽植的范围，因此具有巨大的发展潜力（Dunnett，2002）。半杂合式屋顶绿化因和简约式一样，是低投入和低成本维护，常利用一些轻质的栽培基质和一些现

这是英国罗瑟汉姆Moorgate Crofts商务中心半杂合式屋顶绿化，没有灌溉也没进行施肥，基质厚度在10～20cm，低维护，高生物多样性，看上去非常漂亮。

代的屋顶建设技术，但因其基质厚度比较厚（10～20cm），这样就使更多的植物种类能在其上面生长。

一场革命：为生物多样性而建的屋顶

针对景天属屋顶因土层薄、质地轻而导致缺乏本土特色的特征，在屋顶绿化领域已展开了一场革命。起源于瑞士的以生物多样性为特征的屋顶绿化主要目的在于在屋顶上建立一系列生境。主要通过使用本地土壤和栽培基质材料来促进本地植被的自我萌发，也可以通过播撒一些本地植物种子的混合物来实现。"褐屋顶"就是一种通过使用"城市基质"比如碎砖、碎水泥块、沙石或者心土（一般来源于新建设的开发区）而建成的屋顶。这种屋顶建设的目的在于重建一些类似于典型城市"废弃地"和"褐地"的环境，提升其潜在的为一些珍稀无脊椎动物和地面筑巢鸟类提供栖息地的价值。生物多样性屋顶和褐屋顶最典型的一个特征是他们的基质厚度是变化的，但不一定薄和轻：典型的厚度一般在10~15cm，所以表面不一定是平坦的，有些微地形这样更有利于生物多样性的建立。如果屋顶结构允许，也可在其上面建湿地和开放的水体。这类型屋顶将在第2章详细介绍。

瑞士屋顶上有变化的地形、多种植被类型以及多样的生态环境。枯树枝为鸟类提供歇息的地方，同时也是无脊椎动物的栖息地。

所以我们认为在这个领域有很多创造性设计的产生，能产生很多的杂合类型：通过地形变化使得视觉和美学效益的最大化，使用不同的基质和植被类型，甚至使用雕塑来提高生境的创造力和视觉效果。

其他屋顶绿化词汇

生态屋顶有时也成为屋顶绿化的替代词。很多人用这个词来描述有植被覆盖的屋顶来与其他类型的屋顶区别开，以强调其生态功能（比如覆盖着太阳能板的屋顶），也可称为绿色的屋顶（这里的"绿色"主要取其广泛的生态学或环境价值）。生态屋顶有时也指一些特殊干旱季节的简约型屋顶绿化，植被变为褐色或者金黄色。比如，他们常把俄勒冈州波特兰市简约式屋顶绿化称为生态屋顶，是因为它们往往在大部分生长季节里不是绿色而是褐色的，这样用"绿化"显得名不副实。同理，词汇"活力屋顶"也给开发商和设计者传递了一个信息——不要以为一个覆盖有植被的屋顶就一定长期是绿色的。

本书主要关注一些低投入的屋顶绿化类型而不是复杂式屋顶绿化技术和传统的屋顶花园；后者是很多其他书本所关注的（Osmundson，1999）。

绿篱和活力围墙

在建筑物的外墙种植攀缘植物已成为一种普通的技术发展了几个世纪，除了一些具有自我攀爬的种类，比如五叶地锦，他们很少能爬到两层楼高，在一些受到当地条件限制的地理区域更为明显。现代的垂直绿化是指利用一些现代技术来支持更多种攀缘植物爬得更高。

在这个建筑物上既有屋顶绿化也有垂直绿化，这样既改善了视觉效果，也提高了其环境改善的功能。

图片来源于Manfred Köhler。

本书我们会描述一些更为现代，更具有创新性的方法来应用植物。这些主要是指用水培的方法在垂直或者非水平的表面种植植物，既满足了美化的功能又可作为水净化处理系统的一个部分。其他方法包含利用一些在地里生长的植物作为硬质构筑物或机械水过滤系统的一个替代品。这样将植物和建筑物整合看起来就简单得多。生物工程能很好地概括这些新颖的技术。

将具有生命力的植物和建筑环境整合具有很多的益处，在本书里我们将详细地进行介绍。如果谁想宣扬这些新技术，他将面临的最大挑战是怎样让顾客、政策制定者、媒体和普通大众能客观地看待这些技术。这是在屋顶和围墙上种植植物面临的一个大困境，因为这样做带来的益处看上去不是那样直观，有时甚至是相反的。本书我们举出了一些在建筑物上种植植物的例子。在相关部分我们还对其益处进行了描述，但这里还是有必要进行一下总结。

绿化能提升城市的视觉和美学效果。很多研究证明绿化具有治疗的功效。比如，在医院里，病人通过窗户看外面的树能使其恢复得更快（Ulrich，1984）。植物能为城市野生生物提供生境。如果能在城市环境中发现栖息地，一些动物也乐于栖息于此。

所有的绿色植物能降低污染：吸收噪声、降尘、二氧化碳循环、吸收或者粉碎一些气体污染粒子。植物也能减少城市化带来的环境负效应，比如吸收城市产生的热量或者吸纳城市硬质面上的地表径流。这样从微观到宏观尺度上都有利于改善城市环境，有利于缓解城市热岛效应、减少城市洪涝、在炎热的季节通过降低建筑物温度节约能耗。植物有利于保持建筑内温度的恒定，通过蒸腾带走水分对建筑进行物理降温，减少极端高温和极端低温的产生。

然而这些所有适合的植物，在屋顶或围墙上种植植物的最大益处在于能够绿化传统上树木或者灌木没法生存的场所，所以能将这些好处带到更多的地方。

这本书起抛砖引玉的作用，主要关注在建筑物上如何种植植物及其相关技术，重点在于植物是如何应用的。因篇幅有限，在工程建造技术上没能给出非常详细的信息。同样，这些技术都非常新颖并且发展非常迅速，一些技术上的更新速度很快，一些新的材料也

相比裸露的屋顶，屋顶上最简单的植被都能带来很多的好处。

将面市。这些技术将受到专利或商业机密的保护——但这些并不是所有人都会予以支持；意见不一意味着这是一个充满生机和创新的领域；需要强调的是没有永远的"正确之路"，往往是条条大路通罗马。

在这里我们更多强调的是一些基本的原理，如果谁对这些原理的运用感兴趣，可以从一些正式的渠道去了解他们的运用。大尺度的屋顶绿化工程在实际施工中涉及多个学科：构造工程、调研、建筑、景观和水工程等。即使是专业的屋顶绿化建设者也往往只能给这些人一些概念，工程的细节则依赖于这些专业人员。然而，业余爱好者则在这里可以找到足够的信息来指导他们一些小规模工程的施工。这本书潜在的读者包括：

建筑学、景观学、园艺学、景观和城镇规划、环境管理、生态学和自然保护学等领域的专业人士。

对创造性和新颖的造园方式感兴趣的业余爱好者。

为保护本土环境而努力的环境和社区活动家。

关注环境保护的决策和政策制定者。

从事与景观和建设工作相关的园艺师，比如苗圃主人或管理者以及园林设计师。

推动生态建筑活动的DIY和自我主创鼓动者。

我们列举这些出来的目的，是给读者一个工具去寻找一些技术的细节和一些生物工程技术的应用实例，以跟进时代的发展。在本书第307页我们列举了一些技术丛书、咨询机构、期刊、网页、建设公司以及一些可以见到非常好的实例的地方，为读者提供这些信息来源。

在园林和景观设计领域我们常常习惯将事物分成硬质的和软质

的两个方面，前者是指一些没有生命的材料的运用，比如园路、石材，后者主要指植物。对于屋顶绿化来说，这样区分是非常有用的。硬质元素的运用，比如土工布、基质和卷缆柱的利用，在全世界基本上是一样的，软质元素却在不同气候区和地区间有非常大的差异。所以，在任何地区那些物种能否适应都必须进行试验。事实上，植物也是最终可见的唯一的结果，所以说植物选择是一个非常具有挑战性的工作。我们所讨论的植物选择在生物工程领域已经是非常成熟的，我们也讨论了一些选择的方法，目的是让一些实践者能在世界上其他国家做出合适的选择。

屋顶绿化不一定要求面积必须大，必须是在公共建筑上还是在商业建筑上。有很多机会可以建成小体量、家用甚至庭院屋顶绿化。

图片来源于John Little。

背景和历史

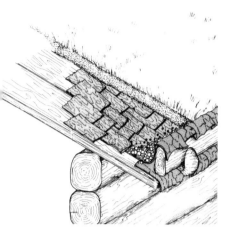

传统的斯堪的纳维亚草皮屋顶示意图，多层杨树枝形成了防水层。

绘图©Eugen Ulmer, Gmb H&Co, 斯图加特。

挪威奥斯陆民族园传统木屋上用草皮和白桦树枝覆盖。

图片来源于Catherine Waneck。

装饰性屋顶花园似乎起源于古文明的起源地底格里斯河和幼发拉底河流域（最著名的例子是公元前17和18世纪古巴比伦所建的空中花园），以及古罗马。然而，直至现代建筑技术和材料的发展才为屋顶绿化技术的发展提供了前提。直至19世纪中叶，随着屋顶构建材料水泥的出现，在欧美，一些平屋顶才能建成。1868年巴黎世博会上，建了一个覆有植物的"自然之顶"，这也是西欧首批实验性屋顶绿化工程中的一个。其中包括1903年巴黎一个公寓屋顶上建成的一个梯级屋顶和屋顶花园，1914年由弗兰克·劳埃德赖特（Frank Lloyd Wright）设计的一个芝加哥旅馆的屋顶，同年由瓦尔特·格罗皮乌斯（Walter Gropius）在科隆设计的相类似的一个工程。勒·柯布西耶（Le Corbusier）可以说是1920年后系统运用屋顶绿化技术的第一人，但似乎这些技术只运用在富豪区的豪宅上（尽管他一直主张要通过屋顶绿化来提高其生产和休闲的功能）。一直存在的屋顶花园著名案例是伦敦Derry & Tom百货大楼，这个屋顶面积超过6000m^2，包含一系列主题园，这里让很多人的理念成为现实。

然而，直到20世纪，一些先进的建筑技术才让城市开发区平屋顶的主导地位成为现实。广泛建成的平屋顶能承受更重的载荷，也有利于屋顶花园的快速发展。但这些屋顶花园建成的目的如上所述都是因为美学的需要，往往需要非常坚固而且昂贵的材料，后期需要精细的管理才能维持（Herman，2003）。实际上，在20世纪后半叶，技术促成了一些城市广场的建设实际上就是屋顶景观，但很多却不被大众所认知，还比如地下停车场、公园、公路、地铁等。

同前所述，这本书里关注的不是那些高投入的复杂式屋顶花园，我们倒应该多关注一些低投入的简约式屋顶绿化，如草皮屋顶。草屋顶已成为一些区域几百年甚至上千年来的一种标识，尤其是斯堪的纳维亚和库尔德斯坦地区——土耳其、伊拉克、伊朗以及一些邻近的库尔德语地区。在这些地区，泥土是传统的建筑材料。平坦的、泥土覆盖的屋顶上常长满了草，由此产生了草皮屋顶的功能。在斯堪的纳维亚地区，土和草的混合物有利于保存热量使其在漫长黑暗的冬季不受损失，库尔德斯坦地区的草皮屋顶在冬天起到保温的作用而在夏季有利于纳凉。从斯堪的纳维亚地区出来的美国和加拿大移民将这些技术带走，并在这些新的落脚的地方将这些技术发扬

瑞典斯德哥尔摩斯坎森露天博物馆里一栋传统的瑞典农舍，屋顶是草皮屋顶。

传统的斯堪的纳维亚小木屋是用本地材料建成的，在白桦树枝上通过工字木梁固定土和植物。

光大。

在中国和日本，也有一些屋顶进行了传统的绿化。在日本，夏季降雨量大，这对覆盖屋顶的茅草或其他有机物是种损害。但这种雨水和高湿度也可以得以很好地利用，很多植物能在屋顶上生长，他们的根系紧密地结在一起还有利于屋顶的稳固。这些植物主要是山百合、鸢尾、卷柏和韭菜、大花萱草、玉簪属植物以及黄精属植物（Nagase，2008）。

在斯堪的纳维亚地区，草皮得以很好的利用并成为一种非常廉价的建筑材料。和白桦树皮、嫩枝和稻草混合到一起，增强了房屋的防雨功能。现代屋顶绿化技术中在屋面上通过板材固定的原理与那时是相似的。白桦树皮的功能与现在屋顶绿化中的防水层功能是一样的，嫩枝那个层次相当于排水层，草毯就相当于隔热层，保护了房子和屋顶下面各层不受风害和阳光的直接照射，从而延长了树皮屋顶的寿命。然后在屋顶上栽植一些景天科或长生花属植物，因为它们的根系有利于固定土层。很多文献表明还有人特意将黑麦草种在屋顶上来固土。然而，草屋顶需要长期地维护管理，植被需要定期修剪，一些自我萌发的树种必须移除。这种有机物含量高、密生植被也很容易自燃。它们的寿命也是有限的，一般随白桦树皮层的消解，屋顶在使用20年后必须更换一次（Emilsson，2003）。

现代建筑技术的发展使斯堪的纳维亚地区屋顶绿化的数量急剧下降。用工业建筑材料构筑的屋顶对管理没有特殊的要求、更为耐用，也适应于没有草甸的地区。在斯堪的纳维亚地区仍有一些传统的草皮屋顶或泥屋顶的建设，但大多是为了看上去更为美观而建。

欧洲德语国家可以看成是现代屋顶绿化技术的发源地。在这里，公众的环境意识、一些生态环境意识突出的团队和科研人员不但创造出了屋顶绿化的技术手段，也为其广泛推广创造了一个良好的社会和政治环境。20世纪六七十年代，在德国和瑞士尝试运用了一系列植物和建筑整合的新途径。特拉萨建筑（注意不要与英国的排屋混淆）主要建在陡峭的山坡上，这样低处的屋顶就成了高处房子的花园。在地下车库上往往覆盖了土壤和植被，这里也是屋顶绿化的绝佳场所。直到20世纪80年代，在屋面防水和防止根系穿透等方面产生了一系列的技术难题。

在20世纪70年代早期，德国一些屋顶绿化方面的书刊和杂志的出版极大地推动了理论的发展，也极大地鼓励了一些建筑师和设计者开展屋顶绿化方面的相关工作。在屋顶绿化发展历程中，历史上具有转折意义的事件是由著名景观设计师汉斯·卢斯（Hans Luz）教授主编的《屋顶绿化——奢侈品还是必需品？》（Roofgreening—luxury or necessity）的出版，在此书中他认为应从整体城市生态环境改良的战略高度推动屋顶绿化的发展。

澳大利亚景观设计师和艺术家佛登斯列·汉德斯瓦（Friedensreich Hundertwasser）则在维也纳拥有最具影响力的绿化屋顶，名为Hundertwasser–Haus，上面有992吨土壤和250棵树木。汉德斯瓦所倡导的多彩和稀奇古怪式样正是20世纪六七十年代早期反主流文化的一个部分，这样能吸引众人（主要是年轻人）的眼球。从20世纪60年代后期发起的反主流文化运动主要是为了尝试各种各样的新的生活方式，甚至有些被誉为"城市绿化"。欧洲尤其是柏林西部一些城市房主被文艺复兴精神所带动，进行了一系列尝试：在平屋顶上摆放着一些容器，这些容器大多是通过重复利用工业产品而做成，在屋顶上种植蔬菜，鼓励对墙体进行绿化，地面上一些废弃地也被利用成社区公园。同时，一些生态学家、作家和艺术家开始想象未来的城市形态；与其他地方的未来派艺术家不同，德国艺术家认为德国应该有更多的绿色：所有的高楼大厦必须用绿色来点缀，所有的平屋顶都进行了绿化，一些攀缘植物在阳台和屋顶上随风飘曳。

然而，对屋顶绿化技术的实践研究和推动并不是反主流文化运

动能做到的，毫无疑问这种运动只能对概念的普及非常有用。同时期非常关键的一步是简约式屋顶绿化技术的发展，这种技术更多的是受到斯堪的纳维亚和库尔德斯坦地区的草皮屋顶的启发，而不是受益于当时一些富豪区的屋顶花园。自20世纪70年代中期，复杂式屋顶绿化和简约式屋顶绿化的差异明显以来，更多的研究主要集中在简约式屋顶绿化方面。在1977年，一个名为"FLL"（Forschungsgesellschaft Landschaftsentwicklung Landschaftsbau：The Landscape Research, Development & Construction Society）屋顶研究团队成立了，这是发展中非常重要的一步。这个德国协会在保护一些研究工作的进行、技术说明和规章制度的制定方面做出了重要贡献。

　　20世纪50年代，在德国开展的一些屋顶绿化方面的研究工作是基于对城市生境生态和环境功能的普遍认识上开始的，这对一些人们认为是废弃地或遗弃地（常被称为棕地）里的植物和野生生物是非常有利的。一个城市生境受到关注的案例发生在一个铺满砾石和水泥的平屋顶上，在这个屋顶上自我萌发了一些野生植被。20世纪60年代的研究工作主要集中在对薄栽培基质屋顶的植物栽植和实践技术上。从20世纪70年代以后，主要由汉诺威大学绿地规划和园林景观研究所汉斯-约阿希姆·吉塞克（Hans-Joachim Liesecke）教授和法伊茨赫希海姆巴伐利亚葡萄栽培和园艺研究所Walter Kolb博士完成的研究表明，屋顶绿化有很多好处，特别是在节能和减少地表径流等方面表现尤为突出。与此同时，一些公司能提供屋顶绿化方面的服务，在开展产品研发的同时，也开展了他们自己的一些研究，在这方面做得非常好的有ZinCo and Optigrün公司。这些公司大多设在德国南部的斯图加特。这些产品的研发促进了简约式屋顶绿化的商业化，但大多是只限定在景天科植物为主的屋顶绿化方面。当德国屋顶绿化技术发展相对成熟时，针对其单一和平乏，产生了变化多端的、独特的和多样的需求（Werthmann，2007）。

1986年维也纳的Hunder-twasser-Haus成为一个转折点，它从更广的范围让中欧公众了解了屋顶绿化。

图片来源于Hundertwasser Archive。

德国生态建筑上有屋顶绿化
和太阳能。

图片来源于Fritz Wassmann。

在这个开发区屋顶绿化成为
屋顶处理的不二选择。

所以，随着屋顶绿化和垂直绿化面积的扩大，这种技术也逐步脱离了社会边缘化状态。当社会主流开始采纳反主流和环境保护主义的一些理论时，这些看上去只有少数嬉皮士拥戴的理论获得了社会的认可，并在实践中有力地推进了科技和经济进步。原来只有环保主义者认可环境成本，认为污染和其他损害不只损害了自然条件，其实对经济和其他可利用资源也是一种负面影响，现在都已形成了一种共识。在这里，我们认为城市绿化能极大减少城市化的环境影响。

现代屋顶绿化世界概况

屋顶绿化已在世界上很多地区得以或多或少的运用。但让人觉得惊讶的是在这些不同的地区，因为技术、文化和政治等因素的差异导致这种技术得以发展的推动力是非常不同的，所以他们所选择的类型、程度和动机也都各异。比如在德国，驱动屋顶绿化发展的主要因素是环境方面的原因，甚至认为屋顶绿化是对城市发展带来的城市栖息地和景观衰退的一种补充。相反地，在北美，大部分屋顶绿化的建设往往是因为经济方面的原因，从城市尺度上看，认为这是一种比普通环境工程技术更为经济有效的途径，对于单个业主或开发商来说，从长远的角度能减少建筑的费用。在挪威，屋顶绿化则被看成是国家遗产，并让人产生一种和自然联系更为紧密的浪漫的感觉。而在英国，屋顶绿化被认为是一种引进的外来技术。这些差异反映在不同国家和地区的政治、文化和经济结构上。同样，屋顶绿化的益处也在地区间存在差异，在一些气候温和的地区更多关注其洪水管理效应，在亚热带或热带地区，则更多关注其缓解环境城市热岛效应的能力。

欧洲

毫无疑问，德国是当今屋顶绿化建设的中心。强化屋顶绿化建设的相关法律为屋顶绿化的快速扩张提供了前提。联邦自然保护法，联邦建筑法规、州际自然保护条例都保护了自然环境和景观不受损害，并规定在一段时间内一旦受损必须赔偿。屋顶绿化是其中的一个措施。截至2002年，十个平顶建筑中则有一个已完成屋顶绿化（Stender，2002）。斯图加特在20世纪80年代就开始对屋顶绿化予以行政支持，也就成为首批实践城市更新绿化工程法规的城市之一，他们通过各个部门对屋顶绿化工程给予材料和安装补贴、免费的技术咨询。柏林从1988年开始采用一些措施鼓励屋顶绿化的建设，要求如果一栋建筑在地面所占空间较大，则要求必须进行屋顶绿化作为补偿才允许施工。他们不只对屋顶绿化的面积尺度有所要求，对基质厚度、其他建设细节等影响到保水能力的一些因素也很关注。在澳大利亚、瑞士也常常能看到一些屋顶绿化，在这些国家也实施了一些像德国的措施。比如瑞士联邦法律要求所有政府所有服务机构必须遵循瑞士景观理念，这个理念陈述了在瑞士，所有的设施必须与自然环境和景观融合（对环境影响最小），为保持怡人的微环境要求25%新商业开发区必须绿化（English Nature，2003）。很多法律都要求必须考虑通过一些途径来替代在发展中丧失的生境或绿地空间。在澳大利亚，林茨市颁发了一条法规要求对所有开发区的屋顶必须进行绿化，而且在发展中必须保留地面面积进行绿化。在这里，屋顶花园和简约式屋顶受到同样的重视，对地下和多层停车场的顶部绿化尤其受到重视。

如前所述，瑞士已成为首批将屋顶绿化和生物多样性联系起来的国家，是这个新概念的发源地，这些工作主要是由Stephan Brenneisen博士和他的同事们完成的。毫无争议的是实践的中心在巴塞尔，这个州要求所有的新开发区屋顶都必须绿化。在这里，屋顶面积已超过500m^2，屋顶必须用本地土壤和植物种子的混合物，并设计不同深度的基质来促发生态多样性（Brenneisen，2004）。屋顶绿化没有特殊的津贴支持：因为屋顶绿化已成为常规的建设费用。

英国、荷兰等其他西欧国家在这个方面的发展远远落后与欧洲德语国家。比如，在英国，屋顶绿化被看成是非常新颖的一个概念，也往往只在一些有限的高楼大厦或环境中心上建了一些（English Nature，2003），这些都是为了实践目的性明确的可持续房屋计划，或为了满足休闲娱乐的需要。然而在伦敦，状态在发生急剧变化，已规划了大面积的屋顶绿化，这和瑞士的发展思路相似（关于未来发展的详细信息见第2章）。这些屋顶建设的目的是为了给一种濒危鸟类赭红尾鸲提供一个生境，这些屋顶一个典型的特征是用一些城市建设废弃物和碎石作为栽培基质。谢菲尔德市已成为一个研究的中心，一些活动的开展和政府政策的实施意味着很多开发商对屋顶绿化产生了浓厚的兴趣。在谢菲尔德所展开的一系列活动是在谢菲

所有巴塞尔屋顶都是"生物多样性屋顶"，这是巴塞尔州的法规要求。通过运用当地河里的淤泥和石头来鼓励鸟类和珍稀无脊椎动物利用屋顶。

这个临近纽卡斯尔市的房地产开发区证明了英国屋顶绿化的潜力，表明他们是如何与传统居住区相融合的。

图片来源于Andy Clayden。

尔德市政府、谢菲尔德大学和名为"谢菲尔德基础工作"的城市环境更新慈善会强力协作下完成的。该市已成立了一个名为"屋顶绿化论坛"的组织，成员主要来自于上述各个组织，还有一些建筑行业的代表、开发商、环境和野生生物保护机构的代表。团队成员每两个月会见一次，构想并实施一些战略来推动地区屋顶绿化的发展。

在英国，大多是坡屋顶，很少有平屋顶，英国民众对房屋建设大多非常保守。然而，让人惊喜的一些现象也在出现，旧的英式房子也能支撑屋顶绿化。

在英国，主要是一些小规模和庭院的屋顶绿化，可以看到园林设计师对此感兴趣，在切尔西花卉博览会上可以看到这些缩影。

如前所述，在斯堪的纳维亚地区，有一个传统就是习惯用草屋顶，这对其他很多国家来说是一个历史特色，但现在简约式屋顶绿化却极其罕见。挪威是个例外，在那里，草皮屋顶随处可见，因为屋顶绿化总是和自然的一些美好特征紧密联系在一起。在瑞典马尔

默市有个植物屋顶花园——这里既是一个屋顶绿化模型展示中心，也是开展科研的机构。这里对公众开放，也是屋顶绿化植物集中的一个场所。它的邻居是重新整修的Augustenborg房地产公司，这里安装了一个地面水处理系统，有很多公共建筑的屋顶已经进行了绿化。在马尔默市有个很大的名为"BO_21"房屋展示区，屋顶绿化成为开发区获得绿化指标的一个重要举措。

在欧洲南部（包括希腊、意大利、西班牙和葡萄牙），这里屋顶绿化没有得到很好的发展。这可能与这里夏季的干热有关，所以典型的德式景天科屋顶也不是那样成功。与欧洲北部和中部相比，降雨量明显降低，以排水为主的德式模型不适合这里。相反，在这些地区，屋顶绿化的最大功能应该在于降低房屋表面的温度（Köler et al.，2001）在希腊，简约式屋顶绿化推广最大的困难在于大众认为当多余的钱投入在屋顶绿化时这个屋顶必须被人们作为休闲场地使用。

英国邻近伊普斯威奇市的马特尔舍姆公园赖德公共汽车站，是一种新的公共建筑支持屋顶绿化的好典型。门亭屋顶排水和芦苇床水处理结合在一起，最后流入一个富有野生生物的水体。

案例研究
植物屋顶花园，马尔默生态城，瑞典

一个屋顶绿化展示中心，由马尔默资助建成。

左上：生物多样性屋顶绿化展示的特征是利用城市废弃地材料作为栽培基质，种植了白桦树丛。

左：大面积的景天科屋顶展示了不同的商业系统和植被建成方法。

右上：这些小山包支持本地草地植被，底下是聚苯乙烯，所以尽管他们面积很大但重量相对比较轻。

当地大学生在设计竞赛中设计了屋顶绿化中的鸟巢盒子。

屋顶绿化的排水进入中心庭院湿地，这让工作人员拥有双倍的休闲空间。

往东部看，就更少有屋顶绿化了。但一个非常不同的案例是在俄罗斯圣彼得堡，有个正在进行的运动就是在屋顶上生产一些粮食来弥补粮食生产的短缺，这也是近几十年来这个国家所面临的最大困境。屋顶可以作为一些在城里或乡下都没地的城市居民生产粮食的一个潜在的场地。

北美

现代简约式屋顶绿化的理念已被美国一些城市接受，它们甚至成为实施屋顶绿化条例的先驱者。这其中一部分原因是一些研究者、设计师、园艺师到德国和其他欧洲国家旅游，看到了这些国家在发展屋顶绿化，希望美国也能加入到其中。同时，也是因为德国的一些屋顶绿化商业活动已将市场拓展到了美国。美国有两个城市在屋顶绿化方面有很高的声誉：伊利诺伊州芝加哥市和俄勒冈州波特兰市。在芝加哥市，屋顶绿化已成为一个使其成为美国最绿城市的重要举措之一。其他措施包括道路绿化、更多的城市袖珍公园和微型公园建设以及高标准的城市公园建设等。这个城市已在市政府建成了一个高标准的屋顶绿化展示中心。在芝加哥，所有新的和改建的屋顶必须达到太阳反射和辐射最小的要求，屋顶绿化是实现这个目标的途径之一。在波特兰市，屋顶绿化是减少或防止污染物通过地表径流到达河流的一个途径，因为这些污染对鲑鱼和当地的一个产业非常有害。在2005年，波特兰市要求只要条件允许进行屋顶绿化，所有的屋顶则必须绿化，同时通过增加开发面积鼓励开发商进行屋顶绿化。

其他比如像明尼阿波利斯州、波士顿、纽约和华盛顿特区，都认为屋顶绿化建设有很多的优点。除了能轻易解决城市洪水和在夏季给建筑降温外，这些城市认为屋顶绿化更为主要的功能是给这些城市一个崭新的绿色的未来。

在密歇根州迪尔伯恩市福特公司屋顶绿化的建设不仅昭示了屋顶绿化技术能在这里被接受而且极具商业前景。在2003年这个项目建成时，成为世界上面积最大的屋顶绿化。福特总经理比尔·福特声称："这就是我所想的可持续性，这个新工厂为可持续生产提供了一个模板，这不是环境慈善，听上去更像商贸"（The Green Roof Infrastructure Monitor，2001a）。

在美国，通过利用屋顶来支持和保护自然生境是一个新的发展主题，这个地区非常重视运用风格迥异的屋顶类型突出地区特色。加利福尼亚Paul Kephart & Rana Greek公司倡导用加利福尼亚草皮作为季节变化明显的植被种类用于屋顶绿化。在盐城Mormon教堂总部的屋顶上（模拟了本地山的形态），很多本地草种已经产生。

加拿大在屋顶绿化方面也做得很好，多伦多屋顶绿化发展显得尤为突出，也是健康绿色城市活动的发起地之一，这个组织形成的目的在于扩大屋顶绿化在北美的市场。这个活跃组织每年组织一次屋顶绿化方面的国际会议（在世界上这是最大的），负责联络科研人员、政策制定者和产业代表，并主持全国的培训和教育工作。很多研究工作集中在多伦多市的发展经济效益方面，主要是屋顶绿化和其他技术在降低城市热岛效应方面的效益。像芝加哥一样，在多伦多市政府的楼顶上已建成了一个非常闻名的屋顶绿化展示中心。

亚洲、南美和澳大利亚

南亚的湿热地区、南美的部分区域代表了屋顶绿化发展的另一个方向。在这些地区，降雨量高，水分蒸发蒸腾损失总量大。洪涝和水蚀常常导致破坏和死亡等自然灾害，已成为这些地区的主要环境问题。尽管在南美一些城市如里约热内卢实施了昂贵的排水策略，

甚至运用了庞大的排污和管道系统来应对洪峰——那些看上去在温带百年一遇的洪灾在热带却是一年一次（Köler et al.，2001）。

　　屋顶绿化在减少洪峰期水流量非常有用，然而，必须记住以下几点：在新建屋顶绿化上可能形成破坏；长时间使用后栽培基质容易达到饱和（干旱忍受力在这里并不重要）；比温带地区植物生长迅速；屋顶植被易吸引蚊子，这样增加了发生疟疾的危险。

　　近年来，新加坡运用屋顶花园和垂直绿化作为降低城市热岛效应的一个有效手段予以实施。新加坡和很多典型的西方国家一样，也有新空间的开发问题。屋顶花园作为一个重要途径为很多人提供了绿色空间。新加坡国家公园委员会提倡对建筑进行绿化，并将这一活动命名为"空中绿化"。新加坡鼓励更多人学习由建筑师哈姆扎和杨经文设计的EDITT塔，在这里通过将屋顶绿化、垂直绿化和活力围墙整合于一体，实现占用最小的地面空间创造新的生活环境。

　　日本对于屋顶绿化技术的兴趣在急速上涨，自治政府通过政策和广泛的展示来提升公众对这个技术的认识。东京政府对屋顶绿化的兴趣主要在于——能缓解城市非常严重的热岛效应。在2001年，

美国明尼阿波利斯中心图书馆的屋顶绿化项目中运用了大量的本地大草原上的植物，在美国进行屋顶绿化的主要目的是生物保护和栖息地重建。

新加坡南洋大学艺术和设计学院顶楼屋顶绿化，这里草屋顶从平地陡升至近乎垂直。因为装了扶手，所以这里对公众是开放的——这是欧洲文化景观中旋转山体的艺术实践，也成了学校学生理想的室外生活场所。草被装在一些多孔的盒子里，这些盒子里装有栽培基质，并可以从任何角度摆放。

图片来源于Sidonie Carpenter。

政府要求所有占地面积超过1000m²的新建筑，必须对其20%的屋顶进行绿化。目标是在2011年，至少有1200hm²的屋顶绿化，到时城市中心温度能降低1℃。日本对垂直绿化、墙体绿化也逐渐关注（The Green Roof Infrastructure Monitor，2001b）。日本已成为活力围墙的引领者。

近些年来，朝鲜和中国的政策制定者开始鼓励或督促屋顶绿化的建设。为举办2008年奥林匹克运动会，北京市政府准备在开幕前出资50%对4000万m²的屋顶进行绿化。

在南美，巴西是屋顶绿化和垂直绿化技术的先导者，这主要是受20世纪最伟大的景观设计师罗伯托·布雷·马克思（Roberto Burle Marx）的影响。布雷·马克思设计了一系列屋顶花园，在其作品中广泛运用了攀缘植物，树立了一种理念就是创造性的栽植总能被大众接受。墨西哥主要在研究工作上卓有成效，因墨西哥城是世界上

最大的有卫星城的大都市，拥有复杂的城市环境问题。

在澳大利亚维多利亚州Queenscliff中心的屋顶绿化项目中，在醒目的缓坡地带使用了当地的草种。

图片来源于Carys Swanwick。

澳大利亚尽管在对概念的引入，比如布里斯班在将屋顶绿化引入到建筑上都稍微落后，但对于屋顶绿化的关注发展非常迅速。澳大利亚很多地区的土壤非常薄、干燥和瘠薄，说明这里的很多植被都非常适合在简约式屋顶绿化上生长。

尽管对屋顶绿化的关注越来越多，但仍存在发展的一些阻力。这些包括对屋顶绿化的益处缺乏了解，缺乏动力实施和新技术引入时所带来的不确定性带来的风险（Peck et al.，1999）。除了对新概念的自然抵触外，主要的阻力来源于如何让人们相信对屋顶绿化的额外投入会得到回报的。这些花费包括对建筑结构的加固以支撑植被和基质，屋顶绿化设施的费用甚至包含将材料运到屋顶所产生的费用。第2章将对屋顶绿化的效益以及所带来的资源、管理维护措施进行介绍。

屋顶绿化政策

屋顶绿化绝不会因为其具备一些优点就能得到长期的发展。公众、产业人员和政策制定者必须对其优点有充分的了解。当他们获取足够的信息后，设计者、建设者和景观专业人士才能在这些政策制定者拟定的专业条款下工作——这些政策制定者必须是被选举人或者政府工作人员。也就是说，政策制定者能制定一些政策来促进屋顶绿化事业的发展。这将提供一个广泛的视角展示政府政策是如何促进屋顶绿化的进行的，屋顶绿化产业部门如何提升、组织和规范。

政治文化是千变万化的，在自由民主政治和市场经济中，他们常用"甜头"和"橄榄枝"来规劝社会经济人士采取一系列的措施来实现。经济和社会体制在很大范围内也是灵活多变的，甚至可以通过更为直接的方式来获取，比如在中国。

所以对屋顶绿化在德国最开始得到发展并成为主流就不奇怪了，因为在这个国家，对环境保护已有很久的传统，"绿色"运动的政治推动力也非常强悍，在这里有种政治文化认为个人利益必须服从于公众利益。景观研究·发展与建设协会（FLL）已于1998年第一次发表了广泛的屋顶绿化设计和建设规范。屋顶绿化受到三级政府（联邦、州和本地）的大力支持，尽管每个地方给予的支持力度是不一样的。在本地的这个层面上，主要有三个措施来促进屋顶绿化：对建设进行补贴而形成直接的财政支持，暴雨排放费用折扣（见后文）和在发展规划中体现对屋顶绿化的要求。补贴仅被当地少数机构使用，但要求表达了大众对环境发展的需要，要求超过一定面积的平坦的或者缓坡的屋顶必须部分用植被覆盖。

因为环境问题日益突出而提升为政治日程，屋顶绿化也就因此而获得了一些政策支持。在东京，政府很多政策的制定是基于城市热岛效应的现状提出的。2001年，他们引进了一个新的规定，要求所有占地超过1000m²的私人建筑或者250m²的公共建筑必须对20%的屋面进行绿化，违规者将受到罚款！国家土地部、基础建设部、交通部和很多当地政府部门都准备执行此条例；截至目前，已有超过40个城市为屋顶绿化提供补贴。

在确定激励措施前必须对在环境改善中起到的作用进行估算。比如，如果他们在影响城市暴雨地表径流时作用较小，也就该降低相应的补贴。所以，关于屋顶绿化带来的不同的环境效益方面的研究必须在政策制定前深入进行。西雅图的冬天非常湿冷，通过水分蒸发蒸腾损失来减少地面径流方面的作用非常小，因此屋顶绿化有多大贡献一直颇有争议。结果，西雅图公众利用正在执行的一个项目，长期监测屋顶绿化在环境改善方面的作用（Wachter et al.，2007）。研究发现了一些新的方法论和设施可用于估算屋顶绿化的功效。在德国，新勃兰登堡大学设计了一些模型用来估算从屋面流出的地表径流和测定水分蒸发蒸腾损失总量。这些技术考虑了不同的植被类型和构造方法。在东京市环境保护研究所一个个案中，表现出景天科屋顶在降低城市热岛效应方面比草屋顶要差。根据这个结果，东京市政府开始倡议用更多的其他种植物而不只是景天科植物。

政策制定者需要得知在不同环境中，屋顶绿化在环境改善方面的功能具体有多大，这些数据需要精确。地理信息系统为正确估算屋顶绿化效果提供了一个新的途径。通过GIS获取的相关数据也适合于邻近的植被、水体、厂区和高速公路（Doshi，2007）。

设想假如暴雨导致了那么多的问题，但最后只有社区从整体考虑解决这些问题的花销，那么，很多国家主要从当地政府政策层面来支持屋顶绿化的发展也就不那么令人惊讶了。很多政治实体通过税收来鼓励地产商采取措施减少一些环境问题的产生。这个方法在德国非常重要，自1980年后，对一些房产所有者的暴雨管理费用进行独立核算在这里已形成了一种趋势，这样就从平常的排水分离开来，通过一个折扣系统来促进一些有利于减少地表和建筑径流处理系统的安装。屋顶绿化一般是能收到50%～100%的折扣，这样减少了他们在水费方面的开支，有时这个过程是10年，但有时返回的时间长达30年。

然而，对暴雨减排的刺激手段必须足够强大，才能形成影响——宁可是"橄榄枝"而不是"甜头"，需要政治自信和意愿去面对开发商和建造者的短期兴趣，这也是政治难题。在美国明尼阿波利斯市，在2005年，实施了一个策略让大型建筑所有者对其颇感兴趣。结果导致对屋顶绿化和雨水花园感兴趣的人急剧增加（Keeley，2007）。屋顶绿化除了有利于雨洪控制外，还有很多其他的益处。政府和非政府组织（NGOs）开发了一些系统对其环境改善功能进行分级定量分析。在瑞士，Schulz于1992年设计了一个名为气候–生态–保健评估系统（简称为CEH评估）来对比屋顶绿化的地表径流效应，从无效到高效分成了九个级别。

瑞士发起屋顶绿化的目的之一在于生物多样性（见第45页）。1996年，巴塞尔市政府发起了一个旨在基于公众和专业教育的屋顶绿化运动。在一段时期内，房屋所有者如需屋顶绿化可以向政府申请20%的费用。这样，在18个月内该市已有的平屋顶有3%进行了屋顶绿化（Brenneisen，2004）。在德国，联邦自然保护法和联邦建筑法要求在建设中对环境的干扰必须是最小的，当干扰不可避免时，损害也必须在本地消除。法律要求对一些已承认的环境影响消除措施，如屋顶绿化，必须予以鼓励。一个完全绿化的屋面能消除这个建筑对环境影响的三分之一（Hämmerle, 2002）。在英国，截至目前，都没有出台任何直接的财政支持和政策鼓励屋顶绿化，但本地政府已开始在与屋顶绿化相关的城市更新、建设、开放空间、自然保护和污水排放等方面制定相关政策。特别是在伦敦，一些屋顶绿化已转到生物多样性主题上来了，生物多样性行动规划鼓励对屋顶进行绿化。伦敦市政府正在努力将屋顶绿化政策置于新的法律体系，在伦敦规划中也已提到屋顶绿化，这种区域规划将直接引导屋顶绿化的新一轮发展（Nagase，2008）。

节能也是屋顶绿化的主要推动力之一，在减少CO_2排放变得日益普遍的今天，对城市热岛效应所带来的环境问题也得到了重新认识，这点也就变得越来越重要。2002年，芝加哥通过了一个新的能量协议，在美国第一条市政条例特别提到了屋顶绿化；协议将产业节能标准应用于市政建筑条文。强制要求所有新屋顶的反射必须最小化，且减少建筑耗能（和空调的使用联系上）；屋顶绿化和太阳能板作为了高辐射的屋顶材料的替代品（Nagase，2008）。但新技术面临的一个新问题是在使用该技术的投入和产出之间的不平衡。在社会上，高税收或政府为公众利益的高水平干预都是可以接受的，要改变这种不平衡只有通过补贴或者折扣——但这在美国和英国，都没有先例，所以这在政治上来说是非常难的，也就需要展示更为清晰或者更为高效的经济效益。屋顶绿化能在市场上获得非常高的价值，或者说获得非常快的投资回报——比如在温暖地区能减少空调的使用费用和减慢屋面材料的降解速度就成为两个极为强大的动力。在很少有开放空间作为排水系统里的蓄水池时，可以发现屋顶绿化是一个极具诱惑力的非常廉价的替代品，在费城，绿化后的屋顶被看成是可渗透的空间，免除了雨洪管理的要求。在波特兰，开发商们有"从地面到空间"赊购指数来用于屋顶绿化的建设，所以他们允许拥有更多的开发空间，这样就带来快速的和多余的投资回报（Hoffmann &

Loosvelt，2007）。

当暴洪减少被看成是只有将社区看成一个整体才能量化为经济效益时，其他效益也只能这样，那么对屋顶绿化的投资贸易也只能从社区这个整体予以财政支持。这些利益包括在减少氧化亚氮、氮、挥发性有机化合物、臭氧和释放CO_2等方面。如果能将屋顶绿化的效益转化为现金核算，这将会增强其吸引力。如果储量金是为构建而设，那么能减少资金投入——空调安置和屋顶绿化建设被认为是两项最大的开支，这些都可以通过屋顶绿化来减少。对屋顶绿化的规划和投入都必须充分了解生命周期费用——从建设到最后的拆除。在各个时期联系较为紧密的是环境效益和花销。这些方面的研究已经逐步在开始进行，当这种技术广泛传播时这些研究也就显得尤为重要（Alcazar & Bass，2005；Kosareo & Pies，2006）。

Earthpledge 是美国一个旨在其提高可持续能力引入新技术的非政府组织。他们已发表了相关财政问题。他们的一个项目名为Viridian屋顶绿化工程，为纽约中低收入家庭的住房建设提供技术支持。和一些公共实体一起，开展了一些屋顶绿化方面的研究工作（Cheney，2005）。

政府机构往往通过在一些公共建筑上进行屋顶绿化来"践行他们的誓言"。多伦多政府和芝加哥政府都对其大楼进行了绿化。其他本地政府都建立了展示中心来教育公众、影响开发商、在展示的同时突出监测技术和经济的差异性。2003年，在华盛顿特区，Chesapeake Bay 基金会组织了一个项目，针对屋顶绿化对邻近河流的降污能力进行研究（Johnson，2007）和展示。在这个实例中，主要是如何控制流入河流的多余的氮，这个问题曾寄希望于用Virginia General Assembly 2004年设计的"氮贸易系统"来解决，在这个系统里屋顶绿化作为降低污染的有效措施（Evans et al.，2005）。屋顶绿化展示已在日本广泛传播，这样也有利于该项技术的快速传播——东京地区23个城市里大部分城市都有屋顶展示中心（Nagase，2008）。

瑞典生态城马尔默市郊区一个市政建筑上已建成最先进的屋顶展示区。马尔默植物屋顶花园建成于1999年，由欧盟、瑞典环境部和马尔默市政府联合资助建成（Lundberg，2005）。在斯堪的纳维亚屋顶绿化研究中心的帮助下，这个屋顶花园在研究、教育和展示领域起到了非常重要的作用，也成为在马尔默地区环境改善整合措施中的一个部分，这个庞大的整体包含了一个可持续的排水系统。

政府对屋顶绿化的鼓励必须是多维的和全方位的。波特兰、俄勒冈这些地区在创造性规划、公共交通和可持续性上具有悠久的历史，因此成为屋顶绿化领域的先驱者。1999年，通过环境服务部和可持续发展办公室，开始了名为"生态屋顶"的项目，去调查和挖掘屋顶绿化实现雨洪管理的一种途径，这个项目的第一个工程是在一个名为哈密尔顿大厦的屋顶上进行的。这个项目包括对建筑所有者的技术支持、建一个暴雨监测站、对屋顶绿化技术进行展示、为参观者提供服务、植被和设计监测、对开发商和顾客提供鼓励性的陈述以及对设计、施工效果、政策和经济等问题的调查（Liptan，2002）。市环境服务办公室印发了很多小册子——"生态屋顶疑问和解答"列举出了他们理性的问题并予以解答。"生态屋顶之旅"包含在这里城市的一些实例，包含施工、种植和花费的细节。东京政府也采取了类似的一些措施，但涉及的面更为广泛，在2005年将各方利益相关者组织起来，举办了名为"环境圆桌"的会议。

在英国，谢菲尔德成为在官方屋顶绿化政策制定的引领者。这些政策包含一系列元素：一个对利益相关者的信息和技术支持项目、屋顶展示、发展经济效益分析、通过政策和规范的对屋顶绿化的激励措施。感兴趣的可以参加每两月举办一次的"屋顶绿化论坛"

（Dunnett，2006a）。

　　非政府和非利益组织在屋顶绿化的鼓动上发挥了主要的作用。特别是，他们鼓励个人、常常是学者或景观专业人员，本地环境组织成员和新产生的本土屋顶绿化产业人员参与到屋顶绿化工作中来。1999年，6个东京的公司成立了"健康城市之屋顶绿化联盟"（GRHC），这个联盟的目的是建成一个围绕屋顶绿化而形成的私人和公共组织的网络市场。这个联盟在提升屋顶绿化理念中发挥了越来越重要的作用。在纽约，一个名为"Earth Pledge"非政府组织组织了一个名为"屋顶绿化政策执行力"的项目，召集了市、州和联邦代理机构为政府如何推进屋顶绿化设立了一些议事日程，这在该地区也非同凡响（Cheney，2005）。像其他集团一样，政策执行力团体也在估算潜在项目、推进展示项目、为科研和公众教育等方面提供资助。

　　非政府组织尤其是贸易机构的另一个角色就是认证屋顶绿化职业人员和评估材料。在北美，对屋顶绿化材料的评价由美国监测和材料委员会执行，并于2005年颁布了一系列的标准。认证保障了屋顶绿化的建设必须是高标准的，能保障公共基金和其他各方面的利益不受损害。这些标准包含基质厚度、植被覆盖度、屋顶坡度和地表径流系数——与屋顶绿化在地表径流控制和环境功能有关的一些指标。

　　日本在1989年成立了一个名为"Skyfront"的屋顶绿化组织，并在2004年，开始了屋顶绿化职业认证。申请人必须参加屋顶绿化理论考试、建造技术以及园艺维护技术考核。在考试前有短期的培训、定期的会谈以及案例参观（Nagase，2008）。在北美，GRHC运行了一个委派鉴定项目，这个项目设计是为了"对客户利益的最大化，比如整合建筑和场所设计、减少费用"。2007年1月，GRHC举办了一次产业会议，完成了"实施标准"的基础工作，这样就开出了一系列课程和新一轮的"屋顶绿化职业"委托认证考试——第一轮考试于2009年开始。GRHC的第一轮课程"屋顶绿化设计101"已面向2000多位专业人士开设。

第2章　为何要进行屋顶绿化

相对传统屋顶来说，屋顶绿化毫无疑问有更多和更为广泛的益处。但是，在非德语国家依然很少有屋顶绿化方面的研究问世，主要是因为这方面的研究大多以德语发表。自20世纪90年代中期以来，很多研究在北美完成并发表，德国的一些研究工作也已译成了英文。屋顶绿化在很多国家现已成为一个发展势头很好的研究领域。这章里，我们将尽可能挖掘屋顶绿化的一些益处，并提供一些佐证。我们汇集了一些当前可信赖的专业性很强的研究成果，而不是一些道听途说。

自本书第一版以来，在政治日程上对环境改善的考虑有了一些异动。气候变化（或人为推动的气候变化）已成为一种现实，我们现在已经感受到了极端气候将成为常态出现。屋顶绿化对气候变化有两个方面的关键作用：频率日益增加的强暴雨和洪涝灾害；日益提高的城市温度和与之相联的大气污染。屋顶绿化不只是解决问题的唯一途径，只有通过踏实的努力配以其他的一些措施才能达到双管齐下的效果。

屋顶绿化的效益只有在比较大的尺度上才能展现。只有在一个特定区域内有较大面积的屋顶都已进行绿化后，屋顶绿化的效果才会在城市尺度或者邻里尺度上变得明显，而有一些效果却只能在单

只有在大尺度上进行屋顶绿化时，屋顶绿化的效益才会很明显；其他工作则可以在小尺度上开展。

图片来源于©ZinCo。

在一个门廊上的小尺度的屋顶绿化。

右：从建筑内部可以看到屋顶绿化，并不一定要可达，但对于房屋使用者来说仍有很多的益处。

图片来源于©ZinCo。

体建筑上表现。但大多数益处能在居住及大小商务或工业区得以体现。尽管有很多的交叉，我们还是可以将各种益处分成三大类：美学上的、环境上的和经济利益上的。当需要明确它们之间不同尺度带来的区别或者提倡屋顶的概念（针对潜在顾客）时，最有效的方法是将个人利益和公共利益区分开来（Peck & Kuhn，2000）。通过对建筑所有者和开发者提供财政资助，个人利益（比如节约能源耗费、延长屋顶寿命、视觉改善）就能促进屋顶绿化。公共利益（比如暴雨管理、城市气候调节、生物多样性和栖息地保护）可以促进当地政府或市政府政策和法律规范的实施，为纳税人和当地居民提供一个质量更高的生活环境和更长期的收益或其他利益。

环境效益

屋顶绿化的生物多样性和野生生物价值

在这个凉棚上的花镜屋顶能为这个院子的种植提供很多新材料。

从社会和环境的角度，屋顶绿化最令人振奋的功能之一是它具有潜在的支持生命的能力，而其他屋顶大多是裸露的没有生命的。在高密度居住区地面上很多绿地空间丧失，这个功能就显得更为重要。实际上，屋顶空间大多处于闲置状态，且很少存在竞争（Brenneisen，2005）。

绿化后的屋顶能支持典型的半自然植物群落的生存。尽管屋顶环境类似于季节性的干旱地区，土层非常薄，岩性强，但这些地区仍然可以成为屋顶绿化的重要模式或模板（Lundholm，2006）。不管是城区还是农村，总有一些生境因为各种各样的原因面临危险。因此，在生物保护中，当一些物种野外很少或濒临灭绝时，建成类似的生境也就显得非常重要。在植物生态学领域有个基本原理是，相对贫瘠的土壤有利于多物种的存在，因为生长旺盛的物种在肥沃的土壤中处于非常明显的优势，这样较为纤弱的物种就没法立足，也就没法让更多的种类同时存在（Grime，2002）。相应地，植物种类越多越能支持更多动物种群的存在。简约式屋顶绿化设计当初就是不让人介入，这样，对于植物、鸟类和昆虫来说都是非常好的潜在的无干扰生境。屋顶和其他建筑物表面不需要有意识地种植植物：简单观察老的建筑和其他表面比如老围墙和人行道就会发现，尽管在规模、物体表面、材料和可达性上有很大差异，在这些表面都会自发地生长出一些地衣、苔藓和花草。同样，喜欢那些类似悬崖的生境、开放的草地或者石岩壁的那些野生鸟类，则不管城市屋顶是否绿化，都能在上面成功筑巢。

　　将本地合适的植物群落用于屋顶绿化方面的先驱者是一个加利福尼亚州Paul Kephart公司的生态咨询师拉纳·格里克。他创建了一个在高楼上重建半自然草地的方法学，在加利福尼亚樱桃山盖普学院和加利福尼亚学院联合大楼上予以实施（Kephart，2005）。盖普大楼运用了本地临海草地的遗留植被和当地大草原的一些植物，将建筑物与周围环境联系起来，随着本地草的开发与成熟，景观发生季节性的变化，这样就将本地自然的植物群落延伸分布于城市环境里（Burke，2003）。本书第4章将对植被变化和群落演替进行详细介绍。

　　屋顶绿化可以看作是在城市里建立功能性生境和绿网的途径之一。植被覆盖的屋顶可以看成是步石，在大的生境斑块如公园、遗址、铁路基地之间建立联系。建筑发展往往对已存在的绿色空间体

在荷兰，邻近阿纳姆的地方，Oase 公园亭子上有个屋顶绿化，给这个富有野生物价值的公园带来了更多的生态学功效。

图片来源于Jane Sebire。

系造成干扰，屋顶绿化则可以看成是减少这种干扰的一种有效途径（Engllish Nature，2003），但这只对那些具有移动能力的物种有效。同样，屋顶绿化能在城市环境中造成视觉上的连续性。在英国《自然》（2003）上报道了一系列关于屋顶绿化对野生生物的益处的相关信息。

斯蒂芬·布伦艾森（Stephan Brenneisen）博士在提高屋顶绿化生物多样性功能方面做出了巨大的贡献，这是其他人没法比拟的。他的工作主要集中在瑞士巴塞尔市完成，他所取得的成果改变了过去人们对屋顶绿化的看法。近些年来，在巴塞尔完成的项目主要是通过对屋顶生境的建立来弥补这开发过程中对地面生境引起的破坏甚至是毁灭。这些生境主要包括：Rhine河的河岸和河漫滩（这对那些喜欢在石性河阶地或开放草地的鸟类非常重要）、后工业时代的废

这个屋顶绿化建成于1914年，位于瑞士苏黎世Moos湖废水处理厂里面，在水泥屋顶上铺了一层15cm厚的本地土壤，从土壤中萌发出了多样性很高的植被。现在有些植物种类在野生环境已经没有了。这个屋顶因栽有6000株兰花而闻名。

图片来源于Elias Landolt。

在巴塞尔Jacob Burckhardt-House屋顶绿化设计概念是以比尔斯河河床生境和野生植被为基础的。在花坛和有机混合体里设计了不同基质类型和厚度，这样促发了多种类型的植被。

图片来源于Dusty Gedge。

弃地（乱石堆是生态多样性的高发地段，尤其是无脊椎动物和有趣的自然植被），以及废弃的铁路轨道（自然排水能支持一些特殊的植被和动物种群的存在）。在整个工作中贯穿两个基本原理：第一，利用本地土壤和基质。可能是表土、心土或者城市辅助物质比如废弃地的表层土壤。在所有实例中，为了保存了本地的一些植物和动物种群，建议在开发区表层15cm的土壤必须移走并贮存起来，这样就保护了一些已存在的植被、种子库或土壤生物（Brenneisen，2006）。第二，运用本地一些典型植被的种子混合物，在屋顶上鼓励植被的自我萌发和演替。

在巴塞尔，屋顶绿化所带来的动物生物多样性（尤其是昆虫和其他无脊椎动物）都已进行了深入研究（Brenneisen，2003）。对17个屋顶绿化工程进行了监测，包括草皮屋顶、景天科屋顶以及那些用废弃材料基质、乱石、当地典型表土进行特殊设计的、鼓励植被自我萌发的屋顶（褐屋顶）。两种无脊椎动物表明观察到的植被结构是非常好的：地面甲虫和蜘蛛。在前三年，发现78种蜘蛛和254种甲

巴塞尔州立医院Klinikum2屋顶
绿化设计的主要目的是吸引地
面筑巢和喂食的鸟类。

工程建成时，通过利用不同厚
度的卵石、沙、表土和心土创
造类似河漫滩和干草地的生境。

屋顶上植被在发展。

一根枯树枝放在屋顶上为鸟类
和无脊椎动物提供了生境。

微地形能支持密度更大、更多
样的植被。

在巴塞尔邮局屋顶上用了本地的石头和卵石，在大楼可利用的屋面上覆盖了一层石材，这样为鸟类和无脊椎动物的利用提供了场所。

虫。其中18%的蜘蛛种类和27个甲虫种类属于稀有或濒危物种。屋顶绿化建立的时间越久，就越能支持更多的物种的存在。这个研究的一个重要发现是，那些干得很快的、薄的基质不如厚的基质那样有价值。所以支持生物多样性的屋顶绿化设计的另一个关键原理是在屋顶上变化基质的厚度。深土层区域更为潮湿，为一些土栖生物提供了生境。浅的、干燥的一些区域为特殊种提供了栖息之地。在合适的地方应安装排水系统，这样就不会在雨季保持潮湿，也不会在旱季保持栖息地的干燥，这样与野外的栖息地非常的相似。在结构允许的情况下可设湿地或者水体。

瑞士对屋顶上鸟类的行为也进行了研究。鸟在屋顶上停留主要是觅食。在屋顶上经常看到的物种主要有赭红尾鸲、鹡鸰、原鸽和麻雀，这些种类经常出现在一些高山、河岸、草地或者裸露的乱石滩、零星的绿地上。相比城市里的屋顶，毗邻农业用地的郊区绿化的屋顶很少有人看到和利用。同样，因在城市建成区缺乏空间和食物，这些屋顶作为生境的利用率会有所提高。

对鸟类有利的设计元素包含设置朽木（树枝和树干）为鸟提供栖息的地方（这些地方也有利于一些无脊椎动物的生存）和开放的散落小圆石地面以及零散的植被，这些都为鸟类觅食和筑巢提供了场所。屋顶绿化能为鸟类提供食物和栖息地已是确信无疑的了，同时也能为筑巢鸟类提供垒巢的材料（Burgess，2004），但是否为地面筑巢的鸟类提供繁殖机会还不太清楚（Baumann，2006）。在瑞士已发现北部田凫能得以繁殖，但雏鸟往往因缺乏食物来源、从屋顶旁坠落或缺水存活率很低。

北美和欧洲一样，随着对屋顶绿化的热力学和水文学研究工作的开展，对生物多样性的监测也在逐步开展（Coffman and Davis，2005）。但研究工作尚在起步阶段，仍有很大空间尚待挖掘，尤其是关于地下生物多样性方面（Schrader and Boning，2006）。

巴塞尔用了一些栽培基质和植被建成技术创建特殊的屋顶绿化环境，来监测屋顶绿化在城市野生生物保护方面的价值。

图片来源于Stephan Brenneisen。

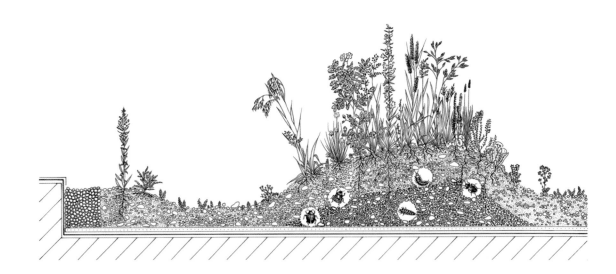

上图：一个有利于野生生物的屋顶绿化构成，表示多种栽培基质和多种厚度。

由Sibylle Erni绘制（最初由Hochschule Wädenswil 出版）。

下图：这个房子上的屋顶绿化连同地面草地为野生生物提供栖息地。

褐屋顶上有野生植被覆盖着栽培基质，还有枯树枝。

图片来源于Pia Zanetti。

屋顶绿化将房子和周边的本土树木、灌层连成一个整体。

　　瑞士的研究方法对伦敦的屋顶绿化影响很大，主要是因为这里的屋顶绿化在保护赭红尾鸲方面具有一定的价值，这种受保护的稀有物种现在只存在于英国一些工业区或工业废弃地。欧洲大陆的本地种主要存在于一些石质河岸上，英国的赭红尾鸲喜欢栖息在"二战"期间留下的爆炸坑以及在20世纪60年代所留下的城市后工业遗产地（Grant，2006），城市中心温度稍高，所以在石质的表面为其提供了与原生地相似的栖息环境。城市更新使这些城市生态热点如遗产地变小或消失。如果在某地发现赭红尾鸲在那里繁殖，若想对其开发，就必须采取一些补救措施。根据这些，赭红尾鸲行动计划要求在伦敦开展屋顶绿化项目为这种濒危鸟类提供繁殖地和栖息地（Wieditz，2003）。在那些鸟类繁殖区开发前必须采取措施保护这些鸟类栖息地。这些都可以在开发前通过利用废弃料（比如碎石、碎砖块、从建筑基地取得的心土等）作为基质建立"褐屋顶"来实现原始足迹的重建，这样同时也减少了运输建筑材料的成本。到目前为止，伦敦规划了大约15000m²的绿屋顶和褐屋顶面积（Gedge，2003），但发展潜力大约是40万～50万m²（Grant，2006）。在英国，屋顶绿化建设没有中央和本地的支持，生物多样性和对废弃地丧失的弥补对于广泛推动屋顶绿化的开展的力度是很小的。

在过去五年里，屋顶绿化已成为促发生物多样性的代名词。毫无疑问，这些措施只对某一些动物和植物种群有用，但对褐屋顶是否有利于生物多样性的最大化还不是很明确。实际上，我们希望读者知道这不是唯一途径，或者其他屋顶类型没那么好。根据可持续性和对资源的利用效率以及突出的本地特色来说，这种屋顶设计有很多的潜力。但对褐屋顶在促发生物多样性方面是否明显优于其他类型的屋顶还不太清楚，或者仅仅是不同而已。比如，卡达斯（2006）在对比景天科绿屋顶、小圆石褐屋顶以及地面废弃地土壤为基质的屋顶在促发生物多样性方面的不同后，发现实际上褐屋顶只能支持最少数量的无脊椎动物，其上面的稀有种数量也最少。在这个试验里，褐屋顶建成两年，比景天科屋顶建成时间短，这也许是它们之间存在差异的主要原因。到目前为止，还没有将建成时间相同、高度相同甚至在其他方面都相同的褐屋顶和其他类型屋顶进行比较。

同样，也没有确凿证据表明褐屋顶上的无脊椎动物种群和地面上的有相似之处（Brenneisen，2006）。尽管植物和动物因为栽培仪器、访客的衣服和鞋子或鸟的脚上带入到屋顶，但绿化屋顶上产生的植被和动物往往还只是局限于一些移动能力强的种类。一些气候比如因气温变动导致持续的冰冻、夏季连续的干旱导致动物受到限制，甚至一些昆虫没法越冬。屋顶面积大大小于地面废弃地面积。虽然如此，在屋顶上自我萌发的植被和动物还是可以看成是新颖的、独特的。

也许，我们在植被引入和建成上需要更灵活、更自由的态度，这样从广义上才有利于动物多样性而不是只限于本地植物的种类或者自我的萌发。当其清晰可见时，提升屋顶绿化美感的要求就越来越重要。研究表明，屋顶绿化对生物多样性的促发主要取决于基质质量和多样性、植被结构而不是植被种类的组成（Kadas，2006）。这些理论也反映在了谢菲尔德城市花园项目（BUGS）具有独创性的研究结果中，在这个项目里，对61个各种类型的花园的生物多样性进行了调查，比较了花园里是否有本地和非本地物种，花园管理的力度是怎样的，是正式的还是非正式的等内容（Smith et al.，2006）。植物种类丰富度是对无脊椎动物促发的关键因子。本地种的多样性没有显著效果（尽管其对一些无脊椎动物种群如食蚜蝇、独居蜂非常重要）。再次表明，不管是本地还是非本地，植被结构多样性是关键因子。依赖于自我萌发的屋顶绿化也可以成功的，但植被覆盖率很低甚至没有植被覆盖（Grant，2006），或只有一些生长迅速的野生种覆盖，最后导致了植物多样性很低，视觉效果不好（Dunnett & Nagase，2007）。因此，我们对褐屋顶提出了一些建议，必须整合一些技术（如堆土和地形塑造、用本地基质），在必要时混合本地物种和非本地物种，来追求生态和美学效果（Dunnett，2006b）。

屋顶绿化和水管理

掉落到植被上的雨水和掉落在硬质铺装地面上的雨水的命运是截然不同的。植被上的降雨大部分被土壤吸收并进入到地下水系统，部分被植物吸收后又通过蒸腾返回到大气。然而，人工硬质铺装（沥青、水泥、屋面）不能吸水，而是直接变成了地表径流，通过排水系统进入河流。实际上，建成排水系统的主要目的是为了尽快且尽量大地排走一个地区的水。所以，在城镇，有75%的降雨作为地表径流排走了，而林地只有5%（Scholz-Barth，2001）。研究表明非渗透地面的地表径流和溪流里水质的下降之间存在直接的联系——甚至小部分非渗透地面（10%~15%）就能有这样的效果。

结果，在城市建成区，因开发程度不同，非渗透地面从住宅区的10%扩展到工业和商业区的71%~95%（Ferguson，1998），河道系统被快速淹没。此外，高降雨快速反应在河道洪峰上，从而导致经常性的河水泛滥。2007年英国城镇上发生的洪灾部分原是因开发导致的洪汇区的侵占以及自然排水系统的破坏。地下水的丧失导致树木、作物、溪流、井所能利用的水量减少。对于自然和人来说，地下水是一个巨大的水库，它的减少意味着作物很容易遭受干旱。表2.1表明随着城市土地利用形式的不一样，地表径流也表现出不一样的特征。很明显，绿地空间在减少地表径流方面的作用是非常显著的，随着建筑密度的降低和绿色空间的增加，持水能力增强。在公园里，所有的降雨可能被吸收、利用甚至通过蒸发返回大气而不是流走。因此，这里没有地表径流。

表2.1　城市不同土地利用类型的地表径流特征。径流系数是一个指示相对水吸收的系数而不是指绝对量

（来源于Meiss，1979）

土地利用	径流系数
高密度住宅区	0.7~0.9
中密度住宅区	0.5~0.7
拥有大公园的低密度住宅区	0.2~0.3
体育场所	0.1~0.3
公园	0.0~0.1

大地地表径流导致一系列问题。大量暴雨导致排水系统或其他废水排放系统超载，这样导致了废水处理系统的超负荷运转，最后致使未经处理的污水污泥直接进入河流。这在旧的废水处理系统中较为常见。从城市表面流出的地表径流常受到金属、油、合成烃、重金属、道路盐、杀虫剂和动物排泄物的污染。大地地表径流也导致水蚀等问题。

为解决这些问题，为减少水的流出量，人们认为在解决降雨和排水这个矛盾的同时，可以通过灌溉和家用实现截获、重新利用，鼓励渗透到土壤或者蒸发到空间。这样做的益处主要有：减少了城市排水系统的压力、充盈了地下水系统、提供生境和湿地愉悦感，减少洪灾，重要的是，通过利用小的管道减少了排水系统的安装费用。因屋面占城市不透水面积的40%～50%，屋顶绿化成为这种城市可持续排水系统的一部分，也就是水敏感城市设计、生物过滤系统、低投入设计甚至最佳管理措施（Dunnett & Clayden，2007）。这些系统的其他部分包含生物洼地的利用（开放的植被覆盖管道）替代了入地的管道系统，这样就允许水被吸走或蒸发；雨水花园和雨水容器在地面接纳雨水；雨水管理池和排水盆地；通过水坑的运用引导水从屋面进入地下水；可渗透道路和园路，这样鼓励了渗透的产生

在没有植物的屋面，几乎所有的降雨都直接进入排水系统，间接导致洪灾的形成。相反，一个富有生命力的、绿色的屋顶能吸收大部分的降雨。

图片由Andy Clayden 绘制。

而不是地表径流的产生（Liptan & Murase，2002）。在很多工程中相比传统的管道法，这些方法投入很低、可持续性更高，因此被工程师、规划师和建造行业普遍接受。

越来越多的政府在为减少地表径流和提高其质量制定一系列的标准，这样也让政策制定者认真对待屋顶绿化并找到强有力的理由。在俄勒冈州波特兰市，已规定建筑条款规定如开发商对其建筑进行屋顶绿化，则可获得津贴，比如，每绿化0.09m^{2}的屋顶，他们可获得额外的0.27 m^{2}的地面空间。因为这个条文，一个开发商被批建了6个公寓，市值1500万美元（Liptan，2002）。在波特兰，地表径流的问题主要牵涉到污染哥伦比亚河里鲑鱼的产卵地，这样促使了该市关于水管理措施的出台。美国各州、市政府在逐步增加废水排放的费用，如果开发商用系统减少地表径流，他们也同意减少税收。实际上，在一些国家的西部干旱地区，所有开发区要求地表径流零排放。

对地表径流的减少和管理也是屋顶绿化领域研究的热点，一些州立研究机构和商业实体也积极地投入其中。一些技术特别是实验屋顶的建造，不管是平屋顶还是斜屋顶，运用了各种材料和植物做成了试验站。在一些已有的屋顶或者特别构建的屋顶上放置了一些实验仪器，常采用平桌的样子或者在地面设置一些容器，并没有和真正的建筑产生任何直接的联系。和传统的没有绿化的地方进行比较常常是这些实验的关键点。每个试验床上连着一个流量计和电子雨量计，并与一台中央计算器相连，所以对地表径流、降雨量都能准确度量并观察到动态变化。

屋顶绿化通过很多途径影响屋面水的地表径流。掉落到屋面上的雨水能被基质的孔隙吸收或者被具有吸水能力的基质所吸收，也能被植物吸收、储存在植物器官或通过蒸腾返回到大气。有些水则停留在植物体表面但最后也被蒸发掉。水也能储存在屋顶的排水系统。通过吸收水分和将水分返回大气，这样就减少了地表径流量，通过在其流走前对其储存，这样就像在天气和排水系统之间形成了一个缓冲器。被屋顶绿化储存起来的水，在相当长的一段时间逐步释放，所以在大暴雨时形成的洪峰尤其是夏季暴雨，就变得平和了，这样排水系统就只需在相当长的一段时间内处理增量适当的洪水，而不是在非常短的时间处理急剧增加的流量。

图2.1展示了屋顶绿化在减少地表径流方面的效果。在平屋顶上，地表径流和降雨量几乎一致，同时也记录了强度。对比传统的典型的平屋顶和一个简约式的屋顶绿化，发现不仅仅是地表径流总量减少了（地表径流峰值大大降低），而且从屋面到排水系统之间在时间上还有滞后。在第一波洪峰之后径流量基本维持稳定。这个现象在全世界屋顶绿化实验中的表现都是一致的。

屋顶绿化的储水能力随着季节、基质厚度、基质湿度、屋顶构造的层次和类型、坡度、生长基质的物理构成、植物种类以及降雨强度

图2.1 在22小时内从传统平屋顶和简约式屋顶绿化中产生的地表径流对比

引用Köhler et al. 2001，并重新绘制

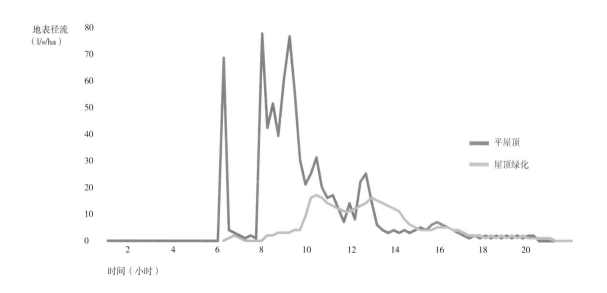

发生变化。所以在试验里没有普遍的规律可循，尤其是在不同气候区开展的实验就更没有可比性。这里，我们给出一系列屋顶绿化实验的普遍特征。然而，大部分实验表明地表径流减少量在40%～60%，最高达80%。对德国的实验进行广泛调研可以发现，门滕（2006）等实验表明基质厚度为10cm的简约式屋顶绿化，平均每年能减少地表径流45%，复杂式屋顶绿化为75%。基质厚度对截流雨水量是个关键的主导因子。

在平屋顶上，植被和基质毫无疑问能显著减少地表径流。比如，罗（Rowe，2003）等对芝加哥一个实验屋顶上深夏和秋天的地表径流进行了为期六周的记录。这个屋顶上覆盖了12cm厚的卵石或屋顶绿化植物生长基质，有些地方有景天科植物覆盖，有些地方则没有。实验表明，与简单的卵石屋顶相比，因生长基质的存在减少了地表径流。在强降雨情况下，植被覆盖使地表径流进一步降低。比利时实验也表现出同样的结果，随着基质厚度和植被覆盖程度的增加，屋顶保水的效益增强（表2.2）。

在俄勒冈州波特兰市，研究表明一个建成期超过两年，基质厚度为10cm的简约式屋顶绿化能吸收降雨总量的69%，在大部分热季暴雨中，甚至能吸收100%（Hutchison et al.，2003）。屋顶保水能力也随着屋面湿度而发生变化——前期已有降雨则保水能力下降，因为有可能基质已处于水饱和状态（Rowe et al.，2003）。夏季和冬季的保水能力是有显著差异的，因为在夏季有大量的水通过蒸发和蒸腾返回到大气中：在夏季，保水率在70%～100%，而在冬季仅有40%～50%（Peck et al.，1999）。德国的实验也表明10cm基质的简约式屋顶绿化在夏季能吸收90%的降雨，而在冬季只有75%（Köhler et al.，2001）。然而，常常是夏季雨水导致排水系统负载超重。德国Optigrün的工作表明屋面坡度大于15°对地表径流量没有大多影响。公司工作也表明当基质深度超过15cm时，屋面对地表径流的截流能力会稍微下降，所以说深的基质厚度益处不大。

屋顶类型	屋面径流（mm）	屋面径流（in）	屋面径流（%）
常规	665	26	81
常规屋面上铺设5cm卵石	636	25	77
栽培基质为5cm的屋顶绿化	409	16	50
栽培基质为10cm的屋顶绿化	369	14.5	45
栽培基质为15cm的屋顶绿化	329	13	40

当大部分工作主要集中在单个屋顶对地表径流的影响时，有些研究则有更为广阔的视野，研究屋顶绿化从更广的尺度在减少城市洪涝中如何发挥作用的。比如，卡特和杰克逊（2007）所建模型表明屋顶绿化对流域压力的减少主要在低强度或中等强度暴雨中，超大暴雨时他们因为饱和而作用降低。这个结论也受到门滕等（2006）

表2.2 不同栽培基质厚度和植被对降雨吸收的影响

摘自Mentens et al.（2003）

图2.2 从2003年11月到2004年11月，屋顶绿化的暴雨控制效果。

引自Carter和Rasmussen（2005）。

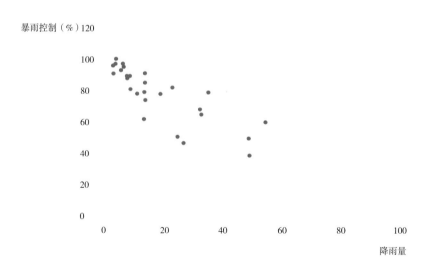

暴雨控制（%）

降雨量

从芝加哥佩吉·诺特伯特自然博物馆屋顶绿化上溢流出的水被收集到一个水体,在水体中种植植物为野生生物带来益处。这个水体接受从周边屋顶绿化过来的水,但平时保持一定的水位。一个太阳能泵带动水循环系统以防藻类爆发。由芝加哥保护设计论坛设计。

的支持。结果证明要极力发挥屋顶绿化的水文效益,只有像在工业区建仓库一样将屋顶绿化技术进行革新或者整合。然而,结合低影响和其他元素的设计,屋顶绿化可以成为一个效果显著、价格实惠的选择(Montalto et al., 2007)。门滕等建议如将布鲁塞尔10%的屋顶进行绿化,则能降低整个区域2.7%的地表径流,在城市中心这个比例还可能增加。同时强调和其他可持续排水系统整合,屋顶绿化可以说是减少极端暴雨的一个最佳途径。

在有植被覆盖的屋顶上实现对水的管理为设计提供了很多潜在的思路。这些为后期所用的蓄水池和水井也有很多吸引人的特征。当来自屋面上的雨水和中水通过湿地植被过滤净化后(在屋顶上或地面上),给种植和容器设计提供了很多机会。

地表径流水质

除了能减少地表径流的水量,简约式屋顶绿化能通过减少污染物的释放提高地表径流的水质。比如,近年来德国在柏林Potsdamer Platz大厦上屋顶绿化的实验已经证明了这个事实(特别设计通过利用粗质基质和耐旱景天科种类)。建这个屋顶的目的是减少地表径流的氮排放,因为这种氮排放导致流经柏林的Spree河藻类爆发(Charlie Miller)。这点也受到贝哈格(Berghage, 2007)的认同,他认为从已绿化的屋顶流出的地表径流里的总氮量(水流里氮丰富的主导因子)远远低于那些没有植被覆盖的屋顶(作为地表径流总量减少的结果)。同时他发现屋顶绿化地表径流里的pH值比没有植被的屋顶上的值高。这就对抵抗酸雨危害非常有益。在绿化和非绿化的屋面径流之间差异主要是颜色的差异:有绿化的屋面径流尽管清澈但总有点黄色,这对屋面水的收集和重复利用是不利的。他建议屋面径流可以在利用前通过类似芦苇床系统进行处理来应对颜色的问题。其他化学元素浓度在屋面径流中差异不太一致，有些高有些低。然而，贝哈格提出非常重要的一点是在绿化屋面径流中一种化学元素浓度的提高不能看成是孤立的。在屋面径流中这些元素是很低但没有明显差异。更为重要的是，在绿化屋面径流中的氮浓度和那些城市绿地空间相比，并没有多大差异。

然而，有两个因素能显著增加绿化屋面径流的氮含量。生长基质组成是其中一个。很多矿质材料会在屋顶绿化建成初期释放一些物质比如磷（Van Seters et al.，2007）。这个"第一波"不是长期的一个特征，但在一些敏感区域却非常明显。莫兰和亨特发现在生长基质中堆肥含量高（占总量30%）比那些含量低（5%～10%）的基质会释放更多的磷，并建议当水质很重要时不要在生长基质里混入更多的堆肥。第二个影响因素是肥料的运用。埃米尔森发现在轻质景天科屋顶上施入传统的肥料（快速释放）会导致屋面径流中氮和磷含量的提高。他们建议在维护标准设立时必须考虑是否运用肥料，目的在于减少氮的添加，使景天科植物疯长获得所谓的美感。此外，他们推荐使用缓慢释放的肥料种类。

屋顶绿化，空气污染和碳沉降

城市空气污染会导致一系列的问题。一些特殊的物质，尤其是交通工具常常与呼吸系统疾病有关。来源于交通工具或工厂排放的重金属，常常在浓度非常低的时候就具有一定的毒性。臭氧，雾的主要凝结核，主要在晴天产生（如下所述，温度升高是城市化的主要副作用之一）。在炎热的天气，臭氧和粒子常常与因呼吸疾病导致的死亡率有关。一般来说，这些都不是导致死亡的直接原因，但导致呼吸系统疾病已是非常明了的了。此外，因空气污染导致早产死亡的数量是非常大的——在英国大约每年是24000人（English

Nature，2003）。

　　城市植被能将流通的空气过滤一遍，滤掉一些细小的空气粒子，让其停留在叶片和茎表面。这些物质将通过雨水冲刷进入土壤或仍停驻在植物体表面。叶子能吸收气体污染物，并将这些物质积累在植物组织内。这些植被捕获气体污染物常常与树和大型植被有关。很少或没有直接的实验工作来调查屋顶绿化在这方面所起的作用，许多的结论仅仅来源于在其他植被类型上实验的结果。在东京，通过计算机模拟不同植被类型表明屋顶绿化在这方面的潜在功能，结果表明乔木和灌木具有最大的功效，对屋顶仅绿化10%～20%就能明显提高污染物的吸收量。然而，他们一再强调这些数据仅在密集区大量屋顶已绿化的前提下才有效。而不是独立的小面积的屋顶，所以他们指出需要政策来支持和鼓励屋顶绿化。他们同时指出植被最好是常绿的，如果屋顶花园能支持乔木和灌木的生存，则效果更好。对薄基质、景天科植被为主的简约式屋顶绿化对空气污染物的截获功能尚不明确。

　　作为植被的一种，如前所说屋顶可以看成是一种碳库。像对屋顶绿化在对空气污染物吸收能力已经定量研究一样，对屋顶绿化在碳沉降方面的功能研究还尚未发表。我们希望本书的下一版能对屋顶碳沉降方面的功能能提供更为详细的信息。

屋顶绿化和城市热岛效应

　　屋顶绿化和在建筑物上种植植物的功效能从单体建筑的层面发挥，也能积累从而实现城市整体环境的优化。随着建筑密度和铺装面积的增加，形成了特殊的城市气候，这种气候的典型特征是因气流受到限制、空气污染和粒子浓度增加导致夜晚高温和高湿。温度升高导致雾更容易形成，这样也增加了哮喘和其他呼吸疾病的发病

概率。形成这种独特气候的因素有很多，比如高吸热性能建筑材料的运用、可蒸发表面面积的减少、缺少植被覆盖以及因此而减少的荫凉和蒸发散热面积、表面径流面积增加、空气污染物增加（主要来源于交通工具）、建筑产热、因为峡谷形成导致风的冷却作用下降。此外，从交通工具、工厂和空调产生的废热增加（Wong，2005）。结果导致城市空气温度明显高于周边农村的温度。比如在柏林市中心无风的夜晚，温度比周边地区高9℃（von Stulpnagel et al.，1990）。这些特征常导致城市居民承受热压和一些身体的不舒服，同时因空气质量低导致了一些呼吸和循环疾病。在2003年和2006年的欧洲热浪中死亡率已经有所升高，尤其是那些老年人，主要是因为夜晚城市温度升高。

上升的温度和从工厂、交通排放的离子混合在一起，形成城市空气污染和雾霾。

屋顶占城市中具有反射能力、没植被覆盖表面的很大一部分。比如，对美国一些城市土地覆盖情况进行调查（芝加哥、休斯敦、盐城和萨克拉曼多），发现屋顶占到城市四分之一以上的土地覆盖（表2.3）。国家航空和宇宙航行局对巴吞鲁日、休斯敦、萨克拉曼多和盐湖城进行航拍发现屋顶具有最热的表面，温度高达71℃，植被和水体温度最低，温度在24℃~35℃之间。

大量的反射面（大部分是裸露的屋顶）和植被缺乏，导致城市温度比周边区域高。

	居住区	非居住区
屋顶	21%～26%	21%～24%
道路	28%～32%	37%～52%
草地	30%～43%	11%～24%
其他	6%～16%	10%～17%
树林	11%～22%	4%～12%
所有屋面+道路	50%～56%	60%～71%
所有草地+树林	48%～54%	16%～30%

表2.3　屋顶、铺装、植被等土地覆盖方式在居住区和非居住区所占的比例（芝加哥、休斯敦、盐湖城和萨克拉门托）。

数据来源于Wong（2005）。

　　从表2.3可以看出，居住区和非居住区有差不多大小的屋顶面积，但非居住区道路面积大10%～20%，草地和树林面积小20%～30%。这些数据在欧洲很多城市是相似的。比如，对谢菲尔德市从城市中心到郊区过渡带进行调查发现屋顶面积大约占28%。

　　人们很少关注城市绿地空间对城市气候的影响。城市植被最主要的功能（除了在小尺度上形成怡人小气候外）是产生水分蒸发蒸腾过程所需要的热能，这样实现降温的功效。水分蒸发蒸腾总伴随着蒸腾（水从植物根系通过叶片蒸发到大气）、土壤与植被表面的蒸发连在一起。所有这些过程的动力来自于太阳能。这样，能量就持留在水蒸气里，避免转化为表面的热能（Bass，2001）。这样，一个城镇的空气质量就由开放的植被空间在区域内所占的比例决定。

　　对植被和城市气候的研究很少能证明一个单个的绿地空间越大，它对气候调节的范围就越大。开敞绿地空间功效降低一般是因为其位置低于周边区域，被围墙或外围植被围合——这样就防止冷空气进入并影响周边区域（所谓的城市公园冷岛效应；Spronken-Smith & Oke，1998）。当绿地空间很小（比如屋顶），只有和其他类型的城市绿地（公园、袖珍公园、街道绿地）整合在一起形成一个广泛的网络系统。曾有人建议，从气象学的角度，最佳安排是有几个大的开放空间伴随很多面积较小的植被覆盖空间均匀分布在城区（Miess，1979）。这里需要注意的是所有的土地表面，根据气候调节功能来评判，开放水体的功效最大。所以，在屋顶上植被空间再配合浅的水体或集雨盆地则能实现功能的最大化。

植被也能通过减少从黑色的硬质表面所产生的热辐射降低城市夜间温度。虽不像白色屋顶因刷上白色能反射最多的阳光那样，植被在反射太阳辐射和减少热吸收方面比传统的屋面则更加有效。

屋顶对城市热岛效应降低的功效是很难定量分析的。对城市植被对城市热岛效应消除曾做过一点尝试就是建立一些数学模型。比如巴斯（Bass）对东京屋顶绿化对城市热岛效应影响进行模拟。理论上当这个城市50%的屋面进行绿化，对城市热岛效应的效果是微不足道的，平均大概降低0.5℃。在计算机模型中加入灌溉来保障在非常干旱的季节通过有效的蒸发蒸腾实现更大的功能，大概能降低温度2℃，同时能增加城市的降温面积。这样看上去是非常矛盾的：通过加入多余的水来调整一个并不理想的环境因子，而屋顶绿化的主要益处在于水的管理和保护。然而，灌溉可以利用储存水、循环水或从建筑物所获取的废水（可能来自于夏季降雨）。其他工作也支持这个结果：冯·斯图内奇（Von Stulpnagel）等（1990）表明植被覆盖的屋顶只有在灌溉时具有夏季降温的功效。此外，和没有植被覆盖的屋面相比，干旱的屋面能改变反射和吸收的热量。

噪声污染

硬质屋面具有反射声音而不是吸收声音的功能。屋顶绿化能吸收声音，栽培基质和植物都为此做出贡献，前者倾向于阻止低音频后者则倾向于阻止高音频。在屋顶绿化降低噪音方面甚至有非常夸张的描述。比如，一个基质厚度为12cm左右的屋顶能减少40分贝而20cm的则能降低46～50分贝。很少有已出版的科学证明能证实这点。德国研究人员在法兰克福机场对屋顶绿化的降低噪音功能进行调查，发现一个10cm厚的屋顶绿化至少能降低5分贝。因为基质越厚降低噪声的程度越高，这样复杂式屋顶绿化能吸收更多的噪声（Charlie Miller）。

获奖的加利福尼亚901樱桃山办公楼上屋顶绿化项目建成的一个主要目的是降低噪声，因位置毗邻一条繁忙的高速公路，顶上有旧金山机场航线。屋顶建成希望能降低50分贝噪声（Burke，2003）。

经济效益

屋顶寿命增加

不管是非专业人士还是专职人员，人们对屋顶绿化最开始的反应是因为它们能储水，所以会增加漏水的可能，而且可能会造成对建筑的破坏。实际上，只要技术恰当，屋顶绿化的屋面将比传统屋面持久，获得非常明显的经济效益。

表2.4　对加拿大多伦多市没绿化和已绿化的屋顶上的最高温度进行对比，时间为660天。

数据来源于Liu和Baskaran（2003）。

温度高于	没有绿化的屋顶		绿化的屋顶		周边区域	
	天数	所占的比例	天数	所占的比例	天数	所占的比例
30℃	342	52	18	3	63	10
40℃	291	44	0	0	0	0
50℃	219	33	0	0	0	0
60℃	89	13	0	0	0	0
70℃	2	0.3	0	0	0	0

热暴晒能加速沥青材料的老化，这样就缩短了它的寿命。紫外线辐射能改变化学组成，腐解沥青材料。裸露屋面在白天吸收太阳辐射使其温度升高。温度升高的幅度主要决定于屋面材料的颜色。颜色浅的屋面温度较低是因为它们反射太阳辐射，颜色深的屋面温度高是因为它们吸收太阳辐射。很多研究表明裸露屋面的温度比屋顶绿化的屋面温度要高。比如，在加拿大多伦多对一个屋顶上绿化的和没有绿化的进行对比系统研究，没有绿化的屋面吸收太阳辐射，在下午最高能达到70℃。然而，绿化屋面温度大约在25℃（Liu & Baskaran，2003）。表2.4对比观察期间（共660天）屋面最高温度超过不同温度水平的天数。

660天中，没有绿化的屋面最高温度超过50℃的天数为219天。22个月观察期间，周边区域超过30℃的天数占10%，没有绿化屋面温度超过30℃占一半时间以上，而绿化的屋顶只有3%。这个实验中屋面材料颜色是浅灰色，如果颜色更深，屋面温度可能更高。

裸露的屋面白天能吸收太阳辐射，从而导致表面温度的升高。在晚上通过再辐射释放吸收的热，温度有所下降。这样每天温度的波动给屋面材质造成热压，影响它长期的功能以及防水的功效。屋面材料随着时间伴随着一些自然过程发生着降解：因为紫外光、极端温度导致的热胀冷缩、冻融等。最后导致材料的崩解、分裂、剥离和破碎。比如，图2.3表示对加拿大绿化和没有绿化屋面材料的温度波动（每天最高温度减去最低温度）进行对比，发现在春季和夏季（冬季因屋顶上覆盖雪层导致相差不明显）屋顶绿化能显著降低每天的温度波动。屋顶绿化每天的温度变化小于周边区域的温度波动。

德国研究证实每天温度变化能减少94%以上，白天和夜晚极端温度能平均降低12℃，但降低的幅度很大程度上取决于植被类型。通过对典型的中欧野生植被进行研究，发现多种草本和非禾本草本

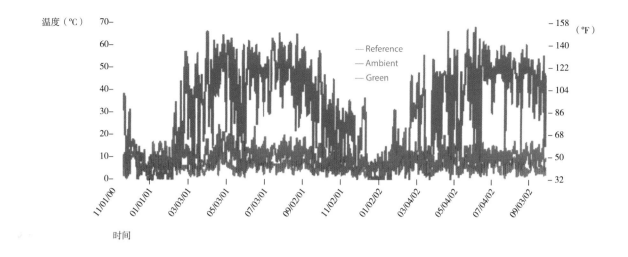

植物混合植被能使温度降低的幅度增大。在屋顶控制实验中，没有植被覆盖的屋面比植被覆盖的屋面温度高67%。然而，低多样性的群落，比如都是禾本科草本，则降低的幅度减小，在一些案例中仅为32%。当栽种混合草本，多年生的地被每年必须进行修剪。再次证明高的生物多样性，则效果更好，在温度变化中最高能降低达90%。对混合植被的功效高于单一植被的原因进行推测，研究者认为他们具有更高的高度和复杂性，这样起到的缓冲作用越大，他们隔热效能也就越明显（Kolb & Schwarz，1986a）。

屋顶绿化并不是减少热传导的唯一途径。高反射屋顶或者白色屋顶也能实现这个功能，能减少降温所需能耗40%（当然白色屋顶尚缺少屋顶绿化的其他长处）。对于屋顶绿化和白屋顶来说，能耗的减少主要依赖于建筑物本身的形式和设计。大屋面的单层或低矮建筑效果最好，而建筑物年代久远则隔热效能越差。

绿化的屋顶比传统屋顶建造的标准应该要高，因为它们必须承载更大的重量，而且需要100%的防水。这样毫无疑问会增加造价，但屋顶的寿命会增长是因为其质量更好，而且受到基质和植被的保

图2.3 在多伦多一个绿化和没绿化的屋顶上每天温度波动对比，调查时间从2000年11月22日开始，2002年9月30日结束。

数据来源于Liu & Baskaran（2003）。

护。传统屋面（美国，2002年价格）大约花费4～8.5美元每平方英尺，如果维持时间短于15～20年，则造价更低，造价达8.5美元则能维持30～50年。一种简约式屋顶，能维持50～100年，造价为10～20美元每平方英尺。相比较而言，一种复杂式屋顶绿化造价大约在20～40美元每平方英尺（Broili，2002）。欧洲研究表明屋顶绿化能使屋面寿命延长到2倍（Peck & Kuhn，2000），这样从长期的角度降低了费用。屋顶绿化的一些保护措施有利于一些年代久远的屋顶花园的存在，比如，伦敦市中心的Derry & Toms百货店有一个屋顶花园从1938年一直保存到现在，目前屋面状况仍比较好（Peck et al.，1999）。

对于传统平屋顶一个常存在的问题是水常常积累在那里而不流走，这样就容易发生屋顶渗漏。屋顶绿化常因基质和植被能截流水这样就不让屋面积水更多。对没有绿化的屋面进行维护、当管理人员在其上面行走时或空调工程师施工时容易破坏屋面。植物和土壤在人和屋面之间形成了一个自然的保护屏障。此外，对屋顶排水系统必须持续关注比如树叶等一些有机物，可能会堵塞管道导致溢流甚至导致管子爆裂。屋顶绿化能截住这些碎片，并变成栽培基质中的腐殖质。

降温、隔音和减少能耗

在德国，屋顶绿化的重要功能在于能使建筑物隔音，控制屋面径流。在社区或城市尺度屋顶绿化的益处得以明了化，必须使开发商知道更为广泛的环境利益，这样他们才知道建造屋顶绿化的价值所在（除非有实际的法律或者经济刺激）。然而，屋顶绿化减少空调费用代表建筑个体的直接经济利益，这样就有利于屋顶绿化工程的推广。所以，收集屋顶绿化在能耗方面的数据对区域环境气候的影响是非常重要的。

很多因素导致屋顶绿化热特征的形成：直接对屋面的覆盖，从植物和栽培基质形成的蒸发蒸腾，植物和基质的隔热效果（Liu & Baskaran，2003）。这些因素的差异也导致屋顶绿化在这方面的功能各异。比如，植被如果不是常绿的，屋顶的隔热和蒸发蒸腾效果则下降。气候差异也非常重要：冬天因冰冻或雪覆盖对于那些基质薄、植被浅的屋顶来说，则能耗方面的效益下降。

有充足的实验证明屋顶绿化在夏季对建筑物的降温效果是非常明显的：屋顶绿化在冬季对建筑物的保温作用不是太明显，但在夏季其降温作用是非常显著的。这对于屋顶绿化工作的推动者来说是个好事情：在冬季用于降温的建筑物能耗远远高于冬季升温的能耗。在夏季，屋顶绿化的降温作用部分来源于遮阴，部分来源于植物和栽培基质的蒸腾和蒸发，以及植物的呼吸作用：通过这个途径吸收空气中的热能，这样导致整个建筑物表面温度的下降（Onmura，2001）。在热带地区（甚至其他区域）如果植被稀少，深色裸露基质的温度则会高于裸露屋面的温度。这样，在估计屋顶绿化降温潜力时，健康、全面的植被覆盖是必不可少的。

对比没有遮挡的区域，遮阴环境能减少90%以上的热吸收，在室外环境25~30℃时，有屋顶绿化的建筑室内温度要低3~4℃（Peck，1999）。在那些把空调作为室内工作环境建设重要手段的地区，可以考虑屋顶绿化的建设：室内空气温度降低0.5℃，能减少电耗8%以上。在加拿大多伦多，对比没有植被覆盖的屋面，在有草皮的一层建筑上，基质10cm厚，则能在夏季减少25%的能耗。在春季和夏季，白天没有植被覆盖的屋顶会吸收太阳辐射，这样导致热流进入到建筑，晚上通过再辐射热量返回到空气中，使建筑物的热能损失。这样就增加了建筑物的能耗，中午和下午需要使用空调降温，早晨需要空调升温。图2.4表明在屋顶绿化和对照屋顶下维持一个舒服的室内环境所需要的能耗对比。在这种情况下，屋顶绿化从四月到九月是有效的，能大量减少因降温所需的能耗。但对于多伦多来说，在寒冷的冬季生长基质持续冷冻，还有一段时期的雪的覆盖，屋顶绿化的效果也就很小（Liu & Baskaran，2003）。屋顶绿化建成对每年的节能和高峰时期的能耗是非常有效的。这些结果将在本书后面章节进行叙述。在多伦多进一步实验中，刘（2005）发现屋顶绿化在一年中能持续减少能耗：夏季75%~90%，冬季略少（10%~30%）。在这个实验的第一年监测中，屋顶绿化能减少进入建筑的热流达95%，热损耗仅23%。

在新加坡热带地区也取得了类似的结论。在城市里，监测一个集约式屋顶绿化的表面温度，图2.5是实验结果，表明在48小时中，裸露铺装面在中午高峰时达到57℃。在一天中，温度波动大约在30℃。对比发现，在棕榈树下，表面最高温度仅27℃，一天中温度波动在3℃以内。在裸露土壤上或者树冠更为稀少的植被覆盖下，温度在裸露铺装面和棕榈树之间。

图2.4　加拿大多伦多在有植被和没植被屋顶上平均每天热流的比较，从2001年1月到2001年12月。

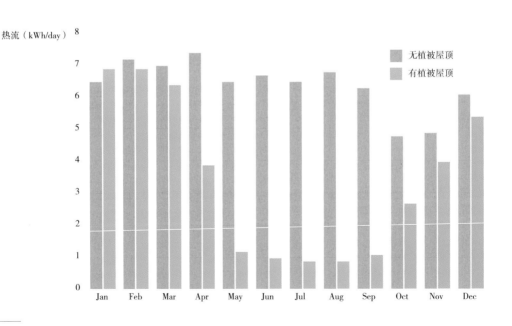

热流（kWh/day）

图例：
- 无植被屋顶
- 有植被屋顶

图2.5　对植被、裸地和暴晒的铺装面温度进行测定，2001年11月3日，新加坡

数据来源于Tan et al.（2003），并进行了重绘。

对不同屋面下室内热能和热损耗都进行了监测。在屋顶上没有植被覆盖的房间内，对一天所获热能进行了监测：晚上，还有一些热量进入到建筑因为屋顶吸收了大量的热能。然而，在有植被覆盖的地方还有热损失。有趣的是，从有植被覆盖屋面的房间里所丧失的热能和土壤覆盖的房间是一样的。这就表明植被的存在对隔热效能的增加作用不大，植被主要是通过遮阴减少白天太阳能的吸收。生长缓慢的景天科植物遮阴作用也同样得到了发挥。因为屋顶绿化降温作用部分来源于遮阴，部分来源于土壤和植物的蒸腾蒸发，植物必须长势很好，而不是处于热诱导的休眠状态，这样才能充分发挥屋顶绿化的降温效果。所以，配置灌溉设施保持植物存活和常绿就显得非常重要。

低而平的建筑屋顶绿化降温效果会有所增加，高或薄的建筑不能增强其降温效果。马腾斯和巴斯（2006）用广场、一层、二层、三层仓库模拟屋顶绿化的冷却效果。他们发现随着建筑物层数递增导致的屋顶面积增加，高层冷却耗能几乎接近于整栋建筑的耗能，表示建筑高层在实现建筑节能中是非常重要的。同时他们发现屋顶绿化的节能效果因单层结构而比传统屋面的效果要显著得多。

同样的，阿尔卡·扎和巴斯（2005）在马德里对一个典型的八层公寓屋顶绿化效果进行模拟。他们发现在开敞屋面绿化面积达16%以上时，每年的能耗总量将降低1%（热季0.5%和冷季6%）。然而，这种减少并不是均匀分布于建筑内。在夏季高层能耗高峰期能减少25%，冬季12%。在屋顶三层以下没有任何能耗的节省。他们再次表明屋顶绿化对耗能的减少主要发生在建筑物的高层。

德国的研究证明不同类型植被在冬季绝缘的效果是不同的，那种整齐的常绿的植被看上去要比混合植被好，比如野生花镜倒塌形成一些枯枝落叶所组成的毯状物，很少有空气的气穴。然而，比如，一块很好的草皮因为形成很好的连续的覆盖，使能形成大量的气穴。在多年生地被植物中，小蔓长春花效果很好，它的叶子常绿，茎的分布也有利于形成很多的气穴（Kolb & Schwarz，1986b）。不同的植被类型在冬季和夏季的隔热效果是不一样的。屋顶绿化的绝缘效果

屋顶绿化能在一些低矮的平顶建筑上或高层建筑上部发挥很好的降温功能。

是植物和基质的联合作用形成的，所以很明显，这两层越厚绝缘效果越好。结果表明20cm基质再加上20～40cm层厚的植被相当于15cm渣棉的绝缘效果（Peck，1999）。屋顶绿化和垂直绿化不仅因能减少建筑升温和降温的能耗而降低费用，而且能减少建造费用，因为它们能减少绝缘设施的运用，同时降低空调配置的标准。

屋顶绿化的降温效果可以通过积极灌溉来保障屋顶上持续地蒸发蒸腾。这个也可以通过利用湿地植被而不是像传统中的用一些耐旱的植物，但必须确保基质中有足够的水分。通过湿地实现水循环是建筑降温的一种低能量投入途径，同时湿地种植能实现对污染水的净化。一个著名的案例，是在德国法兰克福附近，有个名叫Possmann苹果酒厂，屋顶上有茂密的莎草，通过循环水灌溉来降低建筑物的温度，实现电能的节约。

在美国有个相似的案例就是Shakopee Mdewakanton Sioux社区废水处理厂屋顶绿化工程。这个项目设计的目的在于使其功能上和视觉上与周围环境融合。屋顶绿化设计中采用大量的当地草原上的植物（在干旱草原上出现的浅根种类——见第4章）。通过突出草原的美，这个设计给场地独一无二的特征。在屋顶绿化上采用了滴灌系统，主要是将废水处理厂第三级废水作为资源进行了利用而不是当成废物处理。屋顶绿化中的灌溉系统保障了蒸腾发散量的最大化，这样也加大了对其底下建筑物的降温幅度，所以在该屋顶绿化项目下面的室内没有用空调来维持舒适的室内环境。

Possmann苹果酒厂。

图片来源于Wolfram Kircher。

绿色建筑评估和公众关注

屋顶绿化能在绿色或可持续建筑的评价和评估获得分数。比如，美国LEED（能量和环境先导设计）项目认为，如果屋顶绿化面积达50%以上，能降低热岛效应，则这个建筑的环境效果能获得一个点，还有一个点给屋顶绿化的暴雨管理（Oberlander，2002）。如果方案获得高分，则可以得到经济补偿。比如，获得高分的新建筑能吸引那些对环境敏感的公众。那些潜在的能获得分数的方法则有助于规划批文的下达。所以，这样通过在项目中运用屋顶绿化来为一个建筑或者团队提高环境意识，增加细心公众的关注度是非常有帮助的；一个可以看见的屋顶绿化能高效表达建筑不同的环境观。屋顶绿化能获得加分的项目主要包括：1. 减少场地干扰，使开放空间得以保护或恢复；2. 水的有效利用；3. 能源和环境；4. 材料和资源；5. 室内环境质量；6. 创意设计；屋顶绿化所获得的分数在15分以上（Kula，2005）。

公众关注和屋顶绿化的市场价值带来直接的经济利益。比如，英国罗瑟勒姆摩基特商务中心屋顶绿化项目为这个建筑在国内和国际上形成了很好的宣传作用，因为这与工作环境质量相关，这极大提高了建筑的入住率，同时有了市场反馈——增加了租金收入而不是空置在那里。这些现象也同样发生在其他商务建筑上。到目前为止这些还只是传闻，我们期待有些相关的研究工作得以开展。

屋顶绿化不只是对提升建筑形象有益，对提升城市整体形象也非常有帮助。在第1章已经描述了芝加哥是如何将屋顶绿化作为一种提升城市形象的策略的。在英国谢菲尔德市，也采用了同样类似的手法。这个城市宣称它将成为英国最绿的城市，在屋顶绿化前沿特别积极地做出了努力，伴随着政策的支持，市政府和谢菲尔德大学紧密联合进行了一些积极的引导。通过当地一个环境慈善会名为"谢菲尔德基础工程"活动，已对公共汽车站亭顶部进行了绿化，目的在于教育和提高公众意识。公共汽车站亭的照片已经在全世界流

英国谢菲尔德市为了提高公众对屋顶绿化的认识，对很多公共汽车站亭的屋顶进行了绿化。

转，这样对提升谢菲尔德市屋顶绿化活动形象非常有帮助。实际上，汽车亭顶部覆盖只是临时的而非永久性的，但这并不影响它的PR值。

在城市密集区，屋顶绿化能增加很多休闲空间。

休闲效益分析

屋顶绿化的休闲价值

　　屋顶可以看成是城市和郊区一个巨大的没有开发利用的资源。如果屋顶承受能力足够的话，可以规划休闲用的屋顶绿化，这样，在地面绿地空间有限的情况下，屋顶绿化在提供休闲场地方面可以发挥重要的功能。在屋顶建休闲空间有些好处，比如可以控制可达

一个商业大厦顶部的公共公园：MAG商业大厦屋顶，格林茛，德国

人们非常喜欢这个公园因为里面有符合各个年龄人群需要的娱乐设施。在街球场后面有个儿童游乐场。

在格林茛镇，作为一个新的商业和体育中心发展区，在一个新的建筑物顶部建成了一个新的公园。在这个镇上，地面公共绿地非常有限，所以规划区提议在新大厦上建成一个公园。公园包含草坪、多年生区域和灌层（3340m²）、卵石路（930m²）、一个街球场（600m²）和一个大型儿童游乐场（93m²）。此外，2400m²的简约式景天科屋顶建成（不对公众开放）。设计者：斯图加特Haring & Zuller。

性，这样可以建成一个相对安全的空间，避免地面公共绿地中的一些破坏行为、抢劫和其他社会问题的产生。对犯罪或陌生的恐惧常常大于现实，有相对安全的绿地空间常能增加使用者的安全感。在俄勒冈波特兰，通过对一个社区屋顶绿化工程观察发现，在这里，发生了比如晒衣服、烧烤、小吃小喝、遛狗甚至放鞭炮这些行为（Hutchison，2003）。也没有要求这些休闲空间必须是很小的：在建筑物顶部可以建成高尔夫球道或游乐场。

　　平屋顶一般不设计为频繁地休闲利用，但其载荷应该够支持一些确定的用途：比如阳光浴或少数的集中种植。在很多城市化区域，

这个屋顶花园成为俄勒冈波特兰市上空仅有的一抹绿。

这可能是人们能拓展到室外活动的唯一的途径。随着越来越多的人移到人口密度大、拥挤的镇或者城里，这对地面绿地空间增加来说是不小的压力。屋顶在提供给城市居民美的和休闲的健康生活空间方面具有巨大的潜力。除了提供具有吸引力的社区公园，在城市社区中增加绿地而不是黑色的硬质屋顶这样能增加开发商的卖点。

提供屋顶花园不仅仅是人们所期待的，很可能会变成是必需的。在美国，人口正在老龄化，很多老人正在移向城市里，所以会要求有更高质量的居住环境。这在英国却恰恰相反，新的、高质量的、高密度的城市中心社区吸引了年轻的专业人士。

食品生产

在欧洲和北美，人们对食品质量和生产过程越来越关注。一个典型的问题是食品到达其目的地的距离——常常作为比喻的是反季节蔬菜和水果往往来自于地球的另一端——但很多时候在商店或卖场很难发现当地的食品。对食品长距离的运输往往导致能量的消耗以及因交通带来的污染问题，同时水果蔬菜的营养价值随着采后时间的延长而降低。屋顶为健康食品生产提供了一个机会，尤其在高密度城区或者花园面积很小或受到限制的地区。当生产型植物替代了传统屋顶花园里的观赏植物，不管是集约型还是简约型屋顶绿化都可以成为生产场地。比如很多草本植物在光照充足，土壤排水顺畅的情况下就能生长良好。高山草莓则需要在一些坡屋顶的阴湿环境下生长。在屋顶上进行食品生产也许并非难以实现。在一些国家（比如海地、哥伦比亚、泰国和俄罗斯），屋顶和阳台早就作为一些从水果到蔬菜甚至兰花的生产场所（Garnett，1997）。产量高的作物需要一定的土层厚度（30～45cm）和定期灌溉。毫无疑问，必须考虑屋顶的承受能力。然而，一些轻质栽培基质的运用，屋顶温室和营养液栽培技术能拓展其潜力。在加拿大温哥华，Fairmont旅馆就是一个很好的利用屋顶进行食品生产的案例。这个屋顶花园面积为195m²，土层厚度为45cm。这个花园为这个旅馆提供所有的调味草，一年大概节约25000～30000加元。同时也为旅馆客人提供休闲空间，相对其邻近旅馆来说，这个旅馆的入住率要高一些。同样，纽约地球宣言组织准备在这个城市鼓励

这是中国一个工厂里的屋顶绿化，用来种植茼蒿。栽培基质大约15cm深，经常得到灌溉。这里的公园很少，屋顶为自家种植提供了机会。

图片来源于Ruijue Hue。

苏黎世生产型屋顶建得非常规整，不管是近看还是远观都很漂亮。和周围没有绿化的区域相比效果也很明显。这种规整图案是屋顶绿化最直接的表达方式——在格子里可以种上各种类型的蔬菜，有些比较粗放有些却很细致。

图片来源于Eckart Lange。

环境友好型居住。在纽约办公大楼上的都市农业屋顶绿化展示区提供了地球宣言中的可持续烹饪课程，在那里建筑里的废弃物被降解并运用到了屋顶绿化工程上（Cheney，2002）。

屋顶空间可以作为食品生产或其他的福利设施，并且还有很多的尚未开发的商业价值。这样看上去更具有吸引力是因为在很多案例中，开发商能利用额外的空间进行食品生产而不需要额外付费。

屋顶绿化的美学价值

大部分的城市屋顶看上去不是那样美的。那些著名建筑或是大城市中的摩天大楼天际线很吸引人，但小尺度常常看上去是大杂烩甚至说是非常难看的。这就是大的平屋顶的工业和商业开发区的现实。不好的视觉也不仅仅局限在城市里：在花园棚架、车库、大门或者房子的延廊顶上，看上去几乎都是黑色沥青。这些现象代表屋顶绿化有很大的开发潜力。对于园艺爱好的文化，居室和屋顶花园

屋顶绿化能将建筑与周边环境
融为一体。

图片来源于©ZinCo。

屋顶绿化在很多建筑和小品上
会形成比较单纯的视觉效果。

图片来源于VegTech。

屋顶绿化能在任何构筑物上建
成，不管它有多小。

英国匹克国家森林公园埃代尔Moorland游客服务中心大楼上的屋顶绿化将建筑和周边环境整合在一起。

是最近比较有挑战力的代表。在花园里，屋顶可以进入，在干旱季节可以进行灌溉，屋顶为很多物种的生长提供了机会。

当屋顶不可进入但清晰可见时，那些具有吸引力的植被就会更好。众所周知，绿色植物具有促进康复的功效，同时对缓解压力、降低血压、缓解肌肉紧张和增加积极情感方面很有效（Ulrich～Simons 1986）。屋顶或垂直绿化具有很高的治疗效果（Ulrich，1986）。当一个地方有屋顶绿化景观时，能增加周边地区的经济效益（Köler et al.，2001）。

屋顶绿化和太阳能利用

柏林Köler实验表明屋顶绿化和太阳能利用在同一个屋顶上是可以兼容的。实际上，两者相互补充。将沥青屋面和绿化屋面上的太阳能产出进行比较，发现屋顶绿化上的太阳能产量要高6%。这是因

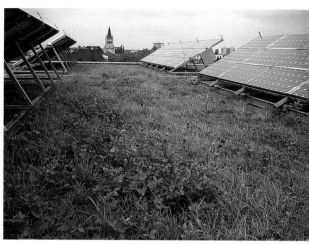

为低温有利于太阳能利用。沥青屋面反射更多的热量，这样使太阳能板比草皮上的温度更高，从而减少了电流产出。同样，在太阳能板下遮阴的环境能使更多的植物生长，而不像单一的景天科植被环境——这为植物生长提供了更为宽松的环境。科勒等（2007）表明需要对植被进行维护管理，不让植被高过太阳能板；因为它们在阴影下没法工作，同时他们认为太阳能的利用能抵消屋顶绿化的建设费用。

将屋顶绿化和太阳能放在一起能增强两者的功能。在太阳能板下能产生更多类型的植物。

总结：屋顶绿化投入—产出分析

屋顶绿化的功效是非常明显的。实际上，他们的功效是如此之多以至于很难从整体上来估算（Peck，2003）。研究者往往只对自己熟悉的领域关心，也许是雨洪管理、温度波动、生物多样性等。屋顶绿化的功能是多方面的，这是它的关键特征：尽管是单目标项目驱动，但它们总能提供多种多样的功能（Miller & Liptan，2005）。两个事情是非常清楚的。

将这些益处转化为货币等式受到限制，这样要求更为精确，所以很难劝说开发商为屋顶绿化投入更多。第二，很难从城市水平对屋顶绿化功效的发挥进行计算。

在一个给定的区域，屋顶绿化的总的投入—产出分析是可以进行的。加拿大多伦多已开展了广泛调研。比如，多伦多市政府、加拿大环境部、健康城市屋顶绿化、加拿大国家建设研究所已经形成了联盟（Peck，2003）。他们的工作目标是在未来10年对多伦多6%的屋面进行绿化（代表多伦多总土地面积的1%，大约600万m^2）。提议屋顶类型为平均厚度在15cm，以及厚一点的草皮。这样屋顶绿化建设的效益保守估计如下：

1350人/年直接或间接的工作机会

城市热岛效应降低1～2℃

每年减少建筑物的温室气体排放156万吨，从城市热岛间接减少62万吨温室气体

降低5%～10%浓雾发生率

植物每年截获29.5吨粒子

超过360万m^3暴雨控制能力（如建一个能容纳所持水量的库需要6千万加元）

城市食品生产，大概10%覆盖，每年生产470万公斤

潜在的休闲场地，公共的或者私人的，65万m^2

这些数据，来源于估算，所以不太准确——但是为大面积屋顶绿化建设的巨大功效提供一个整体描述。

最后，如赫尔曼（Herman，2002）引用澳大利亚艺术家和哲学家弗雷德里希·洪德华斯（Friedensreich Hundertwasser）所说：

天堂下所有的事情都是水平的，属于自然。人必须对绿色或者森林坚持不懈，鸟瞰所有的屋顶，才可以接受自然的、绿色的景观。

当一个人建成屋顶绿化，不需要惧怕对景观进行践踏：房子已成为了景观的一个部分。人们必须利用屋顶返回自然，在那里我们建造了自己的房子和建筑，却与她剥离——其实这些建筑和房子也是地球上可以种草和树的一个层。

这个屋顶绿化，比邻近的屋顶看上去更美，为野生生物生存提供了条件，在水和能量管理方面也有很好的功效。

图片来源于©ZinCo。

第3章　屋顶绿化的工程技术

屋顶绿化是指在传统屋顶系统的顶部，利用植物及其栽培介质层所营造出的一个绿色空间。这与传统屋顶露台利用独立盆栽方式栽种植物（Peck & Kuhn，2000）不同，简而言之，所有的屋顶绿化至少包括两层：植被本身及其栽培基质。此外，大部分商业屋顶绿化系统还有排水层，并且应当具有保护建筑物的设施，使其可免受屋顶绿化植物根系及绿化层渗水对建筑物的损害。

选用哪些基本组成元素构成屋顶绿化系统，取决于屋顶绿化的具体需求。商业屋顶绿化系统还包括许多附加层，每层都具有特定的功能。在本章中，我们力求清晰勾勒出采用不同元素组合搭建商业屋顶绿化系统的思路，并介绍一些更简单的方案，以及一些用于DIY屋顶绿化系统的基本元素在小型和家用场合的应用。当然，首先我们必须了解和考虑有关技术和结构上的问题，这些问题决定了可以建造何种屋顶绿化。

在这个坡屋顶上通过安置一些小的种植单元实现屋顶绿化。

结构考虑

在第1章中，我们已讨论了集约式和简约式屋顶绿化之间的区别。这两者的不同主要在于他们的外在表现和所需的维护工作量上，这种差别的根本原因在于它们的相对重量不同。简约式屋顶绿化相对要轻，并且其重量一般在现代屋顶结构承载能力的许可范围之内；而集约式屋顶绿化在重量和建筑屋顶结构方面有更为严格的要求。当要决定建造何种屋顶绿化时，首要的先决条件就是建筑物屋顶的承重能力。如果是要在新的建筑上进行屋顶绿化，在建筑的设计阶段就应考虑满足建造屋顶绿化所需的条件；而如果是要在老建筑上建造屋顶绿化，则意味着屋顶绿化必须符合屋顶现有的承重能力，不然的话，就得对建筑结构进行升级改造，这意味着可能会付出相当的经济成本（Peck & Kuhn, 2000）。简约型屋顶绿化的基质深度约为5~15cm（2~6in），会给屋顶增加70~170 kg/m^2（14~35 b/ft^2）的承重，而集约式屋顶绿化的土质基质则会增加约290~970 kg/m^2（59~199 b/ft^2）的承重。鉴于此，在建筑屋顶绿化之前，强烈建议请结构工程师确认新建筑的设计和老建筑是否需要翻新，以便能满足所选用屋顶绿化方案的承重要求。

每个国家或地区都有自己的建筑标准，这就决定了其建筑物屋顶最基本的承重能力。这些标准通常还考虑了积雪和积雨的重荷，以及屋顶支撑沙砾、碎石之类保护层的能力。以加拿大的安大略省为例，屋顶的设计必须能够承受至少195 kg/m^2（40 b/ft^2）的重荷。考虑到该地冬季通常的积雪重量为107 kg/m^2（22 b/ft^2），因此可留出88 kg/m^2（18 b/ft^2）的承重余量给一个简单的简约式屋顶绿化系统（Peck & Kuhn，2000）。而在英国标准中，BS 6399条款规定了屋顶的承重能力，综合考虑了人以及风切力的影响，给出了屋顶承重的最低标准，用以承载屋顶本身、屋顶绿化材料、积雪、冰等固定重荷。

正如英国标准中提到的，要建造好的屋顶绿化，必须考虑人的重荷，人这种可动重荷的数量和活动频率都关系到屋顶的承重能力。如果冬季降雪频发的话，积雪的因素也应考虑在内。

在计算屋顶承重的时候，需要明确的一点是，屋顶绿化的建材重量可能会随其干湿程度的变化而变化。建材的湿重才能说明其最大重量。在德国，关于屋顶绿化基质材料的湿重有着明确的定义。在德国屋顶绿化行业的一个标准测试中，工作人员将材料的样品弄湿后，压紧置于一模具中，浸泡24小时后再排一小时水，再称重，这样所含水的重量为通常条件下材料含水重量的两倍，这样称出来的湿重就是材料的最大重量。在德国以外的地区，对于湿重并没有这样的定义（Charlie Miller）。

当对老屋顶施工时，在必要的时候可采取以下措施进行加固。如巧妙放置柱、梁、支架等附加结构件加固屋顶；或者将最重的屋顶部件放在或者靠近柱头并置于梁上；还可考虑将屋顶绿化倚墙建造，或将其置于诸如家用车库或外屋之上，又或者将屋顶绿化围绕建筑物顶部而建，使其得以安放在原有屋顶之上。

这里有一个用来计算重荷的简单公式，对于一个铺满碎石的屋顶而言，每10cm（4in）厚的碎石给屋顶带来的重荷约为200 kg/m^2（41 b/ft^2），如果不铺碎石，代之以一个粗放型的屋顶绿化，则基本没有给屋顶增加重荷，例如，厚约4cm（16in）的薄型屋顶绿化的重荷约为40～60 kg/m^2（8～12 b/ft^2）。

表3.1　不同屋顶绿化材料的
重量。仅列举出湿重

数据来源于Osmundson（1999）
和Johnson & Newton（1993）

栽培基质	1cm厚度基质的重量（kg/m²）	1in厚度基质的重量（1b/ft²）
卵石	16～19	8.4–9.9
砾石	19	9.9
浮石	6.5	3.3
砖块	18	9.4
沙	18～22	9.4～11.4
沙和卵石的混合物	18	9.4
表土	17～20	8.9～10.4
水	10	5.3
熔岩	8	4.1
珍珠岩	5	2.54
蛭石	1	0.51
LECA（轻质膨润土）	3～4	1.5～2.0

表3.2　不同建材的重量

数据来源于Osmundson（1999）

材料	重量（kg/m³）	重量（1b/ft³）
石材（花岗岩、砂岩、石灰岩）	2300～3000	144～187
预制混凝土	2100	131
钢筋混凝土	2400	150
轻质混凝土	1300～1600	81～100
硬木	730	46
软木	570	35
铸铁	7300	456
钢铁	8000	499

　　表3.1列出了一系列屋顶绿化建材的典型重量及其充分含水后的湿重。表3.2列出的是一些屋顶花园建筑材料的典型重量。表3.1中数

据是指材料每cm（1cm=0.4in）厚度的重量，表3.2中数据是指材料每立方米体积的重量。需要提醒的一点是，在混合使用多种材料时，不同量的微粒混在一起用可能会发生反应，使得材料收缩，混合物最终的重量和含水量难以估计，因此在使用以上数据的时候要多加注意（Charlie Miller）。

相对于典型集约型屋顶绿化系统300～1000 kg/m^2（61～205 b/ft^2）的重量，简约式屋顶绿化系统的典型重量为80～150 kg/m^2（16～31 b/ft^2）。这种差别，除了和植被类型有关外，主要还是因为基质和建筑材料的重量差。例如，10～15cm（4～6in）厚的表层土，这种相对浅的基质，放在屋顶上再铺草皮，重约500千克/平方米（103 b/ft^2；Kingsbury，2001）。

屋顶斜坡

斜坡式屋顶绿化的主要问题是打滑。能建造的最大坡度取决于

屋顶绿化能在坡屋顶上进行，尽管会比在平屋顶上或坡度小一些的屋顶绿化容易受到干旱的胁迫。

在防水层下面设置板条以防
栽培基质打滑。

在同一个屋顶上放置木框是
为了稳定栽培基质，同时为
植物栽植提供条件。

图片来源于Andy Clayden。

在屋顶绿化中充分利用格子
图案进行种植设计。

屋顶绿化侧面上最滑的两种材料之间的摩擦系数。事实上没有哪种
屋顶绿化能够避免层与层之间的接触（比如底部栅栏与排水板），这
些都是会发生斜滑的平面。如果不另采取措施固定的话，最好不
要在斜度2∶12（约为9.5°或17%的斜率）的斜坡上设计建造屋顶
绿化。

为防止屋顶的功能层下滑，可采用横向捆扎，用板条、压条固定、打网格等方式。采取这些措施后，可在斜度达7∶12（约为30°或58％的斜率）的坡上稳固地建造屋顶绿化，这是大多数粒状材料可以安放的坡度。如果想在更陡的坡上建造屋顶绿化，就得使用特殊的混合材料和专门装置了。

在传统居住区斜屋顶上进行绿化并不是不可能的。这是瑞士巴塞尔的一个房产开发区，斜屋顶上散布着碎砖块、瓦片和卵石。虽已播下混合的种子，但一些风媒植物已在这里扎根。

风

屋顶上的结构因其暴露在外，必须能承受大的风力，风的压力在穿过平屋顶表面的时候会变化，在中间受力相对要小，而在边缘和角落最大。因此屋顶绿化的各功能层很容易受到风切力的破坏，尤其对于防水层，如果没有和下面的建筑物屋顶粘牢，而上面屋顶绿化部分又没有起到铺压作用的话，很容易被风力破坏掉。碎石带、屋顶边缘的铺压物都能起到阻止风力伤害的作用。在屋顶边缘，防水层会高出栽培介质表面，很容易受到植被根系等的破坏，在这里铺压碎石带还能起到保护屋顶边缘的作用。

灌溉

如果选搭合适的植物和基质，对屋顶绿化进行精心设计，并且合理种植植物，除了在极干旱的气候条件下，应该不需要再进行灌溉了。对于景观维护而言，从生态和可持续的角度出发，一条原则就是，除了自然进入景观系统的，对水、肥料等资源的使用都应减到最少或做到完全不用。从这个层面上来说，那些需要时常灌溉以维持植物生长的传统屋顶花园或集约式屋顶绿化，都是不可持续的。即使是对于密集型系统，通过设计，不需要专门浇水，而达到植被水分充足，是完全有可能的。

说到这里，需要说明的是，对于在屋顶绿化系统中进行适当的灌溉还是值得提倡的。首先是出于美学方面的考虑，灌溉能保持植被常绿；其次在干旱时进行灌溉是维持植物生长所必需的。研究表明，在半简约式屋顶绿化（Dunnett & Nolan，2004）中，与增加栽培基质厚度等方法相比，巧妙合理的灌溉对于增强植物多样性更有优势。要想屋顶绿化在改善温度、生物多样性、雨水储存等方面的全部优点都得以实现的话，应使植物保持在绿色、生长的状态。在非常干燥的气候中，灌溉还能有助于减少屋顶绿化的火灾风险。雨水储存和循环系统应被视为灌溉系统的基础。此外，循环利用家庭污水来灌溉屋顶绿化也很有发展前景（参见第2章）。

应用在屋顶绿化中的四种主要灌溉方法：

1. 传统的表面喷洒。这种方法很浪费水并且会容易使得屋顶表面植被生根，使屋顶表面在极端温度和水的压力作用下变得很脆弱。

2. 管道滴灌系统。灌溉管道可以固定在表面或者埋在基质下面。子灌溉系统会直接把水引到植物根部，可减少水分蒸发损失。并且如果基质表面干燥的话，杂草的种子也不那么容易生长。所以，把管道掩埋起来比放在表面更有效率。

3. 微灌溉系统。主要采用多孔渗水垫和微管垫，多孔渗水垫可将水送到栽培基质底部，对厚度小于20cm的较浅屋顶绿化系统而言很理想。而对于比这个厚的屋顶绿化系统，用多孔渗水垫，水分很难渗透过基质层，此时可使用微管垫将水分广泛分配。

4. 漫灌系统。此类系统会在屋顶绿化的底部维持一个水层。系统可进行自调节，通过过滤雨水来灌溉，但也能通过悬浮控制装置进行灌溉维护。

屋顶绿化与火灾风险

已有很多学者对于屋顶绿化和火灾隐患进行了专门研究。科勒（Kohler）就指出屋顶绿化不同于欧洲传统的芦苇屋顶（或者茅草屋顶），后者确实存在火灾隐患，而屋顶绿化则恰恰相反。事实上德国最早建造屋顶绿化的初衷就是为了屋顶防火。屋顶绿化的植被燃烧热量为3 kW/m^2，而通常的沥青屋顶的燃烧热量为50 kW/m^2。德国的法规禁止使用易燃材料作为屋顶绿化的建材，并且应在栏杆、天窗、烟囱等周围围以0.5～1.0m（1.65～3.3in）长的石块或者碎石。如果遵守这些规定的话，屋顶绿化的火灾风险不会比瓦质屋顶大。此外，若是屋顶绿化的组成植被中有景天科等具有肉质叶的植物，还具有阻燃作用。

布罗伊宁（Breuning，2007）在一篇文章中描述了一个在斯图加特进行的测试，该测试旨在调查屋顶绿化被点燃的难易程度。他们发现在由景天、高山植物、草等植被混合组成的屋顶上点火并到处燃烧是不可能的，只有栽培基质中的有机物会进行缓慢燃烧。随后，他计算得出标准沥青屋顶着火的风险为屋顶绿化的15～20倍。布罗伊宁表示，尽管德国已有20万m²（200万ft²）的简约式屋顶绿化，但未见有屋顶绿化上发生过火灾的新闻。他还提到在德国，具有无缝屋顶绿化的建筑可享受10%～20%的火险折扣。

屋顶绿化施工

一般来讲，要建造屋顶绿化，无论用来施工的屋顶本身是钢铁、木头、混凝土、塑料或者复合材料，只要其符合上文提到的结构方面的考虑，都可在其上面进行屋顶绿化。不同的建筑，对屋顶绿化的施工要求也不同。在大型建筑上进行屋顶绿化，需满足结构以及诸如建筑保温等方面的要求；而在家用车库或外屋上进行屋顶绿化，施工要求则要少很多。但不管怎样，所有屋顶绿化施工的一个相同前提条件就是：用以施工的屋顶要能防风挡雨，还要能承受相应屋顶绿化材料的重量。

与德国在20世纪下半叶发展起来的早期现代屋顶绿化相比，由专业建造商营建的屋顶绿化已经有了相当大的发展。当代的屋顶绿化

典型简约式屋顶绿化剖面。植被层往往采用预先培育的植毯，也可以用盆栽或植物块以及播种或自我萌发来建立。过滤层将栽培基质和排（蓄）水层分开，起到过滤的作用。排（蓄）水层可采用合成材料或塑料排（蓄）水盘。最后，阻根层防止根系破坏屋顶结构，阻根层防止根系穿透建筑顶板。此图从Blackdown园艺咨询公司获得并进行了修改。

由Hay Joung Hwang绘制。

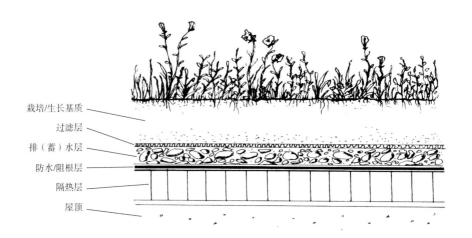

栽培/生长基质
过滤层
排（蓄）水层
防水/阻根层
隔热层
屋顶

系统很复杂，有着许多的产品类型和多层次结构，这种复杂性，部分原因是众多供应商和建造商的竞争导致的，各公司都在发展自己的系统并申请了专利，以期确立商业优势。但是，随着屋顶绿化在德国得到越来越广泛的应用，有必要保证产品的统一性和可靠性，也推进了一些提高产品可靠性的技术与研究的应用，例如能让景天生长在较薄的栽培基质上的技术。屋顶绿化系统的可靠性有赖于所选用组件的品质，因此对于屋顶绿化是否有必要采用复杂的"多层系统"一直有争议。我们先来了解下构成典型商业屋顶绿化系统的各个组成部分，然后再继续探讨这些屋顶绿化系统的发展与变化。

屋顶绿化专家（景观设计师或屋顶绿化咨询师）在要进行屋顶绿化工程施工前，通常会采纳建筑师的意见，设置防水层，在给老建筑进行屋顶绿化的工程中尤其如此。其实屋顶绿化施工最理想的情况，是在进行整体建筑设计的早期就考虑屋顶绿化的构造设计，而不是在整体建筑设计完成后再来考虑。建筑细节或者内部建造不是本书的讨论范围，但也会简单提及一下。

典型平屋顶系统的主要组件包括下面的支撑结构、屋顶板（屋顶上用以支撑它上面附加层的连续平面）、让水能蒸发（防止其在

根据结构和绝缘层的位置，将屋顶结构划分成三大类型。由Hay Joung Hwang绘制。

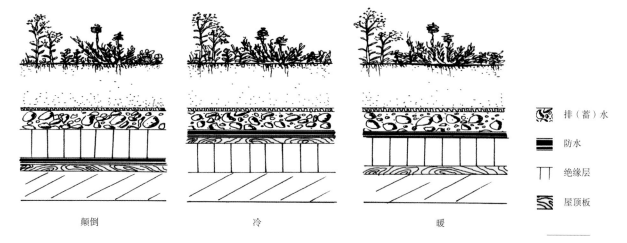

颠倒	冷	暖

排（蓄）水

防水

绝缘层

屋顶板

屋顶上冷凝使屋顶受潮）的蒸发控制层、隔热层以及防水层。一般在平顶系统中，会有一个覆盖在膜层结构上，用以保护膜层免受太阳直接照射的沙砾或鹅卵石层。这里有几个技术术语值得一提，"冷顶"是指隔热层位于屋顶板的下方（天花板的上方），而"热顶"是指屋顶板上有隔热层，防水层位于隔热层的上方。"反热顶"是指隔热层位于防水层的上面而非下方。热顶通常用碴石或鹅卵石层覆盖。

屋顶绿化组件的生命周期成本

当建造屋顶绿化成为一项非常有必要的绿化工作时，那就应该考虑一下其所带来的环境影响，不单要考虑构成屋顶绿化的各组件，还要把屋顶作为一个整体来考虑。生命周期成本估算是指计算屋顶绿化广义上的环境成本。例如，在本章后面要讨论到的，屋顶绿化防水层所使用一些产品的制造过程引起的环境成本；又例如屋顶底部栅栏滤出的水或栽培基质里流出的物质可能引起的污染；类似的还有，屋顶绿化表面水分减少时会引起化学物质浓度变大，而这些物质有可能通过排水渠流向地面；还有可能存在侵略性植物污染屋顶原来生态系统的问题等等。生命周期成本分析与环境影响评估会记录与分析屋顶绿化系统在制作、运输、建造、运营、维护等方面的环境影响（Kosareo & Ries，2006）。有研究表明，站在成本效益分析的角度，屋顶绿化的一些重要特性使得其具有潜在的节能效应，这种效应通过夏天给环境降温、延长屋顶膜的使用寿命等方式得到体现。但是，Wong（2003）等学者也发现，简约式屋顶绿化的生命周期成本比同等条件的非屋顶绿化更低，而对于复杂式屋顶绿化或屋顶花园，其生命周期成本不比同等条件的非屋顶绿化低。

商业屋顶绿化系统

事实上，目前国际上在广泛使用的商业屋顶绿化都是基于过去二三十年间德国屋顶绿化公司提出的方案。这里就不试着去一一介绍目前得到广泛应用的各系统了，我们重点来看一下屋顶绿化各组件和各层的主要功能，并讨论其实现各种功能的不同方式。这些功能包括：屋顶防水、防止根系对屋顶的穿透与损害、排水、植被层的生长。

防水层

屋顶上体现防水功能的层是防水层或者防水膜，有效的防水层是所有屋顶绿化的前提条件，防水层要切实做到可靠有效、经久耐用，主要有三类：合成膜、单层膜、流质膜（Osmundson，1999）。

合成膜是最常见的，通常由沥青毡或沥青布组成。这类材料的使用寿命一般为15～20年，易受极端温度和紫外线的影响，这两种情况都会引起它开裂和渗漏，但植被及其栽培基质的存在有助于减少这些情况发生（参见第2章）。对于屋顶绿化而言，还需要注意的是植物根系的影响，因此，根系保护层一般也会使用这类合成膜。但是，作为屋顶绿化的"基础"，还有更好的合成材料可选用，如SBS（苯乙烯–丁二烯–苯乙烯嵌段共聚物）改良型沥青膜、SEBS（苯乙烯–乙烯–丁烯–苯乙烯嵌段共聚物）改良型沥青及煤焦油聚酯合成的材料，就更合适可靠。

单层膜是由交叠在一起的无机塑料或合成橡胶材料加热密封而成的压制板，有使用诸如PVC之类的热塑性材料，或者粘合剂，也有使用丁基橡胶或者EPDM的（Osmundson，1999）。这类膜很常见，如果使用得当的话，非常有效。但是板材与瓦片之间的连接处是软肋，会被植物根系侵蚀，容易破坏排流口周围以及连接处的密封。PVC和丁基橡胶板易受紫外线的影响。为此，有必要把所有连接处包起来以免受到阳光照射。屋顶绿化供应商和咨询师会建议保护屋顶膜避免受到天气和植物根系的损害，这些膜里会含有抑制植物根部生长的化学物质或者在膜层之间的连接处放置金属箔（Peck & Kuhn，2000）。

流质膜以热或冷的液态呈现，然后喷洒到屋顶表面，形成完全密封，解决了连接的问题（Osmundson，1999）。这种膜更容易在垂直或不规则表面应用。

还有一些其他层，比如在膜上直接放置保护板，也可在建筑施工时进行保护，最轻便的保护板可使用PVC板或泡沫聚苯乙烯；也有使用泡沫聚苯乙烯材料的隔热层。而在平顶上的砂砾层、混凝土板或者铺沙都可保护顶膜免受温度变化和紫外线侵害（实际上，正是观察发现植物会自发疏松栽培基质，促成了德国对简约式屋顶绿化的最初研究）。因为简约式屋顶绿化通过一层砂砾就能起到同样的保护功能，因此可用最轻便的系统取代保护层。

根系保护层

如果屋顶绿化上的膜含有沥青或其他有机材料，那就很有必要在膜与植物层之间维持一个分离状态，这是因为膜容易受到根系渗透和微生物活动（这些石油化合材料不是防腐的）的影响。如果屋顶不是完全平整的，任何积水的地方都能成为植物生长的基础，因此，再次强调必须防止受到植物根系的侵害。

根系保护膜层通常由PVC压制板（厚度从0.8～1mm不等）构成，置于屋顶防雨层上方。尽管有人认为PVC的生产过程不环保，但它用途广，经久耐用（可避免浪费），可循环利用，不需再使用附加材料并降低了成本，并且它还是无缝热塑的，也就没有渗漏的风险（Scholz-Barth，2001）。和许多生态问题一样，使用特殊材料是一个成本与效益的平衡过程。一些基于金属或塑料板材的商业系统能将屋顶绿化与下层屋顶结构完全隔离开，他们（例如Kalzip公司的自然屋顶系列）会在屋顶绿化与建筑物之间安置屋顶防护层。

根系保护膜必须铺在栽培基质之上，在边缘的地方要往上卷起来，而且尽可能覆盖到植物根系可能延伸到的地方，比如烟囱和通风口。膜层与膜层之间要确保完全密封地连接在一起，特别需要注意的是，不同的膜层一定要连成整体，因为植物的根系可以蔓延到所有间隙，并且突破相对薄弱的地方。

排（蓄）水层

设置合适的排水结构对于屋顶绿化是极其重要的，首先是可以保护屋顶防水膜，对比后可以发现，同样使用五年后，雨水淤积的平屋顶比雨水可流走的斜屋顶（斜度大于5°）更容易损坏（Peck et al.，1999）。如果在平屋顶上进行屋顶绿化，又没有铺设足够多排水管道的话，长期与雨水或潮湿土壤的接触必然使得屋顶损坏，特别是在简约式屋顶绿化系统中，因为所选用绿色植被一般比较耐旱，土质过于湿润反而使得植被容易腐烂、酸化、产生厌氧反应从而死亡。另一方面，长期过于潮湿的屋顶绿化，其保温、隔热性能也会逐渐下降。

降雨落到屋顶绿化后会发生以下几种情况。首先，一部分直接从种植基质或植物表面蒸发。其次，另一部分降水经由植物根系、叶片被植物体吸收。此外，一部分降水或附着于颗粒或填充孔隙，被种植基质储存起来。而所有多余的水则会被渗滤走。所有的屋顶绿化在进行水资源管理时都必须要考虑到这几个方面的作用。总体来看，只有少部分的降水会以径流的形式排掉，大部分还是以水蒸气的形式回到大气中。但不管怎样，就像在第2章中讨论过的，屋顶绿化可以显著减缓和减少大暴雨从屋顶流走的径流量。

屋顶绿化让降雨径流趋于正常。经由屋顶绿化的降雨会转变成潜流或过滤水。而一个精心设计的屋顶绿化是不会直接产生地表径流的（Miller，2003）。排水层的功能就是去除多余的水或尽可能快地防止生长层的过度饱和。只有生长层已经含水饱和了，才会额外使用排水层。在某些情况下，排水层的蓄水也可以引入灌溉。

对于平屋顶或坡度很小的屋顶有多种排水的方式。如果有5°或更大更明显的坡度，则不需要特别的排水层也能达到很好的排水效果（Johnson & Newton，1993）。事实上，在这种足够倾斜的屋顶上增加额外的排水层反而可能会使植物的生长条件过于苛刻，同时也减少了建筑屋顶对于雨水管理的益处。在有些情况下，排水层还能为屋顶绿化提供一种灌溉方式以及额外营养或肥料。

自20世纪80年代后期起，德国就发展使用兼顾排水和储水的多结构层屋顶绿化系统方面进行了很多研究。将排水层与其下的贮水层相结合不仅可以进一步减少地表径流（相对于没有这一层的屋顶绿化，能再减少11%～17%），而且能在干旱期作为植物的贮水库（Kolb et al.，1989）。然而，目前为止，这方面大多数的讨论都是围绕着在商业系统中有没有必要使用独立排水层。在后面，我们也将集中讨论三种主要的排水材料。

颗粒物——当大量的砾石、碎砖、碎瓦片、炉渣、矿渣、浮石、膨胀页岩或者膨胀黏土等这些粗糙散粒物料挤在一起时，能产生大量的可以供植被和上方基质层的水分流进的空气间隙。这个原理与在花盆底部放置些粗糙的材料以促进排水是一样的。这里都是些最简单的排水方法。屋顶上铺满了这样一层薄的颗粒物料后，屋

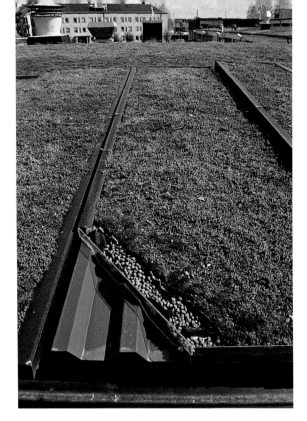

将植毯铺在一层很薄的生长基质上，同时还有一个颗粒排（蓄）水层和金属屋面。

将排（蓄）水板放在防水和阻根层上。

图片来源于©ZinCo。

顶上的一些小坑都可以收集雨水。而且，上面所提到的这些粗糙材料比铺在其上的生长基质还轻。因此，在屋顶绿化的基础层中适当增加排水层的比例不失为一种从整体上降低绿化重量的战略方法。此外，排水层的这些颗粒物料的应用还能将这一个区域转换成植物根系的生长空间。大部分植物的根系将可以通过分离织物进入到排水层。颗粒状物料组成的排水层非常适合植物根系的生长，它能为植物根系提供一个比生长层更通风，水分和温度更稳定的环境。一个6cm厚的排水层加一个6cm厚的生长层组成的系统，比一个单一的12cm厚的生长层组成的系统要更优良（与Charlie Miller的个人交流）。

多孔垫——这些多孔垫的运转方式与园艺毛细管垫类似，就是像海绵一样将水分吸入它们的结构中。它们可以由一些回收材料或汽车座椅等很多的材料来制作。只是这样有一种潜在的危险，部分垫子的吸水性太强能吸收生长层中的水分，如此一来就对植物的生长带来了负面影响（与Tobias Emilsson个人交流的结论）。

　　轻质塑料或聚苯乙烯排水模型——轻质塑料或聚苯乙烯排水模型已经在屋顶绿化中应用较多，它们在外观上有非常大的变化。大多数模型单元厚度小于2.5cm，但其中部分类型具有保水能力，还有部分可以充满颗粒介质。这些连锁的模块有几个功能。首先，他们足够支撑生长层和植被，使得它们装载的整个绿化可以直接放置在建筑顶面。其次，它们能在种植介质下方提供一个永久的、通畅的、轻量级的排水层。有的时候，它们还能蓄水，能让植物在旱期获取水分，有的类型的模块也能为屋顶提供灌溉用水。

　　斜屋顶不同地方的基质有明显的湿度差异。顶部的基质会相对比较干燥，而底部位于排水口附近的基质就会明显潮湿很多。当然，我们也可以利用这种差异，在不同的地方选择种植不同的植物。

　　排水口必须随时保持畅通，以便可以充分发挥它们的作用。建筑屋顶现有的排水点可以作为我们的排水口。

过滤层

　　铺设在排水层上方的过滤垫（半透水的聚丙烯材料）是用来防止生长基质中的细颗粒物料冲进排水层，堵塞孔隙空间，还可能导致排水口阻塞。施工的时候，过滤垫的边缘一定要一直铺到种植层的边缘，以保证完整的过滤效果。过滤垫通常是成卷提供的，每卷被叠成大约20cm厚。

案例研究

英国罗瑟汉姆 Moorgate Crofts半简约式屋顶绿化（在第4章可见竣工后的屋顶）

　　Moorgate Crofts商务中心半简约式屋顶栽培基质厚度为20cm，这相当于屋顶载荷为300kg/m²。在基质底部设置了一个滴灌系统。然而，这个系统只在植被建成初期2005年夏季使用过，此后一直处于闲置状态。

在栽培基质下面是一个滴灌系统，设置于排（蓄）水系统之上。

卵石边压住屋面，同时保护了排（蓄）水出口。

排（蓄）水系统主要由黑色塑料膜构成，在其上面有过滤层，防止基质堵塞排（蓄）水层。

生长基质/栽培基质

理想的生长基质应该具备在强效吸水与保水的同时还能自由排水的神奇功效。它也可以吸收和补充营养，随着时间的推移也照样能保持它的容量，最后还能固定绿化植物。这种理想材料应该是通过既吸水又有孔隙的颗粒状矿物料与相对更小的吸水颗粒（Miller，2003）以及少量保水且能提供营养的有机物三者混合来制作的。此外，除非屋顶是紧凑型的，否则基质必须够轻以便尽可能地减少屋顶荷载。还有一点很重要，一些景天科植物、高山植物等，它们能在野外排水自由的土壤中自然生长，而在宽阔型屋顶上可能因为基质水涝导致植物根系不能呼吸进而死亡。一个通风良好的基质中大约要有20%的孔隙空间（Beattie & Berghage，2004），这样才能保证良好的保水能力以及根系的透气性。如果土壤孔隙长期含水饱和，或者是种植基质中不到15%的通风孔隙的话，那么植物的生长将会非常困难（Hitchmough，1994）。

一般的庭园土壤和表层土壤都不太适合在宽屋顶上使用，因为它又重又很肥沃。过于肥沃的土壤会促进植物蓬勃生长，容易对严寒、干旱等极端因素缺乏抵抗力。土壤过于贫瘠往往是植物种类多元化的先兆，多元化会阻止某一种生长强势的物种形成垄断。

黏土具有良好的保水能力，也能很好地吸附和固定土壤中的养分，但往往容易堵塞排水层和建筑结构。因此，整个屋顶结构层中只应该有基质中原有的那小部分黏土或泥沙（Miller，2003）。有机物质，如泥炭、堆肥、椰子壳纤维容易随时间推移氧化，导致基质的收缩。虽然它在保持水分和营养性方面非常可取，但在较宽阔的屋顶中仍然只能在基质中占少量比例（典型的商业混合基质中有机质体积通常只占10% ~ 20%之间）。还有一点要谨记的是，基质中的有机物必须是完全分解的，否则它会掠夺基质中的氮来完成它的分

解反应，而氮在土壤贫瘠时可以作为植物生长的营养物质。但有机
物分解后也会减少体积。因此，有机物含量高的基质随时间的推移
会萎缩。许多商业性的屋顶绿化基质是以同样具有保水能力的无机
矿物质成分做基础的，而且它能模仿传统的含有机料的土壤的功能。
在许多情况下，这种材料可以达到水培植物生长系统的效果。

材料		备注
自然矿物	沙	细质沙缺少孔隙，在排水不良的情况下容易饱和。相反，粗沙排水很好但需要持续地灌溉
	火山岩和浮石	轻质，如果当地有则非常珍贵
	砾石	比较重
	珍珠岩	随着时间的推移颗粒逐步破解（Hitchmough，1994）
人工合成矿物	蛭石	非常轻质，但无保水保肥能力，随着时间的推移逐步破解（Hitchmough 1994）
	轻质膨润土（LECA）	轻质，有很多孔隙，能吸水
	石棉	非常轻质但高耗能，无保肥能力
循环或废物利用	破碎的砖块、瓦片	稳定、统一，有一定的保肥和保湿能力。砖块中富含砂浆和水泥，这可能使基质的pH值升高
	碎的混凝土块	保湿和保肥能力低，碱性。但因是建筑垃圾所以量大、价廉
	心土	重，低肥力、作为建筑副产品容易获得

　　人工调配的土壤比许多天然土壤更适合植物生长，因为它们是
针对特定的植物专门调配的。例如天然材料通常只包含沙和熔岩。
人工制作的材料还包含了蛭石和珍珠岩——这两种材料都可以遇热
后膨胀形成颗粒状。而且它们都非常轻。但它们也有不足之处就是
必须和其他材料混合，因为它们不能存储营养和水分，蛭石颗粒很

表3.3　用作栽培基质的多种材料

容易随时间推移而坍塌（Hitchmough，1994）。

表3.3中列出一些已经被用作屋顶绿化基础的基质材料，但要有本地的天然材料就更好了。沙子是一种难得能令人满意的材料，它能提供孔隙并具有一定的保水力。沙子应结合其他材料一起使用（Osmundson，1999）。人工矿石非常有用。轻质膨润土（LECA）也被广泛应用，它重量轻而且具有一定的保持水分和营养的能力，可以多种方式作为建设屋顶绿化所需要的基质。黏土、页岩或石板经极高温（1150°C，2102°F）烧制后会部分膨胀形成球团状，膨胀后所形成的孔隙可以保持液体并且减轻材料的重量（Osmundson，1999），它们可以吸收占体积35%的水分，并释放占体积的28%的水分到植物根系，它不容易腐烂、非常耐用。它一方面可以用作大屋顶的基质，但另一方面也因为质量太轻很难作为植物的定植点，而且因为物质之间孔隙过大不太容易保持水分，所以它的理想用法是将它与不含泥的沙子等一些材料混合使用（Osmundson，1999）。

所有这些人工无机材料都遭到了从生态层面上的批评，理由是它们的生产都需要能量注入。但是情况也并非如此绝对——虽然使用了这种能源密集型产品，但是却因此获得了更广泛的环境效益，是否就能获得允许了呢？

最环保材料是那些来自废物回收处理的产品，最常见的就是碎砖、废砖以及一些砖厂出的废瓦片。如果当地就有这种废料可利用的话，那这样既减少了运输的能耗，又降低了成本。从这方面看，一些可拆卸材料或建筑物的副产品（砖垃圾、碎混凝土或一些建筑基础的底土）都是最环保的有益选择。其次是一些炉渣、废矿石或工业副产品。这些再利用的材料可以来自于不同地区不同领域的大胆尝试中。但重要的是，在广泛使用这些新产品之前，一定要确保他们能支持植物生长且不含有毒化学物质。

然而，大多数情况下我们都使用混合材料——一般会含有少量

在排（蓄）板上直接铺景天科植物毯，加上很薄的栽培基质层就构成了非常轻质、薄的屋顶绿化。一个金属盘托住植物毯，并让水从边缘自然排出。在屋边放一圈卵石。钢丝网防止卵石堵塞排水口。这个项目位于英国Moorland 参观中心，临近曼彻斯特城，气候相对比较湿润。

的能保持养分和水分的有机质。屋顶绿化公司一般会自己提供基质配方，这些都是为不同植被或根据屋顶的宽窄而专门定制的。

栽培基质的厚度

栽培基质的厚度与所选择的植物种类直接相关，这将在第4章深入叙述。一些商业性的屋顶绿化公司提供的系统不包含栽培基质：这是一种包含保水层和植物生长层的垫子。栽培基质通常都很轻，这使得不能作他用的屋顶环境能用来绿化。然而，这些系统非常容易干燥，特别是在斜屋顶上使用时，需要依赖肥料才能持续生长。因此，我们强烈建议，在屋顶荷载允许的情况下，使用栽培基质的系统比没有栽培基质的系统更适合植物生长。同样，虽然一个

英国，谢菲尔德，Sharrow 学校

屋顶模型展示了学校不同的屋面。整个顶层设计了多样的生境，体现了生物多样性。

将栽培基质（80%是碎砖块，20%是本地堆肥）装在体积为 1m³的袋子里，通过吊车运到屋顶。

　　这个工程旨在在一个学校新教学楼上建一个"棕屋顶"。这里地面空间非常有限，游乐空间很小，室外教学场所和花园都设在不同楼层上。学校顶部是一个生物多样性屋顶，上面设计了一系列生境和植被类型包括干草地、一年生草地、灰岩草地和城市褐地。屋顶上的摄像头给孩子们观察鸟和昆虫的机会，气象观测站能提供天气信息。这是在英国迄今为止志愿者完成的一个最大的屋顶绿化工程——有100多志愿者参与了这项工作。设计：谢菲尔德市委会凯茜·巴西利奥和谢菲尔德大学奈杰尔·邓尼特。

其他物质，如本地石灰石，堆在一起创造了一种特殊环境和植被类型。

志愿者将栽培基质撒成10cm厚，然后堆成小地形为植物种植做准备。

简单的景天科植物和苔藓类的植物群落只需要2～3cm（0.8～1.2in）厚的基底，但厚度太浅的话又很容易迅速干掉（Beattie and Berghage，2004）。Row等人于2006年发现：生长在2.5cm（1in）深栽培基质的景天科植物没有生长在5.0或7.5cm（2、3in）深的栽培基质中的植物长势好。那么一些稍高点的景天科植物和一些耐寒、耐旱、相对低矮的草本和高山植物在5～8cm（2～3.2in）深的栽培基质中长得很好。在较广阔的屋顶上种植栽培基质深度需要超过10cm深（4in）的植物会引起建筑结构上的问题，因为那时它们的载荷已经大于每平方米120kg（25b/ft²）。当然作者认为在较广阔的大屋顶至少可以使用7cm（2.8in）厚的栽培基质，这个数字可以作为英国屋顶绿化栽培基质厚度的最低标准尺寸。屋顶绿化栽培基质的厚度和植物的类型同样对栽培基质的保水性有直接的影响。德国研究表明，一个3cm（1.2in）厚的生长层在6cm（2.4in）厚的管道栽培基质上可以有58%左右的保水率，6cm（2.4in）厚的生长层可以达到大约67%的保水率，而12cm（4.8in）厚的混合了杂草和其他草本的生长层保水率可以达到约70%（Scholz-Barth，2001）。

栽培基质的其他工作

栽培基质通常是屋顶绿化施工过程中最重、最庞大的部分。运送栽培基质的方法有很多种。它可以打包成不同大小通过卡车运输，用卡车运过来后借助管道传递，也可以借助起重机来将栽培基质从地面吊到屋顶。

商业栽培基质通常会预先混合好了再运输。另外，对于栽培基质材料的不同层次要求可以在现场施工。例如，首先铺设一些建筑材料（如碎砖），然后再在典型的矿物基质上铺一层薄的由黏土、砂或有机物质组成的覆盖层，这样从某种程度上来说，就像是自然土壤的剖面结构了。使用一些本土材料会更加有用，而且不需要在铺设前混合。如果植物是从直播种子长大的也是一件非常好的事。事实上，一些屋顶绿化公司提供播种好的土层，它们可以整层地铺在下层物质上。在德国，通常在新种的屋顶上用一种由碎砖、熔岩或砾石组成的2cm（0.8in）厚的覆盖层来阻止风带来的杂草种子并保持湿度（Johnson & Newton，1993）。

粗麻布或黄麻织网可以铺设在基材表面来防止植物长成前栽培基质的流失，（Johnson & Newton，1993）。而且，这些材料也主要用于控制种子的流动，也能在斜屋顶上起到很好的固定栽培基质的作用。

其他的屋顶绿化系统

本章介绍的大部分屋顶绿化系统是目前在国际上占主导地位的方案，它起源于德国并由德国屋顶绿化公司研究发展起来。这类方案也被质疑过，Philippi（2006）就指出，在德国的屋顶绿化中，大部分是一个简单的单层构造，没有专门建造的排水层。如果选用可自由排水的栽培基质，铺设在防水层/根系保护层上，不但可以降低成本，也可减少水分在屋顶的滞留。

另一个对德国屋顶绿化系统提出质疑的是英国建筑师乔纳森·海恩斯，早在1990年他就开始从事屋顶绿化建造工作。他以"保持屋顶简单化"的座右铭反对德国建设多层化的做法。他的观点是这些投资推动屋顶绿化的建设公司，都是以在销售复杂的堆积产品来获得利益为目的。他设计的大多数屋顶（全部在英格兰南部）是倾斜的，只有3层：防水膜（在早期项目中最好采用EDPM、PVC），织物层以减少防水膜所受的压力和磨损，以及生长基质——一般贫瘠的

英国，伦敦，霍尼曼博物馆

伦敦霍尼曼博物馆在1994年扩建，有360m²的屋顶绿化，坡度为27°。在防水膜上用网格固定栽培基质——随着时间的推移，根系能将基质固定，稳定植被。屋顶植被是在生态顾问加里·格兰特（Gary Grant）的指导下完成的，这里运用了大量的英国本地草种，通过播混合种子建立植被。

十年后对植被进行调查，发现植被已发展为种类特丰富的草地，有些种在伦敦非常珍贵（Grant，2006）。

伦敦西南部Forest山上霍尼曼博物馆环境体验中心的设计尽可能体现生态，整合了很多先进的生态设计理念，并重复利用了很多材料。这里是两个屋顶绿化，一个朝北，一个向南。

地基包括粉尘和底土混合物、壤质表土和砾石。海恩斯认为，层次太多没有明显的好处，只会增加成本。在平坦的屋顶上，可以用砾石作排水层。地基首选10cm（4in）左右的深度，因为它的肥力低能阻碍杂草或部分杂草的生长，并有助于确保植物的多样性。乡土的草坪型植物组合是最佳选择，无需过多维护——许多这种屋顶都自始至终都不需要除草维护。

这种绿化屋顶的设计方法类似于传统的斯堪的纳维亚人的技术，这种技术在20世纪70年代、80年代和90年代初期的英国一些数量有限的屋顶绿化建筑中使用得相当广泛。单层系统的大量使用使得人们几乎遗忘了德国的多层次系统。

模块系统

模块化系统是以各个连锁单元为基础的，这些单元内包含了生长基质、排水系统和植物体。它们的优势是灵活且易于安装。它可以通过升降机或起重机直接放置在防水膜上，产生即时生效的屋顶绿化。所以实际上屋顶绿化的标准种植层已经被准备充分的模块取代了（Valazquez，2003年）。这种模块化系统还有一个最大的好处就是，当需要修理屋顶的时候，它们很容易搬动以提供通道，并且它们可以通过重新安排现有的模块或含其他种类植物的新模块使屋顶的外观迅速改变。这些模块都是预先种好，再像单元块一样被提上屋顶。这种系统的优点还体现在不但能分块铺满整个屋顶，还能直接铺设在屋顶现有的排水渠道上。当然，因为每个模块是一个独立的单元，这样使得水分和养分的移动以及植物的延伸传播都受到了限制。

小规模的家用屋顶绿化花园

对于小的花园或者是家用屋顶花园，同样没必要选用过于复杂的方案或者现成的商业系统。

屋顶绿化现在已经发展成为一处花园，成为建筑的附属或延伸，而且允许人的进入。但有一些重要的原则是必须牢记在心的：只有在屋顶承载力允许的情况下屋顶绿化才能正常工作；确保超额用水能排走；最重要的是，确保屋顶层的防水，而且这防水层不会被绿化层破坏。在满足这些因素的基础上，种植基质和植物的选择就会有很多的可能性了。而且这些材料都是特别容易获取的。PVC和丁基橡胶池塘衬垫可形成防根膜的基础，并额外具有防水功能。它可能会增加土壤深度或者要使用比平常更多的有机物，但它只需要使用简单的碎石排水层或根本不需要排水层。

伦敦草屋顶公司的约翰已经安装了大约20个小规模结构的屋顶绿化。他专门从事能促进植物和动物的多样性的屋顶绿化。他已经试验过不同基质，但现在更喜欢用砖瓦砾和碎屑：这些都是可以免费使用的废弃物，它对于无脊椎动物的重要性是已经得到了证明的。这些砖砾的营养度相对高，允许更好的植物多样性，而且这些材料的排水性能也很好。该公司设计和建造过很多小工程，包括家庭办公区、凉亭、自行车棚、储藏室和阳台。同样，这些都是简单的系统，而不是多层结构。约翰说，他一直都在尝试发展的生活屋顶，应该也是一个简单的容器和一个能盛住栽培基质的小排水基板，这些都是优于瓦片或毛毡等材料的。

跟其他的景观建设情况一样，可能是由于预算的限制，屋顶绿化的植物种植往往是整个建造工程中最容易被忽视的环节，而且屋顶绿化通常是指定的建筑师和工程师们来设计建造，而他们具备的植物知识比较有限。屋顶绿化，与大多数其他设计种植的植物类

在学校操场凉棚上的屋顶绿化（一个是自行车棚，一个是玩具房），都是将碎的建筑砖块铺在防水层上，再播野生花卉种子。由John Little设计。

这是英国艾塞克斯乡村公园的一个循环站，这里有两个屋顶绿化，一个用废砖块做基质产生了多样的植被；另一个用心土，所以植被质地相对较粗，有更多的草本。在栅栏里填塞了很多循环材料（如碎砖块、锡杯、啤酒瓶还有一些生物多样性激发材料，如枯木、空枝等）。由John Little 设计。

型一样，需要一定的维护。但是从长时间来看，这个问题是可以忽略不计的。而且绝大多数建造屋顶绿化工程的指导书，主要都是在讲技术及施工方面的问题，植物相对提的很少，主要也是因为大多数作者不是植物专家。即使是在较薄的栽培基质中，一般也就是选择常见植物。有关屋顶绿化植物的内容，在第4章将会进行详细介绍。

这个建筑在Nigel Dunnett家的院子里，这是一个位于英国谢菲尔德的旧式木凉棚，有些墙已经换成了干石块，沥青防水膜也换成了塑料膜。上面的栽培基质为10cm，没有排（蓄）水层。植被主要是蓝羊茅，没有任何的维护和灌溉措施。

奈杰尔·邓尼特家的凉棚材料都可以从园艺中心或者DIY店铺中购买。这个凉棚都漆上了黑色，窗户上装了压条，但只有屋顶使这个凉棚成为整个园子视觉的中心。一层塑料膜作为沥青屋面额外的防水和阻根层。尽管有两根混凝土柱子支撑屋顶上装了栽培基质的木方格子，除此之外，再没有其他的结构支撑。

屋顶排水在木格之下，植物包括很多高山植物如百里香、欧薄草、石竹、钓钟柳，还有一些常绿的景天科植物和草，如紫花报春。在这个屋顶上意味着在视平线上容易维护。

第4章　屋顶绿化的种植

对植物的生长而言，屋顶是一个极具挑战性的生存环境。毋庸置疑，正确的屋顶绿化植物种类的选择是成功的关键。人们常常认为可用于屋顶绿化种植的植物选择范围相当有限。这种情况在一定程度上有其必然性：浅薄的简约型屋顶（shallow extensive roof）类型中，由于受到最极端环境条件的制约，只能在有限范围内选择特殊物种才能在此环境下得以生存。在此我们主要是为了向人们揭示，在了解屋顶自然环境的前提下，屋顶绿化植物种类的选择要比我们之前所预想的更加丰富。所有的屋顶绿化都对植被的成功配置和生长提出了特殊的挑战。这些挑战包括：

干旱：浅薄的无排水渠道的生长基质层、高温和风这三个因素共同作用，促使屋顶栽培基质极度干燥。在此情况下，我们所选择的植物应具有耐旱性能。反言之，植物也必须能够经受住栽培基质饱和时期的环境。

高温：因为屋顶周围没有能够提供荫蔽或蒸发降温的乔木或灌木，所以相对于地面而言，屋顶表面通常会吸收更多的阳光。混凝土或石砌建筑的墙体白天吸收并储存大量的热量，夜间再辐射出这些热量。矮护墙（安全防护的屋顶围墙）可以挡风，但如果墙体由砖或混凝土砌成，仍旧会在白天吸收热量并且夜间再次辐射出来。钢结构和木隔板建筑同样也不能隔热，因此建筑物内部的热量将通

（能自然移植于墙壁和屋顶的植物可以应用在设计好的屋顶上）

过屋顶散发出去。冷热空气可能会通过屋顶上的通风孔和排气装置排向附近的植物（White & Snodgrass，2003）。

风：强风和漩涡使植物和栽培基质迅速失水并对植物造成物理性损害。

屋顶浅薄的栽培基质不仅限制了深根性植物从深层吸收水分的能力，而且也意味着整个根系会受到极端温度的影响，这些极端温度会随着土壤厚度的变化得以迅速缓和。同样在冬天来临时，一些耐寒品种很有可能受到极低温度的损害。因此在品种推广应用之前，对其进行耐寒性测试是必要且明智的。对于那些冬季温度极低的气候区域，在浅薄的栽培基质上对物种进行抗寒试验是必不可少的。一般的经验显示，植物更适合存活在较深的栽培基质中——基质越深，其耐受低温的能力则会越强。在加拿大魁北克进行了一个试验表明，景天×蕙兰（*Sedum×hybridum*，*Ajuga reptans* and *Gypsophila repens*）在不少于10cm（4in厚的栽培基质中生存的可能性大于在5cm（2in）厚的栽培基质的生存可能性（Boivin et al.，2001）。这是一个需要进行更多研究探索的领域。

夏季时，植物将暴露在高温中，长时间和严重的干旱现象是一个不可避免的问题。迄今为止，在一些夏季高温和干旱比中欧严重得多的气候带，其屋顶绿化正处于发展过程的初期阶段，只有广泛地进行试验才能揭示植物如何很好地适应气候条件。

不幸的是，拓宽屋顶的植物应用的选择研究范围仍然是有限的：德国很多屋顶绿化公司为了降低投入，对适宜的屋顶绿化品种进行了自行研究，但目前他们做的进一步研究很少。这使得人们常选择那些已经试验过的物种。当屋顶绿化在世界上其他地方刚兴起时，就已经出现了重复应用经过试验的物种的趋势。当前的一种趋势是对能应用于屋顶绿化的本地物种进行试验，这对于那些本地濒危物

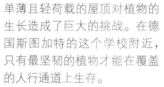
单薄且轻荷载的屋顶对植物的生长造成了巨大的挑战。在德国斯图加特的这个学校附近，只有最坚韧的植物才能在覆盖的人行通道上生存。

在基底深度可以增加的情况下，屋顶可以为种植以及植被的发展提供巨大的创造性和生态潜力。在芝加哥市政厅的屋顶绿化中，中西部本土的多年生植物和草地不仅创造了优美的环境场所，而且创造了丰饶的野生动植物栖息地。

种或需对其环境进行特殊测验的地方相当重要。前一种情况以夏威夷为例，当地特有物种的应用在其物种保存方面发挥了重要的作用，并且成为当地文化遗产的标志；后一种情况以墨西哥城为例，严重的季节性干旱加上强烈的阳光，对植物而言形成了一个测试性的环境；仿效欧洲的做法，本土的景天科物种已被用于实验工作，并也表明了植物对环境具有一定的适应性。同理，人们也可以利用类似的方法进行研究。以夏威夷为例，在某些情况下，本土植物可以通过规划法规得到依法管理。

当屋顶绿化在功能上为了实现美学和生物多样性却不能在技术上得到有效实现的情况下（如雨水管理和热量调节），那些可利用的选项就值得慎重考虑。在本章，我们着眼于研究植物在屋顶绿化上怎样栽植和管理，并试图表明在屋顶种植方面尚未利用因素的可能性范围之广。

屋顶环境的植物选材

鉴于世界各地用于建设屋顶绿化的物理材料大体上很相似，植物选材方面就必须选用与场地的气候条件相适宜和当地可用于特殊栽培基质的物种。这意味着成功的屋顶绿化在很大程度上取决于对植物物种是否能在当地极端恶劣的条件下良好生存的一个全面性认识。选择的植物不仅能够经受最严重的霜冻、风寒，而且在当地干旱的环境下仍能积极繁茂地生长。

如果栽培基质没有暴露在外或被侵蚀，那么为栽培基质维持一个良好的覆盖范围则极为重要。与此同时良好的栽培基质覆盖面对视觉效果而言也很重要，如果屋顶绿化的雨水效益和热量效益得以实现，则其成功的植被覆盖也是至关重要的。

正如为一个花园选择植物，主要考虑两个条件：首先且最重要的，选择的植物要在环境中生长旺盛，并在场地呈现出生长优势。其次，如果屋顶可见并作为整体设计理念的重要组成部分，则其视觉效果也很重要。屋顶绿化的植物选择与普通花园植物的选择有很大的差异，这主要是前者更侧重于功能和审美两者之间的平衡。用绿篱来进行类比是合适的——绿篱主要是满足功能方面的要求，选择绿篱植物优先考虑的是最终的生长高度、生长速度和对立地条件的适宜性等方面。只有在最后确定的物种名录里才考虑审美标准。但是在植物选材时绿篱植物的选择变化因美学标准的要求程度而不同，简单的屏蔽也许完全因其功能要求，而且植物的选择可能不涉及任何审美标准；然而在一个花园或景观的关键位置其视觉效果是非常重要的，人们则选择最适合发挥其观赏效果的植物。

为了实现其功能，屋顶植被必须能够在种植后合理的时间内覆盖并固定栽培基质的表面，必须能形成一个自我修复垫，使新的植被生长量能填补任何损坏的区域，例如干旱会消耗和蒸发水容量，

只有极少数的植物适宜生存在非常浅的栽培基质里，例如景天科植物生存在4cm厚的生长基质中。

基底深度的增加可以丰富种植的多样性。这种混合植被生长在10cm厚的生长基质中。包含普通草本植物和紫色海薰衣草（二色补血草 latifolium）。

这些储存的水原本是用来平衡植物结构并且使植物能在屋顶气候环境下得以存活。同时在重点研究植物的耐寒性和抗旱性时，也应当假设最坏的天气情况。

适合屋顶绿化的植物趋于具有一定的共同特征，因为适应一定的环境有助于形成一定的生长型。因而世界各地的耐旱植物都趋于具有这些特性，这意味着我们的目标是使植物搭配得美观。耐旱植物能通过各种各样的适应形态和生理特性得以生存，但并不是所有的适应性变化都适合于屋顶绿化。景天科植物之所以在屋顶绿化中占统治地位，是因为它们靠叶子贮存水分且为浅根系统，而许多耐旱植物能够生长是源于其具有庞大的深根系统。许多植物看起来似乎并没有长在土壤里而只是长在岩石碎片中，然而事实上几米长的根系已深入基岩裂隙中。但是，这些深根在一个10cm厚栽培基质的屋顶环境下没有任何作用。换句话说，在干旱环境中简单存在的植物并不意味着它们适用于屋顶绿化。

兼顾与屋顶环境相关的耐旱和耐曝光特性的客观因素及适宜屋顶绿化的植物的审美特性，综合显示要符合以下特征：

低垫层，密集丛生或铺地式生长。低矮的、铺地的或丘状植物相比高大树木会更少遭受到风害并减少被连根拔起的可能性。许多铺地生长和垫层植物也能很好地适应干旱条件。禾本科，莎草科和其他的单子叶植物在这样的生境中也将会形成密集丛生的习性，形成草丛。

扦插在栽培基质中根系扩张的植物比仅仅依靠一个中心点扎根的植物更有利于生长，因为这使植物能很好地维护受创的表皮。另外，这样的物种能够通过地下根茎或分散的贮藏器官迅速再生，甚至产生种子，这些方面都是很有意义的。

肉质植物叶子或其他贮水结构。

贴地生长的植物都具有紧凑纤细并紧贴着茎秆生长的常绿叶片。这些特点说明它是一个典型的次生灌木，广泛生长于缺少水源的生境，经历过因为炎热或风引起的缺水现象。

叶片覆着厚角质层，通常叶片卷曲，表面粗糙。卷曲的叶片表面，可降低太阳辐射的角度。

灰色或银色叶片。这些有色表面是由细小的绒毛或者蜡质涂层造成的，两者都具有减少水分流失的作用。这些特点也同样具有视觉吸引力。

地下芽植物，在冬季或在某个炎热干燥的季节物种会枯萎成鳞茎状或块茎状，这常常造成视觉冲击并在屋顶绿化植被中发挥了重要的辅助功能。

在景天科地被中，个别耐受型物种具有抵御严重干旱和其他气候压力的能力。

这是英国罗瑟汉姆Moorgate Crofts商务中心的屋顶绿化项目，在20cm厚的栽培基质上形成多年生草本植物的混合体，大多是来自干旱生境的速生类物种，其中许多都长着银色或灰色的叶子。

　　浅而密的根系系统。许多耐干旱植物有大而深的侵占型根系，这使其与屋顶绿化的浅层土壤不相适应。那些浅根植物，例如许多草皮，可能在这里更有优势。它们的旱境生存机制是枯萎后变成一个隐藏的休眠组织，当水分供给充分时，它又可以迅速反应复苏。这对于屋顶绿化来说可能是一个优势，同时也可能是一个劣势，黄色或褐色的草看起来像是已死亡，缺乏吸引力，但却不会被消失，因此失去了冷却屋顶表面的能力。

　　浅根系。除了在较深的土壤环境情况下，具有垂直生长根系的物种将不如具有水平生长根系的物种有竞争力。这种植物被称为"植物板材"，因为它们具有在很薄的生长基质中生长的能力。

　　常绿植物。许多耐旱植物，和其他来自压力环境的物种都是常绿植物。常绿植物的优点是比落叶植物能更为有效地利用稀有资源，而落叶植物每年都有一次耗费。常绿植物叶片在一年中各个时期都不停地进行光合作用，特别是在凉爽的季节也能够利用光能进行光合作用。在地中海型气候区（这可以说是包括北美太平洋西北部的大部分地区），凉爽的季节伴随着高降雨量。为使屋顶绿化能全年发挥功效，所选择的屋顶绿化植物也必须全年发挥作用。尤其在水资源管理方面更是如此，蒸腾作用只在植物进行光合作用时才发生有效作用。话虽如此，冷却的效率与蒸腾作用相关，在全年较温暖的几个月里是最高的，因为大多数植物在这段时间里生长最为活跃。生命周期短、繁殖高效、典型的一年生植物和二年生植物，是植物配置中常用的应对季节性干旱环境的策略之一。对屋顶绿化有利的一点是，这种生存策略使植被中的空白得以有效填补，促进植被可持续地生长。

有吸引力的特点。凡是屋顶可见的和常被使用的物种，以及各种屋顶的其他推广功能应该在视觉上是有吸引力的。我们绝不能忘记，人也是生态的一部分呢！

虽然不太可能使所有这些特点在任何一个植物中都得以体现，但物种的搭配混合现在可以轻松地满足这些要求。

屋顶绿化的植物选择

在更进一步研究之前，需要再一次重申我们在引言中所提到过的关注焦点。我们并不关注那些要求有深厚的生长介质层或将植物装在容器中，定期施肥和灌溉的传统型屋顶花园。即使在屋顶设计和建造时已经具有较大荷载能力的强化型屋顶绿化中，我们仍坚持认为，植物的种植也应当是可持续的，也就是说植物的成长不需要长期定时的灌溉（除非使用再循环水处理系统）和施肥。我们关注的重点是创造性地运用植物和植被使其在更浅的介质层和轻荷载的介质层中良好生存：这是实现屋顶绿化实践并广泛推广的唯一方式。

我们不认为可以在任何地方都使用相同的混合植被，对广义的屋顶绿化也是同样的。选择最适合的植被种植方式取决于特定情况下的具体因素。气候在这里起着很大的作用——屋顶绿化只适用于某些特定的气候条件；在炎热、干旱的气候条件下，屋顶植被绿化是实现生态和环境（尽管也许并不具有美学意义）效益的有效途径，但这还存在争议且尚未被证实。在凉爽潮湿的海洋气候，如西部的不列颠群岛，相对于温暖的大陆性气候例如中欧，为各种不同种类植物的选择提供了更广的范围。此外，不同的限制因素也在起作用。对于大多数情况来说，是否能够承受夏季干旱是能否被选择的主要因素，然而在一些冬季寒冷绵长的地区，植物的耐寒性则发挥其主要作用。在非季节性潮湿的热带气候情况下，承受长期处于饱和状态的能力将是最重要的因素，而耐旱则是一个次要因素。然而，在热带和亚热带气候季节性降雨地区（如美国东南部），屋顶绿化植物则可能需要能够承受高湿度和干湿交替变化的培养基质的能力。

除开气候因素，基本的经济因素对植被的选择也起到了一定的作用：什么是实现最具成本效益的屋顶绿化目标的方法？我们建议，设置两种主要因素相互作用，以确定不同特定地点的植被特征（表4.1）。还应设置一组与环境的恶劣程度相关（即生长基质的厚度和灌溉及营养含有的能力）的因素。其他与屋顶预期的功能和用途有关的因素：是否可到达以及是否可见。

土壤深度和环境压力

根据大自然的法则，当土壤深度降低，如果可选用的植物名录上的植物能生存且适应屋顶绿化的种植方式，那么这些植物将日益特殊化并适应屋顶环境中的特殊条件。如第三章所讨论到的，对非

屋顶可达性/能见度

深度	难以达到的/看不见的	难以达到的/从远处可见的	难以达到的/从近距离可见的	可达性
0 ~ 5cm（0 ~ 2in）	简单的景天科/苔藓群落	简单的景天科/苔藓群落	简单的景天/苔藓群落	简单的景天/苔藓群落
5 ~ 10cm（2 ~ 4 in）		干草甸群落，低增长的耐旱多年生植物，草和高山植被，小型鳞茎	干草甸群落，生长缓慢的耐旱多年生植物，草和高山植被，小型鳞茎	干草甸群落，生长缓慢的耐旱多年生植物，草和高山植被，小型鳞茎
10 ~ 20cm（4 ~ 8 in）			适合干旱生境的低介质多年生植物的半粗放混合物，草和一年生植物；小灌木；草坪，草皮草	适合干旱生境的低介质多年生植物的半粗放混合物，草和一年生植物；耐寒的半灌木
20 ~ 50cm（8 ~ 20in）				中型灌木，食用植物，多年生植物和牧草
>50cm（20+in）				小落叶树和针叶树

表4.1 培养基质的深度、可达性和屋顶的可见度之间的关系决定了相适应的种植方式特点。但这仅仅适用于一般情况，此外，还得保障有一定的灌溉条件和温度环境。

常薄的2 ~ 3cm的生长基质而言，仍能支持景天科植物和苔藓生长。因为在很浅的栽培基质和极端条件下，植物生存必须依赖长期的水分和养分供给——栽培基质一般不具有较高的水分和养分贮藏能力，其根本原因在于其低比例的有机物养分含量。

多浆植物能够很好地适应这些条件：当土壤中的水分存储容量不足，可由多汁植物自身位于地上或地下的器官存储的水分来补充。它们的营养需求一部分来源于大气降尘，另一部分则由死亡的植物分解而来。许多景天科植物，以及其他专类植物，在极端高温和干燥的条件下具有不同的代谢方式如景天科酸代谢（CAM）。CAM使植物避免蒸腾。非CAM植物在白天通过控制叶面结构（气孔），使用太阳的能量通过光合作用将二氧化碳转化为糖。结果导致了它们在白天因为热量或者风的原因会失去大量的水分（Stephenson，1994）。

CAM是一种替代机制，通过光合作用替代某些植物产生糖的一种方式。CAM植物在夜间开放气孔，因此它们可以减少每一次因吸收二氧化碳而损失的水量。这种植物一般都能很好地适应干旱环境。有超过16000种CAM代谢物种分散在33个不同科中。

用景天科酸代谢植物（CAM）的缺点在于它们这么多水分不蒸发，意味着它们流失的水分少，水分流失少，意味着减少径流的作用也减弱，这样通过蒸腾的降温作用也下降了，而通过蒸腾降温是屋顶绿化的一个重要功能。

虽然如此，多浆植物依然会成为发展地区性屋顶绿化产业新技术的先锋植物——它们能适应极端环境压力。事实上，在屋顶结构没有被明确地设计荷载的建筑屋面上，它们不需要更深的栽培基质就可以种植。甚至在潮湿的热带地区，在干旱条件影响下的简约型浅表栽培基质上，多浆植物仍能充分发挥其作用（Tan & Sia，2005）。

5～8cm深的栽培基质中可以让更多的多浆植物种类、草类和草本植物生存。大部分的多年生耐旱植物和草类能在深度为10～20cm的栽培基质中生长，一些耐瘠薄的灌木也是。草坪草和大草地也可以在这个深度范围的栽培基质中生长。深度为30～50cm的栽培基质可以种植许多多年生植物和灌木，而乔木则生长在80～130cm的深度范围内。（Johnson & Newton，1993）。

如果频繁有雨水的浸泡、大雾或降露，或者及时的灌溉，植物也能在浅栽培基质中存活。在一项实验中，一系列耐旱的具有不同结构特点的多年生草本植物（生长缓慢、中等植株高度、高植株），种植在两个厚度不同的轻质栽培基质（10cm和20cm）上，是否使用一定限制的水补给或增加栽培基底厚度而不进行水补给，对植物影响都将会比较小。然而，对两种基质厚度都进行补水则能促进大部分植物种的生长。生长缓慢的植物物种（那些典型的简约式屋顶绿化物种）在灌溉条件下长势差。这可能是根部增加水分供应的消极生理反应。然而，这些物种性能降低的原因可能与竞争有关：湿度增加意味着更加良好的生长环境提供给了那些植株高大、长势旺盛的物种，这样导致竞争排斥的发生，在地上地下，这类物种减少了其他物种的生长可能性，因此高植株物种显得更稀疏。（Dunnett & Nolan，2004）。

屋顶的功能和使用：视觉标准

屋顶绿化建设需要的费用比传统的屋顶建设要多。在很多情况下，屋顶绿化的意义需要转化出经济价值。在较为复杂的屋顶植被建设中，植被层是一方面的开销，植物材料和维护费用是其主要考虑的要素。确保在不同的位置和环境混合搭配不同的植物种植是明智的选择。对于那些不可见的屋顶（人不可达的屋顶，如仓库、工厂和高楼大厦的屋顶），最好使用简约型屋顶绿化，这种屋顶绿化由薄层栽培基质和简单的景天属植物、苔藓块组成。正如第2章所描述的那样，我们也可以把精力集中在建设低投入、植被自然萌发、生物多样性的屋顶建设栖息地上。例如，在瑞典，目前屋顶绿化的主要作用是控制在城市和乡镇的边缘涌现的，轻工业和零售仓库大面积区域内发生的雨水径流。这些大部分从地面看不到的屋顶，当从周围的高楼公寓观察时显得十分不美观。浅薄简约型的屋顶绿化系统应用得很广泛，因为浅薄简约型屋顶绿化的建设申请有可能不增加额外费用且几乎不需要进行结构调整（Emilsson，2003）。最近流行使用绿色的苔藓，这种方式能非常轻松地解决屋顶绿化的问题（Grant，2006）。

如上所述，有充分的理由选择超越简单系统以上的其他更优化的系统。浅薄的栽培基质和以景天科为主的组合生物多样性的价值是相当有限的：野生生物及其栖息地的考虑很可能是未来实施屋顶绿化的一个重要考虑因素。虽然对不同气候不同植被类型的功能特

性研究相对较少，但不同植被组合的覆盖在环境功能方面可能会提供更为显著的效益。不同的植物组成在视觉造型上也有很大影响。令人惊讶的是，一个单株直立或垂直物种（如一株短牛鞭草、羊茅或者韭黄、葱属植物）的简单添加，能在景天科植物中形成视觉多样性效果。

即使是不可到达的、简单的屋顶也仍然可能被观赏到。不同高度、植被图案纹理以及聚集方式的区别可形成很大的视觉感和趣味性。

　　生长速度和枝条的最终高度是选择植物的主要标准。因为很少有植物需要填满一整个既定的屋顶面积，因此安装费用就会相对减少（White & Snodgrass，2003）。如果最大的载荷能保障足够的土层深度支持根系的生长，那么植物长到30cm高也是很有可能的。然而，因为有些快速增长的植物是短生命周期的，它们可需要与一些快速、中度、缓慢生长的植物相混合。成熟后低矮的植物抗风害能力强，更容易维护。有高茎或者花柄的植物更有可能长出分蘖（吹倒）。然而，如果屋顶是被一个坚实的护栏包围，才有可能为高植株的植物提供避难所——虽然临近栏杆区域的风涡会成为一个问题——即使在较浅的栽培基质中也同样会出现这样的情况。

　　另外，这些植被的复杂性应与其功能匹配，与场所适应。如果从远处看屋顶是可见的，但不可达，那么不同种类的模纹式造型给人印象则十分深刻。这种情况下使用草地植被，可以控制物种组成的数量来吸引更多的注意，取得大规模开花的效果，而不是很多种一起开花，这样的效果就没那么明显了。这一模式是由巴西景观设计师Roberto Burle Marx提出。

那些不可达的屋顶，但却近距离清晰可见（例如，办公室窗户、医院病房、居住社区），根据视觉可达的复杂程度，必须考虑到更多的细节。只有使用者可以直达的屋顶才需要在正式的或相关的设计中花费更大的精力。这些植物通常生长在复杂式屋顶绿化中。然而我们建议在可到达屋顶上用简约或半简约的技术来获得高品质的植物景观，或者在合适的地方可以用深层的土壤或者盆栽植物。视觉标准的重要性因此可以概括为一个梯级渐变：

单纯的功能型：视觉效果并不那么重要。

偶尔眺望型：该区域只可远观。醒目的图案包括简单的树叶颜色对比，在这里是特别合适的。

经常眺望型：该区域经常被看到，并且是近距离地。在这里，不需要强烈的视觉冲击的植物种植，但应增加场地的舒适性。

装饰性区域：该类型区域的视觉效果是非常重要的，往往是临近阳台或露台，或因为屋顶是可游览的。

屋顶植物的视觉标准涵盖以下方面：

冬季或休眠季节的选择：常绿植物，选择形式与质地具有吸引力的草坪，具有纹理和叶色变化的植物。

长花期植物。

形式多样，例如大面积的草地或者其他的矮株植物，通过使用不常见的低矮灌木使其高度、形式、质地发生变化而产生更多有趣的效果。

叶片种类：浅层栽培基质的区域可以通过树叶颜色、质地和形式的对比来产生更强烈的视觉兴奋感。

植物功能方面的选择

正如视觉和环境耐受性标准，植物的选择也可能影响到屋顶绿化的效果。的确，以前总注重对轻质栽培基质的选择，所以在选择植物时，只能选择那些能在极端条件下幸存的植物，事实上，这种迫于无奈的选择会影响屋顶绿化的集雨和隔热性能（Compton & Whitlow，2006）。因此出现了一种倾向，认为不论选择了什么样的植物和植被类型，所有的屋顶绿化表现都是一样的。然而，在植物的采用（形态学）和季节变化（物候学）上植物具有非常不同的物理形态，这对如何有效实现其功能性选择具有相当大的影响。此外，种植多样性和组成丰富性的影响，取决于植物自身覆盖的数量。这一点已经在"草地/非禾本科草本混合物相比于纯草混合物在冬季更有隔热效果"中进行过讨论（见第70页）。我们可以这样认为，常绿植物比落叶植物具有更好的保温效果。例如，在寒冷的加拿大冬天要保温，30cm的栽培基质深度是必要的，植被覆盖可以采用匍匐的刺柏属植物。

减少径流的关键问题并不一定是植物总体量，植物形态似乎更为重要。观察表明，绒面叶片比平滑的叶片能够容纳更多的水，而水平的叶片对水的容纳量也高于有斜度的叶片。有证据表明，景天科的植物，虽然非常耐旱，但对于保水却并不具有特别的优势（Compton & Whitlow，2006）。有人认为，地被植物，特别是丛生的地被种类，非常善于吸收雨水，吸收能力并不在于它们叶片的蓄水能力，而是雨水被根系直接吸收进入了植物的中心。在任何情况下，所有的草类都具有浅而密集的根系，使其具有高度的吸水能力

（Rowe et al., 2003, Nagase, 2008）。

　　控制温室实验研究通过模拟降雨对不同植被类型的影响，然后测量系统到底最后截留了多少径流。草本植物似乎最能有效降低径流，其次是非禾本草本植物（除了景天属植物），最后是景天属植物。在景天属植物中，生长缓慢的物种常用在浅栽培基质的屋顶，但效果要比更挺拔的物种如S.rupestre和S.spurium差（Nagase, 2008）。在一个类似但时间更长的户外实验中，用含有10cm天然土壤的托盘容器种植不同的植被，分别种植单一的草种，莎草或香草以及这三种类型植被的复合体，得出多样化的混合种植方式比单一性的种植方式蓄水功能要强（Dunnett et a1., 2005）的结论。显然，在这一领域还有更多的工作值得去做，康普顿和惠特洛（2006）指出，如果屋顶绿化设计是为了通过最薄的栽培基质获取最大的环境效益，那么栽培基质应相对具有一定的厚度，也不应只依赖于景天科为主的植被系统。

植被建成的方法

　　在此有四种主要的方法针对屋顶绿化中的植物种植：直接用种子或者扦插种植，盆栽种植，铺预已生长好的草皮（包括草坪），以及自我萌发。下面依次列举出其优缺点。

直接用种子和扦插种植

　　直接播种种子的混合物，在面积大于20m²的屋顶种植中显得有用而经济。在整个即将成立的植物群落中，特别适合播种草坪草或者是草甸植物。碱性栽培基质的pH值在8.0～8.5是最好的，因为这些将为大量的耐胁迫草种和非禾本科草种提供最佳的环境。

　　直接播种的缺点在于播种后植物发芽需要一段时间。如果增加播种次数则可以尝试解决这一问题，在复杂的混合物中，竞争将有机会导致强势的生长植物限制弱势的生长植物，导致多样性变低。

表4.2　用于大面积屋顶绿化的meadowlike种子混合物的示例（Kolb and Schwarz，1999）

种类Species	重量百分比（Percent by weight）
西洋蓍草	2
虾夷葱	4
春黄菊	6
黄花茅	2
凌风草	7
圆叶风铃草	2
丹麦石竹	6
三角石竹	6
羊茅	10
汉荭鱼腥草	4
滨菊	4
洋石竹	4
抱树莲	3
长叶车前	4
加拿大早熟禾	2
银白委陵菜	2
大花夏枯草	5
鳞茎毛茛	6
小地榆	5
天蓝草	10
百里香	3

而栽培基质材料颗粒太大，达16mm，有助于减少不必要的杂草，对于这些杂草种子来说，颗粒太大不利于萌发。上层的细颗粒

层有助于种子萌发和幼苗的建立。浅色材料比深色材料导热少，使得日照蒸发的水分降低，因此更有利于幼苗的生长（Kolb & Trunk，1993）。播种应该依据建成的植被类型决定，生产商应该给予很好的指导。春季是播种的最好时机，如果是在寒冷或者干旱的季节播种，就会有土壤被侵蚀的危险，造成幼苗生长缓慢。

混合种子包括禾本科和非禾本科草本植物，或者只有非禾本科草本植物，混合种子可能难于撒播均匀，重要的是它快速建成植被而缩短栽培基质裸露的时间，这也是植被建成的关键一步。若撒种之前我们将细砂和种子混合，这项任务就会变得轻松很多。以一片大区域为例，屋顶划分为面积相等的若干区域，将种-砂混合物也适当划分。下一步是确保均匀撒种，每一种子组要分为两组，一组朝着一个方向步行播种，另一组成90°步行播种。播种之后必须轻轻覆盖种子：最理想的深度是埋于栽培基质3～5mm。用平铲后背拍打土地是达到这个深度比较好的办法，这个过程拍打种子帮助使之向下进入栽培基质的空隙之内。用微滴尺寸的灌水不仅可以供水，同时能进一步将种子固定于栽培基质之中。

种子能采用水播技术，借以将种子、水和凝胶的混合物喷灌到栽培基质上。在大型区域用凝胶粘住优良种子于栽培基质上，这是一项有效的技术，使水分保持在种子附近也更加容易。水播技术对溢水的场地也非常有用的，在这些地方除非被根牢牢固定，栽培基质和种子都可能被降雨或者灌溉冲走。

有些植物根容易固定于栽培基质中，如景天科一类的植物，可以通过扦插，人工抛撒3～5cm扦插枝条，有些植物则需要手播。小的球茎植物如北葱和米兰葱也能用这种方式播种。作为选择的与水播育种方式相似的水培是通过运用浆液供养枝条。景天科植物颗粒播种比起盆栽植物允许植物大量发展生长点。然而在扦插之后对环境很敏感，特别是在干旱时期的气候情况时易受到伤害。

一种好的播种方式是极其重要的，在立苗阶段这需要撒播的时间符合降雨和必要的灌溉的时间。春季和夏季中旬之间的这段时间是适宜的。每平方播种60～80粒是需要的，小心确保没有空缺也没有大量种子被遗留下的情况下播种是理想的。然而为了快速覆盖，可运用每平方200～250粒的播种密度。为了确保种子颗粒与栽培基质有很好的接触，播种之后应立即能降水或者灌溉。生根发生在第六至第八周的时间内，两周之后根部会有明显的进步。在第六周至第八周的时间之后，60%的栽培基质的覆盖率是可能的。鸟类在这确立阶段可能导致问题，因此考虑使用网子或者恐吓手段用于保护。一旦生根，种子颗粒薄薄覆盖，对于种子是有益的。

盆栽植物的种植

直接种植是小型屋顶绿化种植的最好途径，它允许种植时能够被设计，使构成自然和美学的效果。在屋顶绿化的评估上，种植区域通常会比播种区域分数高，特别是早些年。（Kolb & Trunk,1993）。

然而，从常规花园中心或苗圃购买植物并不总是一个好主意：一点是如果不以批发价购买花费会增加，另一点是根球对于比较浅的工程而言尺寸太大。最好的选择是用盆栽的方式繁殖植物，这种聚合单元被广泛用于苗圃，种植大量小苗的交易。这时值得要求苗圃出个实价去生产盆栽植物。或者另可选择从苗圃购买一些二手容器（大量容器在春末被丢弃），再自行繁殖。容器应具备大量不同的尺寸，但是为了达到这个目的每个孔大约直径2.5cm，深度为3～5cm是理想的情况。盆栽植物在植物成形之后通常是有效的，因为它们有进化完善的根部系统和地上部分。

它们在移植之后能直接开始生长，但是大量植物需达到一个快速的覆盖过程才能生长，因为植物的生长只发生在少量的苗木和生

屋顶绿化盆栽植物生产。

图片来源于Blackdown园艺顾问公司。

瑞典Malmo市Augustenborg屋顶绿化利用盆栽植物种植。

长点。为了一个紧密植物种植床，每平方米通常需要10株植物。在品种不需要快速覆盖或者顾客倾向于快速成苗时，允许更高的密度。由于它们尺寸小且不需要扎根固定，盆栽植物可能由于鸟类的觅食而流失。（Emilsson，2003）。

种植应该组织在春季或早夏，离过道越远种植越早。一定不能使用锋利的工具，因为它们有可能损害隔膜。种植之后浇水不只帮助供水也有助于植物的固定。种植之后覆盖护根材料能保持水分。覆盖膜的颜色必然要考虑，如亮度高的石灰岩、红赭石碎片，或者黑色的板岩会使植物突出。

种植床的铺设

植毯是已培育好的植物块。在狭长的纺织品上（一种人工合

屋顶草坪给人简洁和干净的景象，但是为了保持草的茂盛和绿意盎然，灌溉是必不可少的。

图片来源于©ZinCo。

景天属植物为主的种植床。

图片来源于Blackdown园艺顾问公司。

成的编织布）生产，上面放置一层轻薄的生长介质或者培养基质，不管是直接播撒的种子还是细枝都可在这上面生长。这种土壤培养基质为了避免破裂通常会用塑料网加固。这种种植床通常开始放在温室或者聚乙烯管道内，然后再放置于户外。对于大型的种植，这种种植床能够滚成一个筒，到达指定地址后像毯子一样展开。对于小型种植利，用方格或者种植床的局部像毯子平铺一样固定在一起。

种植床在即时生效方面是很有优势的，同样对于可能难以人工种植的溢出和不可及的场地是有用的。种植床对于非园艺人士或非生态学家同样有用，因为种植床是已经培育好的，不需要选择植物。种植床通常种上景天科植物的混合品种，并且开始阶段有

90%～100%的植物覆盖率。它们被直接放置在屋顶的栽培基质层上。种植床收好之后要尽可能地快速铺设。铺设时避免出现种植床之间的空隙，然后顺着边沿的空隙和角落向下重压，这样是为了避免种植床膨胀，直到它们安全地生根，通常在四到五周以后。种植床将发展为长满野生花卉的草地，通常草皮块能铺设在屋顶上，尽管它通常被铺设在草地上，但是必须特别注意边缘；它们必须尽可能细心剪裁，除非草皮块已稳固，必须避免暴露松散的栽培基质和破损的可能性，禁止灌溉。

自我萌发

在裸露基质上不栽种任何植物是最生态的种植手段，这种方法仅需要当地能在屋顶环境下生长的植物。了解屋顶自我萌发绿化更多信息参阅第2章多样性部分。利用自动定植明显是花费较少的种植手法，但是好像在形象优良的场地几乎是不被接受的，因为被人们不可避免地评价为在光秃秃的地块上种植杂草丛生的植物。对于

瑞士巴塞尔一家医院上自我萌发的屋顶绿化。

图片来源于Pia Zanetti。

不可见与不可及的屋顶这根本不是一个问题，运用自我萌发屋顶能带来许多经济上和生态上的效益。随着时间的推移，这种栖息地很可能成为展示生物多样性的重要之地，正如在瑞士所展现的那样，一项生物多样性议程对于政治上支持屋顶绿化的人而言是非常重要的。

废弃工业或建筑密集区的自然植被可以作为一个特定区域内屋顶绿化物种选择的指导。这些位置的植被可能与屋顶的植被生长情况相似：极低的有机成分和低蓄水能力的贫瘠土层，以及完全地暴露在阳光下。"褐屋顶"就是依据这点进行屋顶绿化的一个合乎逻辑的结果，依靠这些自然选择物种的繁殖能力来实现一个功能性的生态系统。放任自流的（可以说多多少少有点风险）褐屋顶就是故意使用那些在当地众所周知的自然植被或它们的亲本植物——选择它们的基本原则就是它们要么可靠、健壮，要么有一些装饰价值。特别有用的参考栖息地包括那些极不透水的土壤表面：很少使用路面的中间、废弃的混凝土、柏油地面、没有维护的建筑。

上文论述的各种屋顶绿化方法在价钱上差别很大。直接播种是最便宜的传统方法，然后依次是扦插、穴盘育苗和盆栽。最昂贵的方法是使用植毯。可是，不同方法花费的增加也是与绿化效果和预测效果保证的快速增加相关联的。因此，对于创建景天植被屋顶，尽管提前种植植被毯是最贵的方法，但是它们也可以呈现即时的绿化效果和整个屋顶的绿化覆盖。因此，实际情况中哪种方法才是最好的呢？

瑞典的一项研究考虑建立了三种方法：植被毯，扦插，以及在4cm生长基质上播种。第一个生长季节后的调查研究表明这个方法在大部分地块和处理上是成功的。使用植被毯与其他两种方法一样的成功，但相比而言有明显的优势。研究员总结更便宜的选择与使用植被垫相比是完全可接受的（Emilsson，2003）。

屋顶绿化中的种植设计

　　有三大类植物与屋顶组合种类被认同：单作；简单植物的组合与混作；以及植物群落。这些种类代表了渐变的复杂性，单作是一种非常简单的植物系统，而植物群落有潜在的植物系统复杂性和多样性。

单一栽培

　　在这种情况下，一种植物种类或品种被作为一个群体使用，可能只是用这种植物，或者将其他一种单一植物种类作为设计的一部分一起使用。这种方法被风景园林设计师和花园设计师使用，而且必须与块栽灌木和多年生植物的使用相似。单一栽培的植物往往是有视觉感的而不是令人乏味的，而且如果干旱或疾病影响单作植物的生长，单作植物也易于死而复活。单作块如果用于连锁模式中非常有效。

小屋上的草皮屋顶把雕塑景观和这个建筑联系起来了。

图片来源于Jane Sebire。

小规模创造性使用简单的、低多样性屋顶植物。

图片来源于Veg Tech。

通过不同种类植物块和模式的使用，将路径作为设计的一部分使单作种植更有趣。

图片来源于©ZinCo。

景天（S. x telephium）分散的丛生直立粉红花给这个历史悠久的简约式屋顶增加了视觉效果。

简单植被的组合与混合

这种情况往往是有限数量的植物种类或者品种生长在一起。简单的混合可能包含了植物间相似的生长速率和形式。一块草坪就是一个熟悉的例子，可能由4～6个品种组成。景天植物的混作使用在许多浅土层屋顶上是屋顶绿化中最重要的例子。更加复杂的混作可能包含了各种各样来增加植物系统视觉感和结构多样性的形式。

混作因植物种类增加，对病害和压力敏感的物种则容易被淘汰，因此比单作更易受喜爱。不同种类间的混作更可能包含那些能克服或者顶住环境灾害的植物，因此提供植物群长期的整体性。慢生长、耐旱植物可能形成含有常绿和落叶混作植物群。长寿植物可能与一年生或短生长周期植物混作来呈现一个动态的植物群落，草地或者直立杂草类能够给予另外一个二维植物群视觉对比和多样性。混作能弥补不同植物年间的紧张时期——例如，草与耐旱多年生植物在干旱气候条件下的混作，草在潮湿季节生长，多年生植物则在炎热、干旱季节生长茂盛、开花。有吸引性枝叶或者季节性开花芳香物质的植物种类可以补充种植更加暗淡的常绿植物。高低密度植物种类的组合允许一个独特的生态混作的形成，在这个混作植物群中，生长迅速的植物能迅速占领空隙。

植物群落

绿化屋顶上的植物群落常以自然栖息地为依据：植物以与它们在野外相似的比例被选择和组合。大多数情况下，这种混作将依据一块草和少数的草本植物，而一些情况下也可以使用矮灌木。植物群落所选择的依据趋向于选择那些能自我维护，要求低维护费投入的植物。它们同样有自身的特性、非正式、天然的外观。

使用一个植物群落（如以草为基础的草场）的优势就是适用于粗放式管理，而且可以使所有情况下的视觉外观令人感觉舒服，除了那些需要整齐干净的外观的地方。一个大的、纯粹的功能性位置能种植只有草的草圃，这往往是最经济的选择，然而，在那些视觉感受非常重要的位置也可以包含五颜六色的开花类草——审美感越重要，杂类草的种类就可以越多。

虽然，由当地自然植物组成天然植物群落通常是有6~15cm基质的屋顶绿化最重要的模式，但是，有很多理由让我们期待已经日益重要的用天然和非天然的植物种类组合的人工植物群落。在大多数情况下，这种绿化方法由一种提供好的基质覆盖主导植物组成，通常是天然草或者莎草，也伴随各种更具装饰性的非天然植物种类。

近些年，地区性的天然植物的使用已变成风景园林设计非常重要的一部分。提倡天然植物使用（例如，Stein，1993）将使这些植物在屋顶绿化中优先使用，有以下原因：

非天然植物种类的入侵趋势在一些地区是主要的问题。非天然植物的使用避免了导致潜在的植物危险问题。

天然植物维持了当地的野生生态系统。一些情况下，害虫幼虫仅仅吃一些特殊的植物种类而不吃别的。

地区性天然植物的使用抵消了栖息地消失所带来的损害。

　　然而，不是所有的生态学家和园艺学家都赞同使用本地植物的重要性，他们认为那些选择外地植物种类的环境，不会如那些生态学者在游说议员者时所说的那样有害（例如，Kendle & Rose，2000），而且这样可能还会有一些积极的优势。概括如下：

　　屋顶是限制性很大的环境。可能不会有很多本地物种能够成功试种。同时，在很多地区可能都没有适宜生存于类似屋顶环境条件下的当地植物。

　　视觉形象很重要，因此在整个生长季节中包含吸引人的花或者叶的植物就显得很重要。当地植物可能不具备如此独特醒目的特征，或者只是在有限的生长时间段里表现此类特征。

　　在某些环境条件下，非本地植物可能具有可观的野生资源价值，这使得它们在都市地区比那些只有很少的野生资源价值的本地物种更重要。

　　例如，马鞭草属植物，一种在很长的生长季节里为蝶类提供有价值的甘露来源的植物。

精心挑选的混合物提供了不同形式和不同颜色的多样性选择，同时一套从这种植物到那种植物连续开花的机制，带给我们漫长的花季。这个混杂着本地和外来耐旱性宿根花卉和草的屋顶，坐落在英联合王国的谢菲尔德，从春天到秋天的开花景象（从左至右）：5月、6月、8月。景观设计是由Nigel Dunnett完成的，作为谢菲尔德大学与DM艺术有限公司之间的一项合作研究的一部分。

在屋顶绿化中，使用适宜的防水性薄膜，并且应用专业的安装方法，30～40年的使用寿命是很有可能的。

没有充足的研究显示每种植物将会生存多久，也不能显示每种植物在很长的一段时间里如何与其他植物相互作用。因此，每一个屋顶绿化都是一次独特的长期性的生态学试验（White & Snodgrass，2003）。

屋顶绿化植物

相对大型区域而言，最好的种植方案无疑是依靠一种本地植物群落，简单的理由是这些都是经过尝试和测验的、通过混合种子，造价低廉。然而，对于小一些的环境条件，高能见度的环境或者没有本地植物群落存活的环境中，则要求我们选择出一些特殊的种并进行组合。植株如育苗圃那样进行栽种，有不同尺寸或者由合适品种组成的种子混合物进行播种。然而，对播种的植物，我们要进行一些相关思考：它独特的品种构成、混合比例、设计或者人工植物群落要求我们关注每一个当选品种的特征。

在中欧地区，在屋顶绿化研究的早期，一般用来进行屋顶绿化的植物品种都是艳丽的或者是抗干旱的草地群落，抑或是从广泛的山区园林植物中选择出来的，其中大部分来自阿尔卑斯山脉、比利牛斯山、东欧地区的一些山脉和巴尔干地区。一些抗逆性强的品种则来自地中海地区，也有部分来自东亚地区。

不同植物品种对屋顶绿化的适应性试验是早期相关研究工作的主要构成部分。德国研究人员设置不同试验，并通过一个座谈小组来对植物进行评估，根据它们的生长表现和覆地范围来进行评价。景天科总是得分最高，还有一些生长缓慢的草本如羊茅属植物、风草剪股颖属以及葱属植物。因为其抗干旱性，可观赏的年周期性，易繁殖性和对浅栽培基质的适应性，景天属植物从此成为浅栽培基质屋顶绿化系统的基础。例如，石竹等栽培种在评估里总能得高分（Kolb and Trunk，1993）。但是这些试验也显示出一些令人惊奇的地方。

例如，一些品种因为抗旱性对环境表现出适应性，但是它们对其他草类植物的敏锐竞争性导致其不适合作为屋顶绿化品种。Salvia pratensis，一个构成中欧地区石灰岩地区的主要的高装饰性的草地植物，因为这个原因失败了。其他的则因为对立的原因——生物入侵性而被排除（如Anthyllis vulneraria；Kolb，1988）。

在初始阶段，选择适合屋顶绿化的植物品种引来了很大的争议，它也提供了潜在的巨大回报。当中北欧的植物已经基本上都被试验完之后，世界上其他地区的抗干旱性的植物却还没有，尽管在很多条件下这些适宜的植物都和花园植物类似。在衡量适宜的植物品种的潜在适应性的时候，屋顶绿化的从业者们有很多令人激动的工作可做。在这个章节，在考虑土地肥沃地区发现新的适合屋顶绿化的植物种之前，我们来看一些屋顶绿化中广泛使用而且可信赖的植物种和种群。

接下来的部分给了我们一系列范围的适宜的植物材料。对于那些即将栽培在不同栽培基质深度和矿物质营养的屋顶中的植物，我们这里不给予太多评论。在本书正文后有屋顶绿化植物名录。

苔藓，地衣和蕨

没有受到干扰的瓦或者石板屋顶，苔藓和地衣会自发地占领这些地方。这个进程能够帮助这些屋顶形成一种植物覆盖的外观，不需要引入覆盖在屋顶的栽培基质，只需要在屋顶表面富集营养物质来促进苔藓孢子的萌发和生长。传统上，石头和岩石栽培基质会给我们早熟的一个印象，通过涂抹一种包含牛奶、酸奶酪和其他类似物质的液体。这个加速老化的技术看起来就像是通过使用现代

在英国伦敦一个墓地的墓碑上，在这种缺少土壤的条件下，苔藓、地衣和石竹Erinus alpinus自然地生长在上面。

材料来使用孢子，从而创造了一个大规模而且轻量级的屋顶绿化系统（Grant，2006）。在这个栽培基质刚开始的时候，我们会特意在这片瘠薄的栽培基质上引入苔藓，因为它们旺盛的生命力，可以积累有机物质和微生物为种子萌发提供营养（Chiaffredo & Denayer，2004）。在这瘠薄的简约式屋顶绿化中，苔藓也侵入到栽培基质中裸露的小块地上面，因为这种恶劣的生长条件，很难达到植被的完全覆盖。它们也因此成为浅层屋顶绿化系统整体中的一部分。

蕨不是必然的屋顶绿化植物的候选者，当然大部分太过庞大，而且不耐旱、耐热。然而，大部分耐逆境植物在干旱的阴影下依然适应这种热的环境。一般的大的多足蕨能够侵入老的瓦房房顶，在阴凉条件下，它的根茎能够进入瓦中间的缝隙中，而铁线蕨等则能够在老旧的墙裂缝中找到。在北美洲太平洋西北部，则有常绿的西部剑蕨（*Polysticbum munitum*）正在使用。

球根花卉与地下芽植物

这个更小的郁金香品种是理想的屋顶绿化植物：它们天生具有耐热、耐旱性，在夏季可以避免最有生存压力的时期。这里，4朵郁金香在10cm的栽培基质里面生长。

来自大陆性气候，生长期短的地下芽植物具有成为理想的屋顶绿化主体的潜力。它们季节性的视觉效果很吸引公众。适应干旱气候的植物，有来自沙漠的郁金香属植物、水仙类植物、鸢尾属植物，

细香葱，寒（北）葱，在屋顶绿化中，无论湿润还是干旱条件下都能很好地生存，而且还能形成戏剧性的大量的绿化带。

图片来源于Manfred Kohler。

它们有耐热性，适应岩生环境。它们通过在年初早发育早开花，然后死亡，留下地下根茎，从酷热的夏季求得生存。当然，它们很多确实需要这种干、热的环境条件来有效地成熟。栽培基质深度在10~20cm，球根花卉都可以在屋顶上生长。

应用于屋顶绿化的球根花卉和地下芽植物都与其原始栖息地和生长地区类似。一些用来测试的品种在5cm的栽培基质中（在英国）长势旺盛，而且在次年表现出更好的生长状况的有：克路斯氏郁金香，黄花郁金香，矮生郁金香，晚花郁金香，土耳其郁金香，鸢尾属和风信子属。和景天属植物竞争在生长方面影响表现得不显著——结果表明覆盖景天属植物可能更为有益。一些其他品种，包括几种番红花属和水仙花，并不能茁壮生长。所有的幸存者都是来自地中海地区和西亚地区，它们有度过炎热夏天的经历，而且这些植物来自开放性的栖息地。水仙花也是在相类似的地区找到的，但是只有在林地边缘，或者湿润的草地，或者高纬度地区。生长季节相对短的郁金香品种和生长季节较长的品种之间的不同也给予密切关注（Nagase，2008）。

屋顶绿化上应用最广泛最常见的球根类是洋葱，葱属。一种长势很慢的葱类植物，例如美丽葱、虾夷葱和黄花葱，都是相当有价值的。它们经常比景天属植物发育得早并且在高度上也很不同。尽管播种种植比较缓慢，但是它们自我繁殖得很好，且又不排挤其他

鸢尾属植物bucharica是一种在春季开花的成功适用于屋顶绿化的球根类花卉品种。

植物。葱类植物不像其他球根花卉，它们也能保持叶子在良好的状态下很长一段时间。许多来自季节性干旱栖息地的蝴蝶花已经成功地证明了这一点，包括有像德国鸢尾和短旗鸢尾。

地下芽植物的主要缺点就是花期过了以后它们会变得很难看，参差不齐而且一旦它们最终凋谢还会留下难看的黄叶子和裸露地块。球根花卉不进行大片栽植是有道理的，同时结合那些全年覆盖地面的地被植物。采用散布独植或小范围丛植。在选择伴生植物的时候最好是避免根系竞争非常激烈的植物种类，因为它们的根会向外侧蔓延，许多球根花卉的根系不喜欢过度竞争。更好的选择则是能在整个植物生长季的过程中覆盖很大片区域，并且在冬季凋谢成单个中央根茎的品种。

一年生植物

某些一年生的植物适合用于屋顶绿化的种植。这些通常是适应了高压干热条件下的沙漠一年生植物，种子在休眠状态下躲过了一年中条件最苛刻的时段，并使萌芽、生长和开花期都能在更好的生长周期内。虽然它们在植被覆盖的数量上贡献不大，但它们可以通过鲜艳的花色产生更大的效果。

那些只要种植了就会年复一年自繁的一年生植物，是用于屋顶绿化最好的品种。在维持一年生植物合适的数量的同时，也要防止其成为杂草，一定小心保护好这种平衡。同时要记住如果你要栽植的一年生植物能够年复一年的生存，那么很可能是不需要的一年生植物甚至是杂草。

传统上来讲，每种一年生植物或种类都是丛植的。现代的实践趋向于种类混杂的方向发展，在屋顶上，这是最可取的一种混合播种的方式，来达到一种"草皮"的植被的功能。选择一年生物种的标准在其他主要使用一年生植物的地方是相同的：

这是在英国谢菲尔德市的一个屋顶，在7cm的基质上播种一年生植物的混合种子。英国谢菲尔德大学和ArkDM有限公司的合作研究项目的结果，在春末混合播种，有连续几个月的一段非常宝贵的花期。

速生花卉种，开花期6~8周，如Gypsophilia muralis，柳穿鱼。

长季节品种，观赏期长达几个月，如矢车菊，Chrysanthemum，Linum grandiflorum var.rubrum。

迟花品种，通过混播将生长期延长到秋天（夏季寒冷气候）的，如矢车菊。

新兴品种，在形态上有视觉效果，如蛇目菊。

种穗漂亮具有极大吸引力的品种，如罂粟。

在许多情况下，合理地回避使用那些可能是对防风沙有价值的较高个体的植物。

土层越深厚，一年生植物的栽植成活率越高。在屋顶绿化的条件下，一年生植物自己的种子很可能会在秋天发芽，然后越冬，春天开花。在地中海气候或者温和的沿海地区，一年生植物宜秋季播种而不是春季播种，虽然许多物种在冬季生长缓慢，但是生长健壮的秋播植物花期比春播植物更长。一般来说，建议一年生混合种子的播种率为2~5g/m²。研究表明，在灌溉条件允许的情况下，播种量为2g/m²植物会生长得更好。罗布·利奥波德极力推荐一年生植物

在景天科植物上播种一年生草本，能增加植被质感的丰富的变化。

混合种子（在露地条件下）应采用更低的密度，他也是率先使用混播种子的先驱者；他解释说在减少一年生植物持续生长的压力后会延长其花期——过密将会导致争夺资源的压力增加，造成早熟和早衰。为避免这种压力，建议在炎热干燥时期进行灌溉，这对屋顶植被的成功建立是必需的（Nagase，2008）。

一年生植物为多年生种子混合体的第一年添上色彩——外行往往很难解释播种的野花草地和大量杂草之间的不同。一年生植物提供第一年的公共衔接点，为多年生植被发展提供了养料。

多年生草种

大多数简约式屋顶绿化植物是那些喜欢干旱栖息地的多年生草本植物（i.e.non-木本植物）和草类。将这些在不同的最薄的栽培基质中生长的多年生植物进行分类是非常合理的。我们从这些在薄基质生存的植物开始（4～6cm）。这些研究都是作者自身的工作经验，一些研究正在进行，还有一些是从德国的行业标准里得到的，诸如Kolb and Schwarz（1999）。适合在北美简约式屋顶绿化中广泛使用的植物研究工作已经开展，同时也出版在Snodgrass（2006）。

混合景天类植物在屋顶绿化中的特写。

图片来源于Blackdown 园艺咨询公司。

薄基质的多年生植物——在薄基质（4～6cm）上只有最耐压力的一些物种能存活。根据定义，这些往往是一些特别的植物，往往是肉质植物。这些物种能在更厚的基质上生存，但如上所述，它们往往会在与生长旺盛的种类竞争中被淘汰。我们在考虑其他种类之前先看看那些肉质植物。肉质植物由于可以通过组织蓄水能忍受极端干旱，因此非常适合在屋顶绿化中使用。广泛采用的肉质植物主要是景天科植物。

景天科植物在简约式屋顶绿化上广泛得以运用，是因为它们适

景天科植物在开花期引人注目。

图片来源于©ZinCo。

应屋顶环境的能力极强：大多数景天科植物来自其他植物被限制生长的干旱或排水良好的地方（Hewitt，2003）。事实上，如万点星和岩景天的品种，通常发现它们在欧洲北部旧屋顶自然野生的生长方式，生长在很少或没有土壤的条件下，并且根系能发展到裂缝或砖瓦间。大多数景天科植物即使一个月内没有雨水的灌溉也会生长（Stephenson，1994），虽然生长量很小。这种植物，对屋顶绿化生长条件的极端性忍受能力是变化的，同时也将随当地气候条件的变化而变化。

　　然而很多物种能在遭受严重干旱后存活下来，有些则能实现很好的地面覆盖，或从胁迫状态中恢复（Durhman et al.，2007）。干旱胁迫下，景天属植物从生机盎然的绿色转为沉闷的紫色。欧洲屋顶绿化系统中的大部分植物来源于完美的排水系统栖息地，夏季高温地区以及夏季低降雨地区：很少有景天科植物来自高降雨量地区，如果是这样它们将在排水非常好的情况下生长。将它们引种到夏季高降雨量伴随高温的热带和亚热带地区是不会成功的（Stephenson，1994）。然而就算景天科植物能在高温和干旱后存活下来，它们在简约式屋顶绿化中也没法忍受冬季的低温。加拿大将六种不同的草本植物分别种植在不同厚度的栽培基质中，结果在较薄的栽培基质中遭受了更为严重的冻害（Boivin et al.，2001）。

大部分用于屋顶绿化的景天科植物主要是常绿的，花期为5月和6月。一些品种在花期观赏非常漂亮，特别是在片植的情况下。然而，单一种植景天科植物在一年中的大部分时间里是非常难看的。以下将讨论几种常见的景天科植物品种。

万点星在全世界分布广泛，实际上在所有的欧洲国家都能发现它的踪影（尽管那里不是它的发源地，在往北的国家更为自然）。

它是最具观花效果的品种之一，夏初，它奇幻的黄色花朵完全盖住了低矮的土丘并受到蜜蜂的青睐。该品种园艺应用形式多样化，包括小规模的栽植形式，高一点的栽植形式，色彩斑驳的栽植形式。Sedum acre具有黄色叶。

纯白景天，同万点星一样，是一种非常有魅力的可用于屋顶绿化的品种，只是屋顶的条件会限制它的快速生长。它六月开花。玉米石是屋顶绿化在干旱时期变成紫褐色的动因——这种植物在干燥期从苍翠的绿色变成紫铜色。并且，许多栽培品种是可供使用的，如具有红叶的"珊瑚毯"与绿叶植物一起栽植可形成鲜明的对比。

多花景天"金唯森"，因为它的观花效果被广泛使用，金黄色的花朵铺盖在稠密的绿叶上，但在冬天却会变红。

薄雪万年草通常作为攀缘植物使用，与万点星相似，叶片表面有白霜，花粉红或白色。茎尖在凉爽的季节逐渐变成好看的紫色和粉红色。

堪察加景天是引人注目且与众不同的亚洲品种，花色为金黄色。夏秋叶色变成橙色或红色。它比这里提到的其他品种耐旱性要差（Stephenson，1994）。

岩景天是一种有用的直立品种，由垂直的花芽发育成黄色的花朵，高度可达30cm，花朵生长在蔓生螺旋状的灰绿色叶之上。栽培变种"Fosteranum"有银白色的叶片，类似蓝色的云杉。

Sudum acre是屋顶绿化中的"一点黄"。种植设计者为Nigel Dunnett。

多花景天"Weihenstephaner Gold"。

岩石景天。

六棱景天为南欧的特色品种，叶灰白色，上端球状，着生于尖细的枝条。这是一种非常好的攀援类植物，它能在植被中匍匐生长。

红霜可能是南美最常见的品种（Stephenson，1994），同时也是非常美丽的，灰紫色的圆形叶片映衬着玫瑰状的花絮。

景天也是广泛种植的品种，叶肉质，大而平坦呈螺旋状，花粉红，头状花序。栽植变种具有不同的叶形、花形和叶色。

花蔓景天。

这些种类几乎都来自欧洲本土。它们代表着整个景天科的一小部分，实际上它们中的很多种还没有经过屋顶绿化的试验性种植。一些北美品种显示出可以成功用于屋顶绿化，如俄勒冈景天和常绿的变种（Hauth & Liptan，2003）。

景天科中其他成员也很有潜力。石莲花，景天科长生草属，不像许多景天科种类快速伸展或攀援，相反它往往丛生并且缓慢地向外伸展。就其本身而论，它们不是创造完整植被覆盖的最佳选择，但却值得近距离观赏。它们的常用名表明它们会很好地适应非常干燥的环境和贫瘠的土壤，传统上一般生长在石板间和瓦屋顶上。普通的栽培品种如长生草属的长生花，拥有最大的花朵，直径达8cm；山肉桂，扩展相对快速以及蛛丝卷绢，所谓蛛丝长生花是因为有时可在叶子上发现它浓密的覆毛。在温暖的气候区，其他的景天科植物可能是拟石莲花属和瓦莲属。

杂交长生草属。

多浆多肉目的另外一个成员是番杏科。包括露子花属、Carpobrotus和松叶菊属。日花（露子花属）产自南非，倒卵形的叶片上是多种颜色艳丽的花朵。它们为地中海岸的游客所熟悉，在那里它们形成广阔而又单一的植物景观，但是它们已经被归化为英国温暖海域的品种。虽然它们并没有得到广泛的应用，冰叶中日花却显示出了别样的外观和极高的耐旱性，但是耐寒性不强。露子花属锦叶经历轻微的霜冻后有可能存活（Hewitt，2003）。在屋顶也可种

露子花属锦叶在公寓大楼楼顶形成巨大的花垫。

引人入胜的多种多样的屋顶绿化被膜萼花属的虎耳草所占领。

这片十分美丽的屋顶草地是由石竹类植物短期而大量的播种形成的。

植仙人掌，虽然它们是多肉植物，但不具备屋顶绿化建设的两个重要条件——快速伸展并覆盖几乎所有的表层土壤的能力（和遭受破坏后迅速恢复的能力）以及在栽培基质中尽可能伸展根系的能力。

屋顶种植景天属植物在许多国家已经是屋顶绿化技术的核心。建筑师和开发者采用它是因为能吸引人们的目光，这很受欢迎，但同时不久前批判者开始发出一些声音。那些涉及生态学的指出它们不支持生物多样性：如它们不支持昆虫或鸟类的生存。它们所生长的浅薄的栽培基质蒸发水分的能力有限，意味着只有很小的减少地表径流和缓解城市热岛效应的能力。它的一些真菌病害也限制了它们在某些气候区的运用。

最为成功的和最具吸引力的非肉质屋顶绿化植物种类是膜萼花属虎耳草，它有小的粉色的花，圆锥花序能长到20cm高。这是易于培植的一种植物，在小碎片土壤中就能扎根，倾向于在更结实的垫子中发现它自己的空间。真正的虎耳草属植物，萨尔斯堡虎耳草和红叶虎耳草，花序上开粉色或白色的花，锯齿状的叶子、莎草，欧洲柏大戟，如果是在肥沃的条件下是蔓生的，但是在薄的栽培基质的屋顶上就没那么有活力了。它长出吸引人的羽毛状叶子、黄绿色的花，在秋天全植株变成金黄色。

适应于6～10cm栽培基质深度的草本植物——所有适应更浅栽培基质深度的植物都能在这个厚度生长良好，但是如果基质厚度高于10cm，则有很多植物能适应生长。大多数是生长缓慢的，垫子式形成或伸展开来的植物，混合在一起形成美丽的壁挂式的如织似锦的植物，有不同的颜色和纹理，包括不同的物种，有石竹属、百里香属、香雪球、风铃草属、委陵菜属、石头花属，匍匐生长，在形成丛块的植物中迂回行进，而且它灰绿色的叶子上粉色或白色的花会覆盖数星期，这些都取决于植物的形态。一些品种栽植于植被层的下层用于强

这个屋顶绿化项目中的开花植物主要是石竹、景天和禾本科羊茅属植物。

美洲黑杨和景天属acre交相呼应，形成奇效，花期为六月。

钟石竹因株型独特，花朵颜色各异且种穗漂亮，是一种很好的屋顶绿化植物。

图片来源于©Zinco。

调垂直面的效果；合适的植物有鸢尾属、庭菖蒲属、毛蕊花属、紫毛蕊花。实验证明海石竹也是非常好的适合这个培养基深度的植物，也许在更深的培养基质中则不能生长（Dunnett & Nagase，2007）；实质上它们在浅的培养基质中可以形成单一的植被景观。

栽培基质为10~20cm的多年生草本植物——就在这个深度，必须在选用干草甸物种和耐旱植物之间根据审美需求做出一个明确的选择。需要此栽培基质深度的植物必然受视觉效果的影响，但设计时还是要对功能进行考量。对比叶面颜色，喜好和质地也很重要，还有花色，更为重要的是花期的长短。在气候凉爽地区，多数年份夏季降雨量正常，毫无疑问很多草本植物能在这些栽培基质深度生长良好，需强调的一点是，因为强调多种栽培方式的惊人潜力，审美兴趣是必须考量的。

一点都不奇怪的是，试验表明在一般情况下，植物在20cm栽培基质上比在10cm栽培基质上更容易存活；植物多样性随着栽培基质厚度的增加而增加。研究还表明（虽然在相对凉爽的夏天/英格兰北部的暖冬气候）物种能够生存在薄的栽培基质，尽管直觉建议可

火炬花属植物"Border Ballet"是一种非常好的开花期长的屋顶绿化植物，这是在英国谢菲尔德，栽培基质10~20cm时的情况。

多伦多市政厅屋顶花园一种
繁茂的红色杂种白头翁柏、
lewisia，高山福禄考，景天。

Nepeta 'Walker' sLow' with
Dianthus deltoids and
Armeria maritime 'Alba'。

芝加哥Peggy Notebaert自然
博物馆的屋顶绿化只使用本
土草本植物。

能需要更大的土壤深度，例如火炬花在10cm栽培基质中仍能生长（Dunnett & Nagase，2007）。这表明，在这种气候区或其他地方，如果有灌溉，更为广泛的物种都可能是合适的。

于是，在很大范围，适用于半简约式屋顶绿化的植物，在美学和功能性选择上的标准往往部分重叠。丛状无性繁殖植物成为主导，不仅通过覆盖栽培基质形成很好的视觉效果，而且还因为它们天生耐践踏或者耐胁迫；良好的覆盖可以减少杂草的竞争。这种无性繁殖习性存在很大差别，如爬行百里香，可以立即占用每一个合适的裸露点，而那些紧凑的群丛，如牛至属和荆芥属植物则形成一些紧促的组团。多数商用草本植物往往是无性繁殖的。非无性繁殖物种可能是因为它们具有特殊的效果，例如春天开花的白头翁花（一般很长寿命的植物），或丹参光果品种（经常能自繁）。

扩张能力是维护管理的一个重要因素。那些传播速度快的物种，无论是由营养生长（如猬莓属）还是种子繁殖都可能在混合体中轻易超过其他种。在单一类型的植被中对扩张能力强的物种是很容易管理的，就和传统的植物种植设计是一样的。然而，半简约式屋顶绿化往往倾向于更为自然的形态，很多种植物混合在一起。

半简约式屋顶花园，英国穆尔盖特克罗夫茨商务中心，罗瑟勒姆

穆尔盖特克罗夫茨商务中心位于英格兰北部，于2005年11月正式开放。该建筑内部主要服务于新兴行业的创业者。在这里有两个屋顶绿化区域：上一层是景天属植物覆盖两个会谈室的屋顶。下一层是会议室外的一个公共的屋顶露台。露台的设计是以最少的资源投入（即无化肥，少或无灌溉）获得最大的视觉美化效果。其目的是利用半简约的自然式混合配置来达到一种能与复杂式屋顶花园相媲美的视觉效果。栽培基质深度从10～20cm不等。

2006年8月

2006年10月

2007年5月

这里的屋顶设计是为了全年有个好的景观，特别需要强调的是，要确保冬季屋顶的景观仍然是极具吸引力的。草类常常用来丰富屋顶花园的冬季景观，许多植物具有很好的种穗：直到晚冬，这些植物都不会枯萎。不同颜色的石头碎片覆盖物也能为冬季景观添彩。这种种植配置设计了一个很长的花期，植物物种有40%是英国本土物种，60%是非本土物种。

在此没有正式的种植计划。取而代之的是，三种植物的组合栽培得到了广泛的应用：高山低矮植物组合和多年生植物、草类两种元素的低矮植物组合。在这些组合中，每个品种种植5～10株形成一个组群，施工员随意安排这些组合，产生了一种很自然的景观。在此大约使用了40种不同的植物，且每种植物都得到大量使用。由于每个物种和种群都融入开花景观中，整体外观效果成为多彩的波浪造型。

欧洲报春花（Primula veris）花期为三月和四月，五月在屋顶上主要以虾夷葱（Allium schoenoprasum）为主，而在六月和七月，很多本土野生花卉成为主景。突出的种类包括大矢车菊、蓬子类植物和八角殃。在夏末秋初，紫菀属和晚花期景天属植物和成熟的草开始一起发挥作用。草为开花植物提供了特别重要的背景：细茎针茅（Stipa tenuissima）用得非常多。表4.3显示了在屋顶上各种植物的花期调查结果（Nagase，2008）。这种表对于规划出开花阶段和一年里的视觉效果是一个很有用的工具。

屋顶绿化在此处已得到广泛宣传，并大大提高了该建筑的视觉效果。

设计：罗瑟汉姆市委会米奇拉·格里菲斯，谢菲尔德大学奈杰尔·邓尼特

表4.3 植物开花时间。

植物	二月	三月	四月	五月	六月	七月	八月	九月	十月	十一月
土耳其斯坦葱				■						
细香葱（北葱）		■	■	■	■			■	■	■
葱类				■						
海石竹	■			■	■	■	■	■	■	■
意大利紫菀						■	■	■	■	
假荆芥新风轮菜						■	■	■	■	
圆叶风铃草	■			■	■	■	■			
大矢车菊					■	■				
番红花类			■							
西洋石竹（少女石竹）				■	■	■	■	■	■	
牻牛儿苗				■	■	■	■	■		
马内斯科牻牛儿苗			■	■	■	■	■	■		
欧洲柏大戟				■	■					
羊茅				■	■					
蓝羊茅				■	■					
篷子莱					■	■		■	■	■
灰色老鹳草"芭蕾舞女"	■			■	■	■	■	■		■
诞生花（彩叶）				■	■					
恩氏老鹳草				■	■	■	■	■	■	
匍匐霞草				■	■	■	■	■		
半日花				■	■					
欧洲异燕麦				■	■					
火炬花				■	■					
薰衣草"蓝色希德科特"				■	■	■	■	■	■	
滨菊					■	■				
宽叶补血草					■	■	■			
毛边臭草				■	■			■	■	■
亚美尼亚蓝壶花			■							

	二月	三月	四月	五月	六月	七月	八月	九月	十月	十一月
猫穗草（法式荆芥）			■	■	■			■	■	
光叶牛至"海伦荷萨胜"						■	■	■		
洋石竹					■	■	■	■		
道格拉斯福禄考				■						
黄花九轮草	■	■	■	■						
欧洲白头翁			■							
虎耳草类			■							
鼠尾草"蓝色树篱"					■	■	■	■		
苦味景天"金色皇后"					■					
白花景天"珊瑚礁"						■				
多花景天"金唯森"				■	■	■				
景天"秋之喜悦"									■	■
薄雪万年草				■	■	■	■			
反曲景天					■					
假景天"鲁比女王"						■				
六棱景天					■	■	■			
紫景天 老妇人							■	■		
卷绢					■					
单花雪轮				■	■	■	■	■	■	■
智利豚鼻花				■	■					
正锦毛水苏						■				
刚韧针茅					■	■				
艳丽郁金香			■							
晚花郁金香			■							
紫毛蕊花				■						

禾本科和莎草科

禾本科植物对低投入的屋顶绿化起到3个主要作用：它们可以用来形成一个草甸，里面种植草花——在这种情况下，常选用乡土植物；它们本身也可作为观赏植物，不论是自然式花镜还是比较正式地作为主景植物；也可能就像传统的草皮屋顶一样，成为主角或者是只是一个组成成分。

混栽中的禾本科植物——在混栽中，大部分禾本科植物在基质很薄的简约式屋顶绿化中不能生长良好——这是一个正面效应，因为它限制了除草的需要。除了小羊茅属，只有有限的几种短莎草可用于这些类型的屋顶。例如，苔草是种能在这些类型的屋顶上生长良好的低矮、灰叶干沙质草地莎草。

在6~10cm深的栽培基质中，潜在的物种范围扩大到包括羊茅属种，如羊茅和蓝羊茅。纤毛莎草是最吸引人们的植株较矮的观赏草之一，也能在这种屋顶上生长。这种草具有纤长的白色花序从叶丛中长出，像喷泉从地面涌出来一样，并且吸收少量光线。这种放射式样的草在生长缓慢的开花植物丛中能创造出一个有趣的自然效果。纤毛莎草能在中欧地区透水性强的砂质土壤中自然生长。

在10~20cm深的栽培基质中，植物的选择就更广了，甚至包括了许多极受青睐的草种。其中大多数将无法像在地面栽植一样，获得那样的高度以及自然的扩散。凌风草，一年生凌风草，每年都能自繁。很多针茅属种类，干旱牧草草种针茅草和羽状针茅才草（也可以种植。这些草有着长芒的拱形花序，随微风摆动，十分优美。在这个深度的栽培基质中墨西哥羽毛草只能达到它正常高度的一半，但它的大规模种植能增强屋顶的视觉效果——它是一种适应性强的冷季型草。正如其名称所示，紫花羊茅草具有紫色花序。冷杉异燕

纤毛莎草（*Melica ciliate*）是绿色屋顶使用中最具吸引力的牧草之一。

在英国罗瑟勒姆的穆尔盖特克罗夫茨商务中心（*Moorgate Crofts Business Centre*）的绿化屋顶上，细茎针茅（*Stipa tenuissima*）在随微风轻轻摆动。

通过对草屋顶不同部分修剪到不同高度，产生更为有趣的效果。

麦植株高大，生长强势，而蓝羊茅则寿命较短，它还是最受喜爱的开花牧草之一。

草屋顶——传统草屋顶来源于建筑物附近的草地甚至建筑基座。传统挪威草屋顶非常重，草皮很厚。然而，对于现代大量的绿色屋顶，这样的荷载是不合适的。在薄层的栽培基质中创建草屋顶可以使用草皮，但至关重要的是，屋顶在建成后必须灌溉直至植建成。播种一个草种组合，不仅有效，而且还很便宜。对小于15cm深栽培基质上的屋顶种植草坪或草，只能支持一些耐压草种的存在，而不是生长旺盛的农业草。轮生叶草，如茵陈翦股颖、狗尾草属、丘氏羊茅、草地早熟禾和苦参三毛草常用于混播，不管有没有野生花卉种子，它们都能适应这些环境。大部分野生花卉种子公司供应的种子组合都可以适应不同土壤类型。钙质性草甸混合种子适合简约式屋顶绿化，可以在春季或秋季播种。

迄今为止，屋顶绿化已经用过欧洲草坪草。如果草皮只是用作休闲用途，那么用这些草来形成坚韧的再生草皮是合适的。然而，在其他地区，如果不用作休闲，则可尝试使用本土物种，特别是这些非常耐旱的物种。这些物种将不可避免地和其他一些欧洲草皮进行视觉效果的比较，因而在干燥的时候欧洲草坪草会变成不具吸引力的褐色，本地草则会有更多的视觉层次和丰富的色调。

在更加荫凉的情况下，薹草可能更合适，而不是那些禾本科种类。在世界上的寒冷地区，莎草品种繁多，园艺学可以说是才刚刚开始认识到它们的真正价值。它们大多数常绿，忍受着比草更阴郁的环境，通常在低营养的酸性土壤成长。由于最后一个原因，在苔草为主的屋顶上最好采用酸性的栽培基质，而非碱性。

布莱恩·理查德森在Brilley的屋顶绿化，英国

　　20世纪60年代，建筑师布莱恩·理查德森是英国最早的自建运动倡导者；20世纪70年代，他建造了第一个屋顶绿化。他最早的生态屋顶绿化是在英格兰威尔士边境的赫里福德郡的家中。该屋顶花园始建于1982年，在后来十年间持续不断地在屋外和工作间投入了很多后续工作。他喜欢用易弯曲的聚丙烯合金做防水膜，这种材料最初只设计在一些线性储水池中。倾斜度为5°～15°。在屋顶的木质边缘有折叠膜，在最边缘处有保护用的木条。这所房子有种大地景观的美——屋顶绿化让建筑与环境融合。

　　土壤（当地的沙质黏土）被直接铺设在膜上，草皮从当地的草场剪取，厚度大约4cm。一些景天属植物和长生草属的物种种植在边缘，并没有引入其他特别的物种。维护量最小化，草皮从来不修剪，只是偶尔将木本植物幼苗移除。多年后土壤深度已经发生了削减，变得非

常薄几乎接近了屋顶的顶端。现在绝大部分的深度大约在5cm左右。

里查德森的屋顶绿化是一个难得能在相当长一段时期内可以用来评估简约式屋顶绿化和植被变化的机会。在最老的屋顶上，主要是典型的低繁殖力草种：黄花茅、紫羊茅、洋狗尾草和长叶车前。当然也有更富有活力的物种出现，但是仅作为独立丛生。次要物种包括仅生长于北面的夏季休眠的榕叶毛茛。也能发现黄花九轮草（出现在当地但是不丰富）。球根类的葡萄风信子在晚春时形成一大片将近$2m^2$的壮观蓝色，没有人知道它们是怎么到那的，但是很明显它很讨人喜欢。一些景天属的物种（白花景天和高加索景天）形成开敞的草毯。在一个屋顶上，一种大戟属的植物（欧洲中部的一种典型干草甸物种，虽然是一种常见的园林植物，但并不是英国本土植物）形成了一个大量的群落，这也不是有意种上的。

在一个建筑工艺很简单的屋顶上，一个草本群落能在维护很少的情况下生存26年，显然，在这个时期慢慢地获得了越来越多的物种多样性，这有力地证明了屋顶绿化基础的正确性。然而，我们应该引起重视的是这是一个每年大约有80cm的很大降雨量的地方。

落叶木本植物

能在15～25cm厚的栽培基质上生存的灌木种类是有限的。如果用多年生和草本植物时，这些能够适应干旱的有小而结实的叶子或银叶芳香的小灌木种类则有了优势。为了使它们形成能够具有能抗寒的成熟木质和防止根在寒冷潮湿的冬季腐烂，良好的排水是这些物种成功生长存活的关键。很多豆科植物包括：金雀儿属、染木料属、锦鸡儿属和芒柄花属。蔓生植物种类有习惯沙地生境的玫瑰，

如茴芹叶蔷薇和法国蔷薇；灌木状樱桃，俄罗斯矮杏；以及一系列柳树包括北极柳、白三叶等。树木只要生长在容器中或者很深的生长基质中就没有问题。

针叶树

在深的栽培基质中（最小15cm），针叶树能产生一个相当大的视觉效果，和在山区或极端气候生境里生理生态相关的其他植物搭配特别好，如高山植物和矮禾草。生长较慢的种类有巨大的经济效益，非常实用。小的或匍匐性植物非常适合，例如欧洲杜松、平铺圆柏和地柏。一些矮生松树也非常珍贵，如刺果松和欧山松。

然而，针叶树不耐干旱，会导致树叶脱落。然而落叶木本植物都能在下个生长季恢复，针叶树落叶或多或少却是永久性的，观赏质量便会随着相对减弱。但是干旱是可以避免的，只要选择全日照以外的或是易于灌溉的地方。当生长缓慢的针叶树长得枝繁叶茂时则需要修剪。这将能成为一个美学优势，似盆景一样能发展数年。

较深的栽培基质能让耐旱小灌木如薰衣草在屋顶绿化中生存。

图片来源于©ZinCo。

在西威尔士潮湿气候下，运用传统技术在这样花园覆盖的屋顶栽种的桦树和落叶松幼苗形成一种自然地林地。

松树和桧属植物在德国斯图加特附近ZinCo公司总部一个老的屋顶绿化中生长旺盛。

自然植物群落作为屋顶绿化植物模型

虽然使用能忍受久旱的景天属植物在浅栽培基质的屋顶已占主导地位，但是有非常多的天然生长在干旱地方的植物已成为栽培基质厚度为6~15cm的屋顶绿化模型。屋顶绿化研究先驱们从它们生长的近似干旱的生境中获得灵感并予以研究，这些被认为是生境对照。

芝加哥佩吉·诺特伯特自然博物馆的屋顶绿化是根据当地草地品种，通过一系列实验与测试选择欧洲品种，同样的混合植物生长在一系列不同深度的土层上，从简约的（12cm的土层深度）转到复杂的（30cm），目的在于发现能用于屋顶绿化的当地品种。屋顶得以灌溉，选择特别适用于粗放的绿化屋顶的当地品种，包括加拿大楼斗菜，垂花葱，无毛紫菀，北美紫菀，赝靛马德拉，草原金鸡菊，流星花，三花水杨梅，毛叶向日葵，巩根属，鹿舌草，一枝黄花以及一些草本如须芒草，野牛草和草原鼠尾栗。

在欧洲中部和北部，种类最多、最有观赏价值的植物群在弱碱性土壤中被发现。这可能一定程度上是由地质及植物学方面的原因引起的，但是，这也反映出这样一个事实，资源贫瘠和有压力的环境限制了生长旺盛植物的生长竞争力，给生长缓慢的物种留下了生长空间。因此，这种非常自然的生活习性，让更多物种在给定的空间单元比在更肥沃湿润的土壤中生长得更茂盛。

石灰岩表层的土壤在夏季高温干燥的气候下形成浅薄的特质。特有的欧洲石灰岩植物群占主导地位的密集簇生草丛形成低矮草皮，如圆叶风铃草、银斑百里香和欧洲柏大戟。这种植物低矮的植株体量、漂亮的外形和强大的耐旱力是屋顶绿化完美的植物类型。在德国和奥地利，低矮的间杂着野花的草地被称为trockenrasen，被用于传统的放羊牧草场。一个世纪一晃而过，伴随着偶尔强烈的机械化生产管理实践，通过压制那些生长更旺盛的草的生长，促进了其他草种的丰富和繁荣。对于屋顶绿化来说，这也许是值得保留的好经验。

在瑞典的波罗的海的Oland岛，大量石灰岩区域被农民过度放牧，导致土壤侵蚀严重，同时，一些非常有特色的植物生长在厚

芝加哥市政厅屋顶绿化的特点在于结合了各种屋顶种植方法。它建成并种植于2000年，是为了翻新设计于1911年的古典复兴地标性建筑市政厅的覆盖屋顶。从结构上考虑意味着屋顶大部分是粗放型植物，生长于大约10cm的生长基质上。然而，有一些地方的土壤可以支持更深一些的植物生长。现有的天窗结构之上能够支持半粗放型植物，同时在局部地区通过建筑的支柱能够放置一些密集的树和灌木。设计一个起伏地形来连接这些不同深度的土层，用积压的聚苯乙烯层铺置在排水层的上面来形成小土丘和洼地，通过它传递生长物质。使用了150个不同的植物品种，大部分品种来自于芝加哥地区。圆形混凝土铺路石被用在植物四周使人能够接近。

度为1～20cm的土层上，植被主要是多浆的景天科植物。如矮化植被，被认为是屋顶绿化最佳的植被模型（Schillander & Hultengren，1998）。

在北美也有类似的栖息地，被称为"矮灌木草地"（或者石头草原），这个栖息地直到20世纪90年代通过卫星影像才被人发现。在五大湖周围的片区，主要是安大略湖东部海岸，许多典型物种大草原的生境里，而不是那些周围森林里，生长在石灰岩或花岗岩表面的浅土层里（Catling & Brownwell，1995，1999）。植物学和生态学在这个区域的研究仍然停留在最初的阶段，但是对于进行屋顶绿化研究的人而言可能有浓厚的兴趣。少量禾本科草在这个区域出现，似乎代替莎草（苔草属）扮演了一个更加重要的角色；许多菊科晚花期植物（如紫菀属和一支黄花属）与众不同（从审美的角度而言）。草本中有鼠尾粟属出现（典型的矮草草原）；在莎草科植物当中，苔草是一个可以在许多其他类似的低资源栖息地发现的物种。

矮灌木草地的植被是适应干热环境的，能够在比典型群落生长所需的更干旱更炎热地区的生存。这种耐干热的植被群落能在许多土壤瘠薄或排水迅速的地区生存，如碱性灰岩、安山岩、防渗硅质岩（花岗岩、石英），"毒性"超镁铁质岩体如蛇纹石，偶尔也出现在一些排水良好的黄土区域。在植物生长季节中，其生长的土壤上有足够的降水，但是也能够非常迅速地排水，这种极端环境的盛行导致一些生产力高的植物群落没有办法生存。富有活力的物种常受限于养分的供应，所以，在没有遮阴的情况下，大型植物形成的土壤孔隙增加了干旱发生的概率。

许多这种特殊的栖息地极易受到破坏，保留它们是非常重要的。但是不应只是保护，同样我们也要从它们身上学到如何去创造可持续的植被屋顶，如何在城市环境里创造栖息地。幸运的是越来越多的人开始认识并研究，戴维（David）（2007）就是个很好的例子。

值得指出的是，由于屋顶绿化源自中欧和北欧，这个地区的石灰石草甸植被群往往是屋顶绿化植物的优先选择，部分原因是其具有很好的适宜性，部分是因为很容易得到种子混合物。然而，此地区以外的其他地区，这种石灰岩草甸植物可能会被视为不适合的或不可能的，尤其是在炎热的夏季较长的地区，考察本地混合种的适应性就很重要（如矮草草原）。

那些在弱碱性土壤上发展起来的植物群落比在硅、酸性土壤上发展起来植被多样性更高。但是在硅、酸性土壤上发展起来的植物群落有非常不同的视觉特征，如占主导地位的甘松茅和苔属植物这些草类。这些植物非常适应当地的环境而且生长非常良好，部分原因是它们都生长在高降雨地区，营养能够深入土壤和屋顶。当然，这种植物群落也适应酸性栽培基质，但是对那些部分遮阴的屋面，却不适合喜阳和耐干旱的植物种群。

美国中西部草原具有最复杂和最丰富视觉效果的温带野生花卉群落，这已被作为景观元素得以广泛运用，在美国东部沿海地区也是如此。屋顶绿化工程在这些地区是一个标志性的起点。草原可大体上分为高草草原和矮草草原，前者具有典型的湿润气候，大约在 $96 \sim 100^0E$，后者是落基山脉-100^0E之间年平均降雨量为$30 \sim 38cm$（Cushman，1988）的相对干旱地区。矮草草原是屋顶绿化的一种潜在模式，即使有些在高草草原所在州的工程通过运用灌溉来种植矮草草原植物群落。这样植被是以矮草草原植物群落的主要草种为基础构成的：大多是蓝色的格兰马草和野牛草，以及一些须芒草、侧燕麦格拉马、德罗普西德和加拿大披碱草、莎草科苔草黄花和C.annectan（Miller，2002）。尼尔·迪博（Neil Diboll），这个草原恢复方面的权威人士认为，一些矮草草原在很浅的栽培基质、高温及暴晒下也能生长良好。这类物种在干旱条件下进入休眠，但是会随着雨季的到来迅速恢复生长。垂穗草属尤其喜欢生长在土壤很薄的地区。在更为干旱的气候条件下野牛草将是一个不错的选择。在中西部那些排水通畅的冰碛地区里干旱的石原上，一些特殊的大草原群落值得进一步研究（MacDonagh et al.，2006），而在疏松土壤的大草原上发现了橡树和沙石草原（Greenberg，2002，Anderson Eet al.，1999）。

其他草原群落也合适做模型，如加州草原和爱达荷州及周边国家帕卢斯大草原。这些都可能能耐更严重的干旱胁迫，并且可能因引入欧洲草受损（Barbour & Billings，1988）。这些受到威胁的栖息地的草丛草的特性，将来可能在屋顶绿化中得以运用，在这种环境里它们将击败外来入侵者。

在许多情况下，植物群落可以很容易地通过从事生态修复或销售野生花卉的公司销售的种子混合物来建立。欧洲中北部以及美国中西部的干草原混合物和东部沿海干草甸混合物都是很容易获得的。使用这种方法的最大好处是不需要考虑个别品种的选择和组合。这是具有很少或者没有植物知识的人实现其想法的理想选择。

种子混合物的建立至少需要20个物种，高度多样性为适应各种环境条件以及视觉吸引力创造了可能。试验还表明，在光影下很多物种存活了数年时间，这可能是降低了水压所造成的，这表明植物多样性是重要的，偶尔在干旱情况下浇水是非常好的（Kolb，1995）。

潜在的屋顶绿化植物的自然栖息地

适合屋顶绿化的植物通常生长在那些极端气候区域，尤其是干旱和风暴影响的栖息地。因此集中精力在世界植物群中寻找那些能够适应极端气候的植物是非常有意义的。下面所提到的栖息地是非

案例研究

明尼苏达州菲利普斯生态企业中心，美国

这个生态商务中心楼顶可进入的屋顶露台为在大厦里工作的人和参观者提供了聚会和休闲的场所。该屋顶通常用传统欧洲屋顶绿化植物与当地的大草原植物组合而成。大沙漠之烟——三花水杨梅，在春天里大量盛开。它顶部毛茸茸的种子在夏天里同样动人。

生态商业中心上面的屋顶露台经常被租赁者和参观者用来举办招待会，同时也为个人提供休憩空间。植物种植是以当地植物和相类似群落作为参照，就是干燥的石原，牛羊牧草种植在土层非常薄、排水良好的土壤上，土壤厚度通常是0~1.25m。来自那些群落的浅根系物种被搜集起来，并在屋顶进行繁殖。因为它是那么的显而易见、触手可及，所以在屋顶上创造出很强的景观设计感，而不仅仅是创建一个野生栖息地，这是非常重要的。设计理念运用了欧洲传统的屋顶绿化植物，基质厚度为6cm厚的洼地沼泽土，在区域内设了四个点。峭壁基岩植物产于明尼苏达州，种植于6~15cm的栽培基质上，撒落了一些石灰岩，用于模拟栖息地（象征明尼苏达州的本地植物来源于传统的欧洲屋顶绿化植物）。3~9组植物随机种植，种类包括三花水杨梅、蛇鞭菊、钓钟柳、紫菀、一枝黄花和草类，草原鼠尾栗和北美小须芒草。轻轨上的乘客可以清晰地看到屋顶，同时

满足远看和近距离观察的需求。这个屋顶通过每年春天有控制的燃烧或者修剪来维护（MacDonagh et al.，2006）。

设计：明尼苏达州Kestrel设计团队

常有潜力的。

山环境——在山环境条件中，植物目录中的所列物种和许多常用于岩性环境或高山环境的植物有相当大的重合。然而，公众们对这类植物的栖息地存在着很多的误解，常常用一些专业词汇来标识它们。真正的高山植物可能来自下列任何一种环境：通常在浅层土壤中的乔木之上的草甸；或高或低的稳定卵石陡坡；岩面，上面的植物扎根在裂缝之中。这些植物都可能用作屋顶绿化植物，尽管许多第三类植物生长非常缓慢而且不容易长成。还应该注意的是，山体向阳这一面的温度比背阳面高。向阳面对旱生植物比较重要，而背阳面的喜阴植物在屋顶阴凉处将会得到很好的利用。

高纬度环境——与山区环境条件和物种在一些方面有很多相同之处，上文说的三种栖息地也可以放在这里说。夏季的气温低很多，但是，干旱通常是伴随着风而不是强光照。这些环境里的物种通常完全不适应低纬度。

海岸——海洋环境对于植物来说特别好，但是专用海岸植物的情况相对来说比较少。海岸植物所要抵抗的环境跟屋顶在很多方面是相似的。以下两个原因使我们这么说。第一，植物一定要有耐干旱能力，或者有相应措施来使植物在有自动排水的沙质土壤里生存。第二，含盐的空气和土壤促进产生防干燥机制。

石灰岩植被——几个世纪的农业滥用致使土壤经常毁损，覆盖在石灰岩上的浅土层，从而产生了特别矮的植被，如瑞典的矮灌木和地中海的常绿矮灌丛。尽管是滥用和毁坏土壤的结果，这些物种通常是非常丰富的，并且有许多非常好看而且能抵抗恶劣环境的物种。

邓杰内斯角在英格兰南部海岸，有大片鹅卵石。那里降雨量极少，所以官方把它划作沙漠。生长在鹅卵石中的不同植被很容易改造成屋顶绿化的植被。植被主要由白色海剪秋罗属植物、海滨蝇子草与玉米石、地衣、细叶草以及一些匍匐灌木，例如匍匐状的金雀花构成。

硬叶木本植被——许多室外栖息地都有一个特征，就是生长着矮而密的植被。这些植被是耐干旱的灌木，或者是亚灌木。它们有着密的细枝，而且通常是常绿阔叶通过叶子变灰或者是大幅度减少树叶面积来减少蒸发量，学术上就称它们为硬叶植被。普遍认为，世界上的高纬度栖息地通常被杜鹃花科统治，在新西兰是赫柏。在地中海气候的地方，这些种的典型特征是有灰色叶子，常常散发芳香。地中海地区的常绿矮灌丛和马基群落提供了很多有园艺价值的植物，南非的英勃斯是世界上物种最丰富的地区。

虽然这些地区有许多有园艺价值的物种，但是，有些植物太大了，不适合应用到屋顶绿化中，尤其是一些地中海地区的植物。但是一些低矮或者易发的种类可能有用，例如美洲茶。高纬度地区的良好植被非常防风，但是不能长时间抵抗干旱。例如杜鹃花科的许多植物，完全不能抵抗干旱。但是在此这并不是一个问题，仍然有许多值得考虑的潜在的物种。跟这种气候相似的地方，如北美洲西南地区的查帕拉尔，临近萨凡纳的一个地方。那里有差异很大的物种，有树的混合品种、矮小的灌木和开阔的草原。在薄土层和在受光方面受限的地方生长着树和大面积灌木的地区，能找到丰富的适合屋顶绿化的物种。

　　半沙漠地区——这种区域占据了地球的很大地区，温差很大。这些在冬季气温低并且干旱的区域，能够找到丰富的屋顶绿化物种。在相对来说较短时间，地形与地质经常变化的地区，能产生一个包含多种生存环境的栖息地。这样的区域有很高的找到潜在物种的可能性，尤其是在这些不同的生存环境中有着很大比例的特有物种。在一些情况下，这样的栖息地有大部分被某一种物种占据着。例如，俄罗斯和乌克兰干旱地区的滨藜叶分药花以及美国的灌木蒿。能在它们周围找到一些其他的更小更有用的物种。在一些地方，则可以看到相反的情况：高层次的生物多样性。在乌克兰草原的一些地方，每平方米有80个物种，这些都象征着屋顶绿化的潜力所在。

　　在所有这些栖息地中，高纬度半沙漠地区是最严苛的。这种地区冬季相当的冷，夏季相当的热。因此，这也是寻找屋顶绿化植物的最佳地区。

　　植物资源的挖掘给现代花园和郊区风景带来了高层次的多样性，至少也是潜在的多样性。如果园林设计师使用更多更广泛的新种，则要求设计师们不仅仅关注那些只适应传统花园里的种类。耐干旱和抵抗恶劣环境能力越强的物种越容易存活，不管是对植物的实用或美学毫无兴趣的植物学家，还是特殊植物的收藏者，他们通常都只关注高山植物和球根花卉。随着屋顶绿化成为新建筑环境的一个重要部分，关注世界上那些野生生境与屋顶类似的地方就越来越重要，这样才能充分挖掘植物材料的潜力。与温带屋顶园艺栽培环境类似的地区有：

地中海盆地和土耳其，有很多伊朗、西藏和中亚的半干旱地区的山区耐寒物种。

南非的开普敦和南非的高纬度地区。

南美洲南部地区的海岸和半沙漠区域。

美国西部的半沙漠和干旱地区，墨西哥和澳大利亚。

原生植物，引入物种及入侵植物

只要人们在世界范围内不停地移植各种植物，就会有一些种类发展迅猛，威胁到本地植物，有时甚至还会导致它们灭绝，自己取而代之，危害到整个生态系统。随着全球化的迅速发展，非本土的入侵植物造成的威胁强过以往的任何时候。参与到屋顶绿化和其他生物工程领域的研究者们有责任确保移植植物不会破坏当地的生态系统，尤其是当植物种植的面积很大的时候。这样的话，有时可能意味着不得不放弃使用一些极具实用价值的植物。英国的洋常春藤就是一个例子，它被种植到美国北太平洋西北部地区，给当地的森林地被植物造成了重大威胁。但同时它是景观应用，包括屋顶绿化中的一个十分有实用价值潜力的植物。

有两种方法可以解除这种入侵问题。第一是使用本地植物，这在任何情况下都对野外生物更有益，第二是限制使用移植过来的植物，这种植物已经移植过来一段时间并且没有造成任何生物问题。尽管如此，这些选择并不总是可行的或者令人满意的，因为一方面不得不在测试条件下寻找所需的物种，有一定的装饰性或至少满足功能上和审美上的要求和标准，这取决于当地或者测试的商业植物种类。

在景观植物的种植中，使用本地植物的比例正在上升。在屋顶绿化中展开来讲，绿化工程的其他领域也讨论过一些相关问题。

乡土植物是最不可能造成入侵问题的。

适用于特定情况的本地物种可能非常少——尤其是在栽培基质瘠薄的地方。许多"耐旱"的植物都是通过强大的深根系从地底汲取水分——这在屋顶上几乎是不可能的。

广阔的屋顶是一个非常人工的环境——按理来说应该去寻找最合适的物种而不是强行利用原生的——这对于许多城市环境来说通常都不是一个太合适的标准。

乡土植物的基因很可能没有被很好地进行分化。出现大范围的基因变异几乎不可避免，这使得一些克隆物种比其他植物更适合某些特定要求。只有通过经验和研究才能知道哪一个物种最适合哪一个特定工作环境。

目前还没有制定相关的园艺工程草案来评价移植植物的风险。不过，以下几点涵盖了几个主要问题：

鉴于屋顶绿化和其他植物种植的地点有很大的不同，物种会显现出一个问题，植物根系的生根过程会展现出小阻碍。但是必须考虑到对于不需要或不再需要的材料的及时处理。

任何一种新物种在投入到某一特定地点使用之前，包括出售或大范围种植之前，必须经过多年的试验。尽管这听上去像是常识问题，但园艺工作过程中对于新型物种移植的注意力和重视程度说明这种未经试验的情况确实时有发生。

　　能够在苗圃中生长的植物不能说明没有问题。实际上，只有那些在自然环境下健康生长的植物才有值得深入研究的意义。

　　浆果类植物往往问题更大，因为它们可能被鸟散播得到处都是。

　　气候和乡土植物的存在是判断一个非本地植物是否会成为入侵植物的最重要的因素。风险等级则根据地区基础来判定。欧洲西北部有一个极具侵略性的草类植物群，而其地区的海洋性气候会限制半常绿草本植物的生长，这种情况下风险性就很小。其他气温较低的地区通常风险系数为中等，因为大面积种植的短生命周期的植物的种子会招致许多食浆果的攀爬动物，所以其播种有着最不显著的问题。气候干旱地区看上去风险最大，因为水分供应不足导致植物间很多土地裸露，这为入侵植物萌芽提供了基础。

热带植物的选择

　　最后，也许值得简要地考虑在热带湿地地区屋顶绿化暂未实现的潜力，这种地方，在城市地区，暴雨引发的地表径流是最主要问题，屋顶绿化植被起到的缓冲作用可能是主要功能。然而，热带地区的附生植物区系种类丰富，很多依赖于半阴的环境，致使其并不适用于屋顶上。可是，这里也有一种岩表植物群——生长在岩石上的种类——它们极其多样并且通常能很好地适应日光的暴晒及长时间的干旱。这种植物群落的价值以前鲜为人知，但是造园师们和艺术家罗伯托·布雷·马克思（Roberto Burle Marx）以及植物学家在有着特别丰富的岩生植物群落（很多是兰科和凤梨科植物）的巴西南部几个州进行着几项考察，罗伯托引进栽培了一些种类并且将一些种类充分利用在了他的设计当中，特别是凤梨科植物。

　　凤梨科在热带观赏植物中占据重要地位，通常情况下在观赏区域的中高视线效果中起重要作用。这种植物能够在少量甚至缺乏维护管理的情况下茁壮成长，即使在很多习惯于覆盖着枯枝败叶的在定期清扫之前看上去很不整洁的生长环境。几乎所有的凤梨科植物都有一个叶片簇生于短缩茎上形成的叶杯用以储水，使它们成为潜在的能有效控水的植物。天南星科也包含很多有屋顶绿化潜力的种类，具有代表性的是攀援生长于树干上的喜林芋属、龟背竹属、崖角藤属以及藤芋属的附生植物，它们用气生根黏附着它们的寄主。在需要繁茂植被以及栽培基质瘠薄的地方，这些都是有着巨大潜力可作屋顶绿化的植物。

维护

完全无需维护的绿化屋顶将会是一个无法企及的目标。然而，对于粗放或半精细型管理的屋顶，维护工作可限制为一组简单的一年一次的任务。我们想要强调的目标是屋顶绿化设计，若是可能，应该着眼于尽可能减少维护工作，并且尽可能减免甚至消除对施肥和灌溉的资金投入。

养护——对于胁迫耐受型植物的屋顶绿化工作，仅仅需要在植物成功栽植后适当养护，这样的工作可以促进植物生长并使其变得美观。景天属植物所种植的屋顶栽培基质非常瘠薄，因而需要应用施肥技术来维持其生长。在一些特殊的草皮覆盖的屋顶，当修剪下来的草坪草被堆积时，养分则常常会流失，从而更加需要养护。栽培2年后是一个养护的好时期，因为植物的栽培状况会很好，并且在栽培基质中的原始养分含量会流失掉。长效的养护仅被低频率地运用，对于粗放型管理的屋顶15～20g/m²，对于精细型管理的屋顶40g/m²。基于动物产品的生态方法，例如骨食也同样可以应用。在未修剪过的草坪屋顶，养分的循环从已经枯萎的茎和叶中到达栽培基质中，并将使之达到一种平衡，因此焕然新生——类似于在自然栖息地中的养分循环方式。

割除与修剪——如果在一个相对瘠薄、排水通畅并且低肥的屋顶栽培基质上开创一个野花盛开的草坪，那么则不需要将之修剪成原来的样子或者进行传统意义上的修剪。

植物保护——绿色屋顶鲜有病虫害问题，一部分是因为所选用的植物一般并不被特定虫害所影响。当一个共生区内选用了多种植物时，如果其中一种不幸被感染，很可能周围其他许多植物都健康茂盛，所以许多问题都不会形势恶化。一个经常性发生的问题是在湿润的秋天，落叶的日积月累会经常引发一些真菌性病害。防止落叶的堆积通常可以预防这种问题的发生。

排水——有效的排水是屋顶绿化的关键。排水不畅或者是排水系统阻塞会致使积水，可能会导致屋顶表面的破损和随之而来渗漏，以及对植物根系的破坏和后续的因真菌感染导致的损害和腐烂。在排水系统中需要经常检测那些可能阻塞的地方，并且要按计划对它们进行维护和常规检查。

除草——在此有一些可以减少除草需求的小方法。种植一些间歇性植被可节省多余的植物种植空间。保持绿色屋顶表面的粗糙和干燥可以减少野草种子的萌发。然而，由风力作用带来的种子极有可能飘到屋顶上然后扎根，萌芽。乔木和灌木树苗比如桦树和柳树有其独有的问题，因为它们的根会毁坏屋顶上的保护膜。另一个严重的问题是靠风媒传播的一年生植物，它们会找一个立足点，扎根成长得很快，这样会损害其他植被的生长。因此，在有条件进入的屋顶，更加推崇常规性的巡查以及在野树或野草苗种子形成并且再次进行循环繁殖之前一年徒手拔除一两次。

第5章　垂直绿化

从本质上来说，垂直绿化是指建筑物墙体表面的一种植被覆盖系统，因此垂直绿化具有自我再生的能力。攀缘植物，在某些情况下指经过修剪的灌木丛，常常用来覆盖建筑物的墙体。在欧洲一些地区，这种建筑物墙体覆盖植被的做法已经流行很久了，例如在法国和德国，人们常常会看到房子的表面爬满了五叶地锦（三叶地锦）或其他类藤蔓植物，而这些地区又经常受到地中海气候地影响。一般来说，由于不需要金属网格和架子的支撑，人们常会选择可以自行攀爬的藤本植物来绿化墙体。然而，现代垂直绿化却喜欢选用以金属丝或棚架作为支撑构架的攀缘植物。相对于现代垂直绿化的做法，传统的垂直绿化做法允许攀缘植物将自身器官直接依附到建筑物的表面，对任何需要施工的建筑工程进度都有明显的影响，而现代垂直绿化的做法更倾向于植被与建筑的表面保持一定的距离。

在很大程度上，人们已经习惯攀缘植物覆盖一部分墙体，但还不习惯攀缘植物对整块墙体的覆盖，并且这种对墙体的覆盖主要是起到装饰的目的。大型攀缘植物经常出现在房子两边的墙体上，虽然选用的攀缘植物往往有些地域性，一些植被只会出现在某些特定的地理区域内，而不会在其他的地理区域内发现，并且为这些大型攀缘植物提供的支撑结构并不十分充足。紫藤种类的物种，尤其是豆科紫藤属植物，是目前使用最广泛的大型攀缘植物；再也没有比在初夏里陶醉于百年巨型植物的蓝紫色花丛中更加壮丽的景致。然

在一个现代建筑上生长旺盛的玫瑰，展示藤本玫瑰是如何实现可持续生长的。

图片来源于©JakobAG。

而，却很少发现这些大型攀缘植物对支撑构件的使用，完全是发挥植物自身的优势；通常，人们看到许多幼枝疯狂地在稀薄的空气中挥舞着，好像试图在寻找什么，但由于框架构件太小了，这些枝干很难将自身缠绕在上面。最后在风的吹动下，这些枝干只能返回到亲本的身边，从而在较大范围内导致了植被生长的混乱，使植被表面变得缺乏吸引力，但是随着年龄的增长，自身的外形变得不健全。

在编写这本书的时候，垂直绿化仍然是一个比较新的领域，所以书中的一些研究依然是建立在以往的知识和经验基础上的。大量技术和研究类著作都论述了由于不合理的规划和实施所产生的相关问题，以及指导人们如何去避免这些问题的产生。新型支撑材料的出现，以及制造商和供应商通过国际网络的相互联系使得新型材料的生产和供应不断地变成现实，因此垂直绿化成为那些参与房屋建设的专业人士比较可行和现实的选择。由于偶然的损害事件，一些人士并不喜欢将攀缘植物覆盖在房子表面。随着新技术以及许多新式房屋拥有更多适合植被覆盖的建筑立面的产生，墙体发生损害的概率也越来越小，是否将攀缘植物融入建筑的想法需要重新进行评估。关于融合生长旺盛的草本植物和建筑的文化禁忌也需要强调，正如在屋顶绿化中要克服建筑业主和广大市民的保守主义一样。不同地区之间人们对垂直绿化的态度有很大的区别，许多欧洲人一直很开心地将房子覆盖在攀缘植物之中，但对于大多数生活在北美地区的人们来说，在房子表面覆盖攀缘植物则是一个陌生的概念。

本书这个章节的内容并不打算重述有关攀爬植物广泛园艺文献方面的知识，而是调查在大规模使用攀缘植物的情况下，人们如何发挥攀缘植物的最大优势，使它们更加引人注目并得到更加精细的栽植；对于家中拥有大面积空白墙体的国内园丁来说，也会发现这本书的实用性。虽然很多书本已经记载了大量有关攀缘植物园艺学方面的资料，但是令人沮丧的是这些资料往往在技术细节方面的描

瑞士苏黎世一个四层建筑墙面上很好地展示了如何管理常春藤（*Hedera helix*）。

述并不十分充分。例如，攀缘植物实际上是如何被悬挂起来的，以及攀缘植物所需要的支撑构件的物理特性是什么。下面提供的内容将针对产生类似上述疑问的读者给出一些参考建议。

在一些温暖的夏季气候区，藤蔓植物（特别是葡萄品种），经常覆盖于房子墙体的两边来降低周边温度，这些藤蔓植物也可以跨越长型结构简单式凉棚生长，从而在凉棚下方给人们带来凉爽。攀缘植物也常常覆盖在实用性住宅楼的两端，如棚子和车库表面。尽管攀缘植物具有覆盖商业和工业楼宇大面积空白墙面的潜力，但人们却很少用到它们的这一目的。考虑到攀缘植物长到几层楼的高度需要的结构支撑不多，攀缘植物在这方面的用途似乎具有巨大的潜力。

攀缘植物的大量使用出现在20世纪初期讲德语的国家里，尤其是对爬山虎的使用。攀缘植物的大量使用可以说是房子和花园走向一体化运动的一部分，一般说来，产生于艺术界和建筑界里流行的青春风格派运动（新艺术派）。同一时期在英国发起了一场关于周边建筑和居住区绿化相似的运动，正如世界花园城市运动和美国郊区

Sihl是苏黎世一个新的住宅、商业和零售业开发区。这里很多建筑都进行了垂直绿化，包括这个多层停车场。建筑师是Theo Hotz AG，景观设计由Raderschall AG 完成，以下就是用到的种类和它们将要到达的高度：

紫藤	23m;
常春藤	20m;
紫葛	15m;
俄罗斯藤	15m;
Clematis*fargesioides	7m;
巴东忍冬	7m

地中海地区常用叶子花作为观赏型攀缘植物——但刺和茎需要经常维护才能保持紧贴在墙体上——有时还需要修剪和捆绑，但效果是非常好的，降温效果很好。

图片来源于©JakobAG。

首次发展年会中所描述的那样，这场运动是艺术与手工艺运动的产物。在整个西欧的国家里，连接特色建筑和攀缘植物的藤架和其他构筑物越来越多地出现在花园和公园里面，但它们仅出现在讲德语的国家，在一定程度上也包括法国，攀缘植物广泛地使用于房屋和其他建筑物上。垂直绿化的使用可以回溯到20世纪30年代，也可以这么说，今天攀缘植物的使用是对以往的一种复苏，而并不是开创了一个新的领域。现代垂直绿化仍然处在初级阶段。

1982年在柏林进行的一项调查结果论述了垂直绿化的地位，这项调查的内容远早于人们最近兴起的对垂直绿化项目的兴趣以及对解决技术方面问题的关注。在已使用的攀缘植物中有40%是种植在南面的墙体上，其他几个墙体总共的覆盖率与南面墙体的覆盖率基本相当。爬山虎是应用最广泛的攀缘植物，在60%的调查例子中，整个墙面积的80%所覆盖的攀缘植物是爬山虎。西洋常春藤位居第二，排在第三的是五叶地锦，第四位是俄罗斯藤。最常用的两种攀爬植物都是自行攀爬的，有争议的是，一旦固定好植被后，人们需要花更多的精力来限制它们过快的生长速度，而不是鼓励它们快速地生长。五叶地锦或多或少也属于自行攀爬的藤本植物。而俄罗斯藤则需要有支撑构件才能非常健壮地生长（Köhler，1993）。

与屋顶绿化相比，建筑物的墙体绿化对建筑环境具有更大的影响力，因为建筑物的墙体总面积比屋顶面积要大得多。对于高层建筑来说墙体总面积与屋顶面积之比可达20倍之多。大型攀缘植物可以沿着低层房屋的屋顶方向一直生长，进一步扩大了阴影区面积并隔离了热气带来的影响。一般来说，人们允许并鼓励一些攀缘植物沿着屋顶方向生长，但结果往往并不尽如人意。例如俄罗斯藤，很容易爬到低梯度或者平屋顶的上面，但外表看起来杂乱无章，最后会在屋顶形成大量错综复杂并且难以去除的木质层表面。现代常见的做法是，种植植被前先在墙体和屋顶表面安装钢索或格架系统。

垂直绿化的优点

攀缘植物对建筑的降温功能

攀缘植物对房子内部建筑环境的影响是通过将墙体远离太阳的辐射来实现的，每天温度波动幅度可降低50%左右，对于温暖的夏季气候区具有极其重要的意义。降低建筑温度的效果主要与被遮挡的阴影总面积有关，而与攀缘植物自身的厚度是没有关系的（Köhler，1993）。连同隔热效果一起，墙体表面温度的波动幅度可以从10～60℃降低到5～30℃（Peck et al.，1999）。

在夏季通过攀缘植物所投下阴影的遮挡作用，建筑物可以最大限度地隔绝外界炎热的温度，但将隔热材料直接夹在结构里面的做法效果并不明显；原因很简单：阴影一开始就阻止了外界热气进入墙体里面——攀缘植物是实现这一目标最有效的途径之一。据相关数据显示，建筑物表面温度迅速降低5.5℃（10℉），就可以减少空调所耗能源总量的50%～70%（Peck et al.，1999）。如果攀缘植物种植在向阳面和经受午后太阳烤晒的西面墙体上，攀缘植物是减少太阳能损耗最有效的途径。在某一季节，窗户也可以通过攀缘植物来达到遮阴的效果，因为攀缘植物的叶子可以有效地阻止太阳热进入到房子里面，所以攀缘植物在降低夏季热能损耗方面起到了戏剧性的效果。与水平面地传热相比，建筑物两边墙体的太阳热能会产生更强大的对流作用，而攀缘植物可以通过自身的降温效果以及复杂的气流相互作用来最大限度地降低热气的对流作用。因此，攀缘植物对降低热岛效应和粉尘都起到很大的作用（见第2章）。在冬季寒冷气候区，墙壁上种植落叶攀缘植物是明智的做法，因为在冬季，没有叶子的枝干能够吸收更多的太阳辐射。墙壁上种植的常绿攀缘植物在冬天并不吸收太阳光，另一方面，有助于减少冬季热量的损失。

除了可以制造阴影，攀缘植物还可以通过蒸发蒸腾作用来起到夏季降温的效果；再结合其他相关技术，攀缘植物就可以在降低空调设备运行时消耗能量方面起到相当大的作用。有关这方面的研究还处在初级阶段，但其发展前景却很光明；具体可以参考柏林Adlerhof研究所在199页的一些案例研究。

冬天，常绿攀缘植物可以提供保温作用：一方面是通过在植物和墙体之间形成的一定间距的空气层，另一方面是可以通过减少墙体表面的寒风袭击。冬季家庭取暖有三分之一的原因是由寒风引起的，或者是通过穿堂风或者是冷风直接吹在墙体上的原因，至少在冷季风气候区寒风是一种常见天气特性。减少75%的寒风降温作用就可以减少热能损耗的25%（Peck et al.，1999）。在整个冬季，交织在一起的落

叶攀缘植物的茎干在一定程度上也可以有效地降低由寒风引起的降温作用。冬季墙体的保温效果与植物生长的厚度有关，通常指的是植物的生长年龄。然而在某些情况下，随着攀缘植物年龄的增长，植物自身的生长形式也会发现变化，例如那些形成最有效的隔热作用的浓密纤细枝干的生长可能会随着年龄的增长而减少。例如，俄罗斯藤十年后的遮阴效果就变得明显降低。德国一项研究结果表明，20 ~ 40cm（8 ~ 16 in）厚度的常春藤是最有效的隔热材料。

在哥本哈根丹麦现代艺术中心墙体上用了攀缘植物和灌木：常春藤，猕猴桃和一种枸子属植物。每年的修剪让植物不遮住天沟和屋檐。枸子是灌木而没作为攀缘植物使用，所以通过修剪使它不往上攀援。

垂直绿化的其他功能

攀缘植物和市区树木可以有效地吸收尘土，并将特定的灰源污染物吸附在植物组织器官内部，尤其是吸附在那些之后被丢弃的植物组织中。在对爬山虎的一项研究中发现：在枯叶和枯枝中铅和镉的浓聚物含量最高。因此，这些重金属在远离大气和雨水后，最后以另一种形式又回到了大地中（Köhler，1993）。枯叶和枯枝的去除以及它们的处理地点，这些枝干中吸附了重金属聚集物，这种处理方式是对环境最小的损害；进而，成为处理重金属污染物最关键的措施。尘土吸收是指叶子表面积和墙体表面总面积的比例，可以通过叶面积指数来表示，指数越小，植物起到的有效作用就越明显。三种常用物种的指数分别是：五叶地锦，1.6～4.0；中国地锦，2.0～8.0；和西洋常春藤，2.6～7.7（Köhler，1993）。来自德国的研究数字显示，在整个生长季节的过程中，中国地锦尘土吸收指数是4g/m²，而西洋常春藤的吸尘指数是6g/m²（Köhler，1993）。

作为美国太空计划的一部分，美国航天局研究的一项结果表明，植物已经显示出具有从封闭的大气中吸收有机污染物的潜力，这些有机污染物通常包括挥发性有机物、甲醛、一氧化碳等（Wolverton，1997；Wolverton et al.，1989）。在所有测试中西洋常春藤是吸收有机污染物最有效的物种之一。这就提出了一种可能：即植物在减少露天环境中相类似的空气污染物中发挥了重要的作用，但并不包括相对封闭的城市区域，如城市街区。在这些地区，如果攀缘植物植根于地面土壤中，无论是在安装还是维护方面，在墙体表面大面积覆盖活体植物将是最具成本效益的方法。日本一项研究结构显示了植物是如何吸收氮氧化物（由车辆废气所造成的主要大气污染物之一），但是不同植物的吸收能力各有不同。

建筑物墙体表面的攀缘植物可以有效地保护建筑物的表面免于暴雨和冰雹的损坏，并可能在暴雨期间拦截或是暂时拦截雨水的侵蚀，这种作用在屋顶绿化中也是一样的。攀缘植物还有助于墙体对紫外线的屏蔽作用，不管是对一些传统材料还是现代包覆材料来说，都应给以重要的考虑。

垂直绿化和野生生物

墙体表面攀缘植物的存在对于野生动物的生存有相当大的好处，并且攀缘植物的存在还可以大大改善城市生物的多样性。一项详细的研究结果表明，大量野生无脊椎物种的出现是一个丰富的生物链存在的基础。无脊椎动物是鸟类的食物来源，特别是夏季候鸟物种，以及蝙蝠。此外，种植的攀缘植物还为鸣禽类动物提供了良好的栖息地和产卵场所，如画眉和小的食虫物种。一些攀缘植物可以通过直接作为昆虫的食物来源的方式而参与到生物多样性中，无论是以花蜜的形式，如花期较晚的西洋常春藤在这方面表现比较突出，还是如前面的例子中的一些本地物种的幼虫可以直接吃掉攀缘植物的嫩叶。在随后的一些例子中，一旦大量的寄生虫破坏了攀缘植物的实际功能，并且降低攀缘植物的舒适环境的话，这种情况未必会是件好事。攀缘植物也可能是一个有价值的昆虫休眠场所，如草蛉、蝴蝶和飞蛾。西洋常春藤是一个虫子冬眠特定栖息地的很好例子，因为它的叶子的轮廓与欧洲硫磺蝴蝶的轮廓极其相似，这使得攀缘植物成为动物的一个安全藏身之处。如常春藤物种等常绿植物，也可在冬季为小鸟栖息提供庇护等方面起到重要的作用，这使得这些动物中的大多数都经受住了寒冷冬季的考验。

垂直绿化的潜力

人们是否在墙体上大规模使用攀缘植物取决于某些地区建成房子的性质。然而，在城市的许多区域，植物生长的机会非常有限，进而可以提供的绿化空间也就少得可怜，因此人们对城市绿化有着非常强烈的需求。那些专门从事攀爬植物工作的研究人员需要处理可能遇到的各种各样问题，以便将在设计之初没有考虑到的植物，强硬塞进环境当中。

这样的例子包括旧工业厂区，虽然那些19世纪末和20世纪初建造的仓库大多已经转换成为工作室，时尚阁楼或是其他生活空间，但是那里的环境仍然极其缺少生机与活力。

许多国家，特别是中欧和东欧地区的一些国家，那里的住宅大多都拥有自己的院子；为满足不同居住者的居住要求而建造的多层房

物理研究所设计垂直绿化的目的在于将现代建筑和生物联系起来，减少环境的不良影响。

图片来源于Manfred Köhler。

案例研究

物理研究所，柏林–Adlershof

物理研究所由建筑师奥古斯丁和弗兰克设计，占地面积19000m²（20.4万ft²），于2003年正式完工。从屋顶（部分被绿化）收集到的雨水用来灌溉包括屋顶在内的5个建筑表面放置的150个植物容器。攀缘植物的蒸腾作用有助于减少基地水分的流失，而攀缘植物的叶子带来的阴影也有很大的帮助作用。攀缘植物的使用是建筑设计中具有创新性、实践性、连续监测性功能中的几个特性之一，目的是减少能源的消耗和水分的流失。

由柏林市政府资助，柏林技术大学、洪堡大学和应用科学勃兰登堡屋顶绿化中心合作的这个研究项目旨在收集近几年有关屋顶绿化的所以资料。除了研究项目的其他方面，该项目的研究目的在于调查不同的攀缘植物物种在降温和蒸腾作用方面的潜力。迄今为止，紫藤是研究中效果最明显的攀爬植物，从7月到9月，每个"生命力旺盛的"紫藤耗水量是420升/天，每天所降低温度的价值高达280千瓦每小时（Schmidt，2006；Schmidt n.d）。

屋大都围绕着一个大院子。以现代标准来看，房子的室外空间和中部区域比较荒凉，甚至可以说是像狄更斯小说般凄凉。大量攀缘植物在将自然气息引入这些院子方面带来了很大的潜力，覆盖的攀爬植物使原先几乎没有空地来种植植物的地方变成了宝贵的绿洲。东欧等前社会主义国家的许多城市区域都拥有这样的住宅，刚刚振兴起来的工程旨在改善相对贫穷的经济环境；而垂直绿化无疑在以最低的成本获得最大改善效果方面拥有的巨大潜力。20世纪60年代兴起的粗犷主义建筑，试图将粗犷的混凝土直接暴露在建筑物外表，那些粗犷主义建筑也可以从攀缘植物中受益。对与高层公寓楼和其他拥有很高外墙面的建筑物，工人在安装过程中会遇到很大的工程技术问题的挑战，但建筑在视觉上的改进效果却是巨大的。攀缘植物都能够达到高大乔木的高度，所以25～30m的高度是可以实现的。现在"都市丛林"这个词语已经呈现给人们一个崭新的、积极的意义。

工业和商业楼宇占据着城市或城郊的很多区域，往往向外界呈现出一栋栋呆滞、毫无特色的墙面。在许多情况下垂直绿化可被用来创造出充满生命力的墙体立面，一个可以随着季节的变化而对当地环境起到积极作用的墙体立面。多层停车场是利用率高而外观不具吸引力的另外一个例子，但是其外部环境可以通过修剪好的金属丝和上面覆盖的大量攀缘植物得到很大的改善。

在建筑使用多元化的情况下，如单位、公寓或小屋，居民的允许和支持对垂直绿化具有至关重要的作用。想要按计划地进行墙体绿化就必须听取居民的相关建议。随着攀缘植物的生长，对支撑构件的定期维护将会成为一个必须考虑的问题，目的是使窗户不至于变得模糊，使那些任性的枝干不会因为没人管理而看上去不整洁。

对于那些生活在庄园里或拥有大量19世纪时期梯田的人们，他们拥有大量完全相同的房子和相同的街道，垂直绿化为这些地区的识别提供了创造性的机会，也使不同的庄园给人们带来了独特的感触。如果使用独立的支撑构件，攀缘植物不仅可以起到遮挡的作用，还能给人们带来一定的私隐。

对于那些生活在单元房或是公寓里面，却拥有阳台或露台的人们，可以将攀缘植物种植在容器中，或是沿着墙壁成长或是给人们提供一个隐蔽的私人场所。大量的攀缘植物甚至可以在水培的情况下种植，然而对于冬季寒冷期较长的地区，这种水培方式的植物生长系统是不适合的。对于较高层建筑进行墙体绿化时，可以通过将植被种植在几层楼高的第二套装置植物架中，例如在阳台上。轻质的种植媒界可以与自动灌溉系统，以及饲料低速释放常规应用系统相互结合使用。

最后，随着人们越来越多地意识到植物对提高城市生活质量的贡献，现代建筑正在积极地将植物设计作为整个设计的一部分。一旦这种情况发生，特定植物物种所需的理想生长场地将会被考虑，进而在设计中体现生态系统的完整性。在编写本书时，最好的例子是位于瑞士的苏黎世国部队和观察员公园。

无窗墙体结构及噪声屏障

垂直绿化是覆盖各类墙体的一种非常有用的技术，如可以作为遮挡噪声的屏障；或是遮挡大面积毫无吸引力的无窗墙体，如车库。噪声屏障的另一个优势是：植物的生长可以吸收掉一些声音和灰尘，增加了屏障的效果。对于木质墙壁和其他一些轻质结构来说，那些快速生长或枝干厚重的物种是应当避免，因为墙体结构可能无法支撑来自植物自身的重量。俄罗斯藤也常常凭借其庞大的生长规模和快速生长的速度而被大量使用，但这种使用情况也并不总是合适。如果支撑构件没有超过墙体的最大高度，比起其他攀爬植物，俄罗斯藤容易在架构顶端形成错综复杂的乱木层，无形之中就降低了结构的稳定性，并增加了风荷载。然而，如果有一个平屋顶或屋顶上有植物可以沿水平方向生长的空间，那么这种不利的因素基本上就不会存在了。

金属结构，如道路附属设施和室外楼梯

如果金属结构的功能不会因为植物的生长而受损害，攀缘植物就可以用于这样的结构，另外结构自身也可以抵消额外的风荷载。室外楼梯如疏散楼梯是进行植物绿化另外一个极具吸引力的选择地点，特别是要对室外楼梯进行定期维护，这对于攀缘植物的生长是非常重要的；这样可以使攀缘植物远离楼梯的扶手，或是跨越楼梯上方生长，如果不进行定期维护的话，攀缘植物的生长就可能对金属构件造成相当大的危害。

攀缘植物的使用

在对设计和植物选择方面提出质疑之前，了解攀缘植物支撑的基本方式及攀缘植物的不同使用方式是很重要的。攀缘植物可能是自我吸附式生长，也可能是需要支撑构件才能正常地生长。一般来讲，这些不同物种植物所需的支撑方式有3种：网格式、纵向和横向构件组成的框架，水平支撑构件或垂直支撑构件。传统的支撑系统充分利用了前两种支撑方式，很少使用第三种支撑方式。然而，那些看上去令人兴奋的现代垂直绿化，已经开始探索对垂直支撑构件的使用。

攀缘植物是如何在墙体上稳定的

为了方便研究，我们将攀缘植物分成以下类别：

修剪成灌木式的自我支撑的木本植物

攀缘植物和需要支撑构件的藤本植物

松散的灌木丛，如蔓生植物或攀爬植物scramblers

带刺的蔓生植物

不带刺的蔓生植物

自身器官可以吸附到支撑构件上的真正意义的攀缘植物

自行攀爬的攀缘植物

有气生根的攀缘植物

带吸根的攀缘植物

缠绕类攀缘植物

利用特殊叶子吸附的攀缘植物，如卷须

自行攀爬的攀缘植物——因为不需要支撑构件的支撑，这类攀缘植物是应用起来最方便的藤本植物。地锦类物种在自行攀爬植物之中可以提供给人们最具吸引力的视觉效果；但是常春藤不仅价格廉价而且使用起来也很方便，并可以提供给墙体一层附属的保护层，从而保护墙体不受外界环境的损害。地锦因其较浅薄的外部轮廓而被选用，常春藤品种也一样，直到它们开始老化或者达到攀登的极限，到那时它们就已经长成树枝状，并且开始产生厚厚的枝叶层。其他自行攀爬的攀缘植物往往具有类似灌木的生长习性，如扶芳藤，虽然藤绣球和其他相关的攀缘植物在给墙壁带来阴影方面非常有用。

自行攀爬的攀缘植物生长能力非常旺盛。例如西洋常春藤，可以长到30m（98in）的高度，并且其覆盖墙体的面积可以达到600m^2。常春藤属植物品种非常多，各自具有不同的生长速度，但对于其他属类自行攀缘植物的选择相对较少。然而，专业苗圃中新推出的品种变得越来越多。无论是在墙体受限制还是在有大面积墙体时，专类常春藤苗圃都能给人们在选择不同品种时提供咨询意见。常春藤可以单独覆盖大面积的墙体，这对于处理大量无窗户外墙是非常有效的，例如在一排排梯田房子最后一排两侧种植常春藤。

对于大多数常春藤和其他一些攀缘类的藤本植物，尤其是攀爬成员中的绣球科植物来说；一些从茎干部位长出的较小吸根可以伸入到粗糙墙体、树皮，或岩石的缝隙中。这些气生根必须借助粗糙的表面才能使它们微小的根毛吸附在上面，例如石材、砖块、抹灰、水泥。在理论上，平滑或闪亮的金属表面和塑料表面不适合气生根藤本植物的生长。无论是涂有较低硬度的传统砂浆（介于砖和石块之间）墙体，这种墙体允许根系穿透墙壁，还是允许吸根系吸附在瓷砖背面而生长的瓷砖墙，这两种墙体都不适合气生根藤本植物的生长。对于欧洲传统的黑色和白色的房屋，木材——框架和填补空间也不适合植物的生长，因为木头和抹灰之间最终会出现裂缝。粉刷有传统石灰的建筑物（即石灰水）表面是粉状的，这也使它们不适合气生根植物的生长。刷有非常明亮油漆的墙面（那些非常规反射）也不利于自行攀缘植物气生根的吸附。

其他自行攀缘的藤本植物，尤其是五叶地锦属的爬山虎，允许类似橡胶物质的专门卷须，像小章鱼吸盘似的物质，将它们的卷须依附于某些光亮的墙面，例如画石。不过，这些卷须吸附金属，塑料包层和磨制石器表面的能力却没有这么好；在某些情况下，大型的攀缘植物由于自身重量过大而会从墙体脱落。与那些具有气生根的攀缘植物相比，具有这种攀爬机制的藤本植物不太可能穿透裂缝；因此，这类藤本植物不太可能对墙面造成损害。爬山虎是非常善于爬行的藤本植物，而这个属里的其他物种却不是很擅长攀爬。但是随着不同品种的攀缘植物越来越多的出现，以及通过不同商业渠道得到的不同地区的物种也越来越多，攀缘植物自我攀缘的能力成为选择优良品种的一个重要因素。

大多数自行攀爬类藤本植物有强烈地朝向阳光方向向上生长的

在日本名古屋Chikusa文化戏剧中心，2003年进行了垂直绿化。将装有椰子壳的不锈钢格子装成模板，这样为植物提供了多种固定措施——那些有气生根和吸盘吸在钢丝上：常春藤、加拿列常春藤、H.c'Variegata'、凌霄、辟荔、地锦——还有两种有卷须的植物——紫葳和西番莲缠绕在格子上。爬满整个建筑用了2年时间。面板（由DTG公司制造）设计具有轻质、经济、绿色、快速集成和整合（DTG产品介绍）等特点。在欧洲和北美有类似的产品。

图片来源于Akira Aida。

趋势（即植物生长的向光性）。然而，通过将植物的茎系在支撑构件的方法，一些攀缘植物就可以沿着特定方向生长，如果植物的生长点远离了阳光的方向，自我攀缘植物常常就会从支撑构件的表面脱离。光线的方向会影响植物的种植方位，因此植物必须种植在生长点所需方位的尽端即最黑暗处。不同物种之间的趋光性程度不同，例如人们可能经常看到爬山虎的侧根沿着阳光明媚的一侧墙体向下生长；这一物种比常春藤品种具有不断朝横向距离方向延伸的能力，往往在墙体上形成倒三角的形状。气生根和吸盘显示了植物可以背光性生长的趋势（也就是说，它们摆脱了光的影响），因为它们可以自行寻求需要依附的物体。

在早期阶段，人们常常将自行攀爬的藤本植物根部绑扎在一系列小网格或铁丝网上面生长。另一种方法是选用一种远离墙体直径5cm粗的轻量垂直构件。

左：爬山虎向光性弱，在光照很好的情况下仍能向下生长，这样保障了墙体彻底的覆盖。相反，常春藤则只能向上生长。

葡萄和其他有卷须的植物需要垂直和水平方向的支持，像这些不锈钢格子一样。

图片来源于©JakobAG。

缠绕类攀缘植物——这类藤本植物在成熟期体形有极大的差异；紫藤属的一些物种可以长到30m之高。因为它们有强烈的垂直方向生长的趋势，所以很难使它们沿着较长的水平方向延伸生长，甚至是沿着任何小于45°的支撑构件都不能正常生长；这就是为什么要通过不断的修剪来使缠绕类攀缘植物沿着水平方向生长，一般传统的做法是要进行定期修剪和捆绑。

从理论上讲缠绕类藤本植物只需要垂直支撑就可以生长。然而，对于那些大型和重型攀缘植物来说，支撑构件需要一种表面粗糙的材料构成，其表面粗糙度会消除植物自身的重量，防止植物滑移墙体现象的出现；钢缆和玻璃钢制品的表面都可以给植物提供足够的摩擦。钢缆和其他支撑构件的横截面必须达到直径4～30mm。大型的攀缘植物也可以紧紧依附或缠绕在支撑构件上，使支撑构件的安装附件脱离墙体。这种情况可以通过运用一种特制的防滑移附件或是每年重新拉紧钢缆的方法克服。在某些情况下，实际上一旦形式过度紧张，垂直构件就会破裂；由于植物被固定在顶部且牢牢扎根于基地，类似这种情况的出现对于缠绕类藤本植物的威胁并不是很大。

尽管修剪缠绕类藤本植物以使它们沿着水平构件方向生长会涉及较多劳力，但人们还是愿意采取这种做法来固定缠绕类藤本植物；

对于横向墙体比纵向墙体长的墙面来说，这种方式是缠绕类藤本植物生长的最佳途径。人们常说，在这种情况下缠绕攀缘植物并不是最好的物种，但许多人却乐意将紫藤排除在外。

卷须和叶缠绕类藤本植物——卷须类攀缘植物，例如真正的葡萄属藤蔓植物（葡萄）通过卷须将自身依附在幼枝干上。卷须虽然可以持续数年之久，但最终会死掉。在自然界中卷须有助于植物节节攀升，而留下既老又重的茎秆则由生长所需的树来支撑。在垂直绿化下这种情况是不可能发生的，因为植物自身的重量必须由支撑构件来承担。叶缠绕类攀缘植物，（主要是铁线莲）取决于叶茎来支撑，但叶子几乎总是脱落的。在整个冬季，枯枝的茎秆继续吸附着支撑构件，尽管此时枝干会更加的脆弱。植物的大部分重量由茎干构成的，它们相互交织在一起缠绕在支撑构件周围。

网格式支撑构件由纵向和横向支撑构件组成，为攀缘植物提供了大量扶手；并把植物的重量平均分配到水平支撑构件上。对于一些生长力不强的攀缘植物来说，纵向和横向的支撑构件必须在10~20cm相互交替绑扎，如杂交铁线莲；但对于一些长势旺盛的攀缘植物，25~50cm（10~20in）的交替间隔往往已经足够，如紫藤和葡萄品种。

一般支撑卷须类和叶缠绕类攀缘植物的支撑网格是由距离相等的横向和竖向支撑构件组成，或是由等距的斜向排列支撑构件组成。这两种方式适用于所有的藤本植物物种，但是某些物种的生长习性导致它们只会在其中一种方式下生长良好，而在另一种方式下的生长并不是很好。一些证据表明，相互交叉的支撑构件的形状可能对植物的吸附能力有很大的不同；在有选择的情况下，最好选择横截面有棱角而不是圆形的材料，因为横截面是棱角时，植物从上面滑移下来的可能性比较小。

蔓生类藤本和攀爬类藤本植物——蔓生类藤本和攀爬类藤本植物在某种程度上并不属于真正的攀缘植物，因为它们没有其他攀缘植物拥有的复杂的依附器官。这种类型的藤本植物使用自身的器官"刺"吸附到木本植物或是其他植茎干的方式攀爬生长。它们的生长往往相对比较随意，因为即便是自身有刺，如玫瑰，往往并不需要借助人工支撑构件的方式来完成攀爬工作，反倒是最终在地面上形成大量密密麻麻顽固的灌木丛，这与它们既有活力又热情地沿着树干生长形成鲜明的对比。对于那些无刺的植物如孤独之美蓝茉莉，只需依靠在支撑物上就能生长；并可以跨越灌木和乔木的顶部蔓延生长。

蔓生类藤本植物的生长方式天生有点不合规律，它们并不会自觉地将自己的器官吸附在支撑构件上，而需要人们持续不断的监督管理，并及时将它们的枝干捆绑到支撑构件上。当它们浑身长满刺并且位于人们可以到达区域时，这一点尤其重要。例如，那些由很薄的材料制成横截面是菱形的大角度网格，对有刺的蔓生类植物尤其有效，因为它提供了植物所需的大量粘着点和附着点。最为推荐使用的是直径为25～50cm的金属网格。如果蔓生类藤本植物被修剪，沿着横向而不是单纯的竖向生长，那么蔓生藤本可能成为最为有效和最易于照顾的藤本植物。事实上，没有频繁的捆绑，蔓生类藤本植物是很难沿着修剪的方向向上生长的。这种品质使得它们经常用于竖向比横向延伸范围小的墙体上。在这种情况下，支撑构件之间最理想的竖向距离为40cm。

许多攀缘植物可以放在高处的花盆中修剪向上生长，或是从挡土墙顶端的土壤向上生长。常春藤和地锦经常以这种方式种植生长，并且非常有效，类似的还有铁线莲，特别是蒙大拿铁线莲。

叶子较大的攀缘植物如猕猴桃或葡萄品种可能比较引人注目。目前关于蔓生植物并没有系统地进行研究，但人们推测缠绕类植物并不完全合适，因为它们的枝干彼此缠绕在一起随时都可能形成一个戈尔迪之结。

悬挂类植物在覆盖大面积空白墙体时效果尤其明显，这些墙体往往在地面种植的机会非常少；并且路过那里的车辆或人为破坏可能会给植物造成损害，或者是由于地面过于黑暗植物不能良好地生长。攀缘植物可以悬挂的最大高度（至少在温带地区）是5m左右。一些攀缘植物如素方花作为悬挂植物时效果非常明显；此外还有匍地类物种如长柄矮生枸子。也可以使用容器类攀缘植物沿建筑物的两边不断向下修剪生长；然而想要高效地完成这项任务，就需要设计"窗台上的花盆箱"类型的容器。借助一些安装系统就可以将这些容器安装到现有建筑物的表面，但需要大量的基础支撑设施，这使得这项系统变得非常昂贵并且不可持续。

用于垂直绿化的其他类植物

一般来说大型多年生藤本植物也可以用于垂直绿化。然而，一年生和非攀缘类藤本植物也有很大的发挥余地。很多书籍中已经讨论了关于攀缘植物和它们的基本功能，所以这里提到的是在更广泛领域中它们所发挥的作用和潜力。

一年生植物

一年生攀缘植物是指在一年内植物就可以长到相当大规模的植物，多年生的草本植物做一年生植物使用（如电灯花）用于暂时覆盖墙体，弥补永久性攀缘植物还没长好这个时间段内景观的缺失；但应注意避免它们生长过于旺盛而淹没永久性攀缘植物的生长势头，进而影响到它们的正常生长。在冬季对植物叶子需求很少或是不需要的情况下，一年生攀缘植物也很有使用价值，例如位于露台或放置坐凳的地方，在那里夏季可以给人们带来阴影，而冬季带来阳光。

一年生攀缘植物并不会像多年生攀缘植物那样茂盛生长，因此不会出现类似技术上的难题。但是在温暖气候区，一年生攀缘植物也有可观的生长速度，使它们在提供阴影方面有巨大潜力。

一定数量的草本攀缘植物也可以用于垂直绿化，尤其是提供遮阴方面。啤酒花（Humulus lupulus在降低建筑物周围温度方面非常适宜。在地中海气候区有时会使用葛根，葛藤，就是为这个目的，但是考虑到它们可能会非常猖獗地生长，所以仅仅建议将它们用于冬季霜冻区，并确保它们是种植中唯一的草本植物。

灌木墙和果树

墙体上的灌木一般是草本植物，它们沿着墙体的方向生长，有时需要使（植物）沿着某一方向生长，有时通过修剪以确保灌木紧贴着墙体生长。一般来说某些物种只会出现在特定的地区，如从社交礼节上讲广玉兰的种植似乎违背了英国格鲁吉亚时代房屋的特点（即18世纪）。在这种情况下，大多数墙体灌木存在的主要理由是可以让一些幼小的植物健康生长。然而，大型墙体灌木会像攀缘植物一样完成许多相类似的任务，并达到一定的美学效果，虽然它们并不适宜种植在超过两层楼高的建筑物墙体上。这些灌木一般需要较少的支持系统，在某些情况下甚至完全不需要支撑。不过在设计和实施时要注意确保所需的灌木外轮廓非常小巧。为了维持灌木这些固定的形状，每年都需要进行修剪以及定期将灌木的枝干绑扎在墙体上，通常通过是将灌木固定在横向延伸的金属线（比传统的线看上去整洁）上。

墙体灌木丛可大大提高建筑物表面的吸引力，特别是对它们进行定期维护后，它们一直保持着直线轮廓和表面紧紧拥抱的景象。灌木丛也可以将一堵毫无吸引力的墙体隐藏在绿色中，厚厚的生长

对果树的非常规运用，使其成为树墙，为一个走廊形成一道屏障。

图片来源于Fritz Wassmann。

空间大的方格对于支持那些具有坚硬枝条的植物如叶子花来说是非常必要的。在低维护环境中，叶子花的生长有点像玫瑰——非常旺盛。

图片来源于©JakobAG。

层在保护建筑远离外界恶劣环境方面有着相当大的潜力。例如在中欧地区，圆柱状针叶树种如柏树和塞尔维亚云杉偶尔种植在离房子比较近的地方，目的是为了给房子提供庇护的防风林带（在贫瘠的土壤和空气环境被严重污染时，塞尔维亚云杉仍具有很强适应性）。尽管如此，必须牢记灌木仍需要高额的维护费用，尤其是当它们长到超过两层楼不容易够到的地方时。

在欧洲大陆地区，果树有时被当作树篱用于垂直绿化中。果树做绿篱的效果看上去显得很优雅，尤其是在冬天果树的枝干点缀在墙体时。然而，传统的果树品种需要进行定期和专业的修剪；所以在有保证的情况下，可以建议选择这种安装方式。现代小型果树品种则需要非常少的维护。

垂直绿化设计

成功完成垂直绿化的设计需要完成两大标准：一方面是隐藏掉那些难看和沉闷的空白墙体，另一方面是加强建筑已有的特色。在大多数情况下，前者仅仅是鼓励攀缘植物尽可能多地覆盖墙面，而要达到后者的要求就要给予攀缘植物精细的管理。

通常通过攀缘植物来增强建筑已有的功能，例如横向或竖向支撑构件强调了线性元素在建筑中的运用。立面一列列的线形特色可以通过垂直支撑构件间狭长的绑带来完成；缠绕类攀缘植物，诸如马兜铃或紫藤往往是这方面中最成功的例子。在一堵既宽又长的墙体上间隔重复出现一列列的植物可以产生令人震惊的效果。墙角种植效果也很明显。植物也可以横向生长，例如位于窗户之间的墙体；但考虑到攀缘植物大多是向上生长而不是横向生长，横向生长就需要人们给予更多关注。使用卷须类攀缘植物如葡萄属，比缠绕类攀缘植物更合适。蔓生藤本植物最初需要将它们的幼枝缠绕在支撑构件上，尤其适合长期沿着水平方向生长，但它们很容易长出拱状的侧根或是长了一定距离后就开始向下生长。通常需要修剪攀缘植物沿着门窗周围的墙体生长，或是沿着大跨度的垂直支撑构件自由的生长，有的枝干甚至可以超过支撑构件的顶端。如果建筑表面有一个复杂的支撑体系，然而，重要的是植物应沿着明确的生长路线从一个方向向另一个方向生长。

传统上来说，人们常常使用网格作为攀缘植物的支撑构件，但在整体设计中，网格自身形状也发挥了很大的作用。网格的颜色成为实现这一目标的有效途径，例如将蓝色网格安装在黄色的墙壁。但是随着可应用的支撑系统品种的范围越来越多，现在最为可行的方案是建立一个隐形的网络支撑系统。

在垂直绿化设计中，我们必须牢记：冬季来临时人们会看到墙壁上支撑构件的结构和植物留下的光秃秃的枝桠。在许多气候区，传统上讲，人们在远离阳光的一面种植常绿植物，而朝向阳光的一面种植落叶植物；这样落叶植物可以在夏季给窗户和墙壁带来阴影的同时，而冬季允许阳光辐射墙体，进而将阳光带入室内提高温度。

支撑大型攀缘植物的构件

垂直绿化安装成功且安全的关键是：对攀缘植物所需的支撑体系进行合适的选择以及正确安装这些支撑构件。在植物生长高度超过两层楼高的情况下，应当寻求专业人士的安装建议。人们常常将垂直绿化的视觉和生态效果忘乎所以，遗留下一系列相关的技术问题需要考虑，进一步可能导致长期性难题得不到解决。至关重要的是，植物的大小和生长习性与支撑系统的性能相关。

目前为止，垂直绿化已经实现的最大高度是24m（78in），大约有8层楼的高度。虽然有些攀缘植物自身可以长到30m高（98in），但是

两种传统的木格：（左）水泥墙面上盖有木格的目的在于为葡萄生长提供支撑，这是冬季修剪后的状况；（右）这里格子遮住了整个墙面，为攀缘植物和墙灌木提供支撑。

仅仅依赖攀缘植物自身达到这个高度是很不明智的做法。阳台可以帮助植物延伸到它们需要的生长高度，但是只有那些提供营养物与水培系统的大量容器才会提供攀缘植物粗放式生长。这是常识，在垂直绿化的设计中应避免绿化植物挡住窗户，影响其他光在墙体表面的传输，破坏墙面的装饰效果。对于古建筑的垂直绿化，无论从建筑本身的存在价值还是物质遗产方面来讲，攀缘植物的存在都可能会造成一些问题。尤其是自行攀缘的藤本植物对古建筑物有很大的损害作用，因为人们很难清除掉由于植物吸盘和气根在墙体上留下的痕迹。

材料

现代垂直绿化的材料依赖于高强度的金属线、网格、垫片及附属安装设施。然而对于规模较小的项目或仅两到三层楼高的家庭小项目，选用传统的材料即可完成垂直绿化。

木格——如果对木材进行适当的维护管理，作为网格材料的木材可以持续二十五年之久。传统意义上来说，在法国和德国的家庭中木格常作为攀缘植物的支撑构件，并且木格自身强大的轮廓也具有很好的装饰效果。往往在木格上面涂有防水涂料或是着色防腐剂，但是随着时间的流逝木材最终也会剥落或褪色。一旦木格覆盖上攀缘植物，想要在木格上重新粉刷涂料一般是不可能的。如果需要对木格进行翻新或重新使用，在必要的情况下，蔓生藤本植物、卷须类攀缘植物和叶缠绕类攀缘植物都需要从旧木格上拆下来，然后重新依附到新木格上面。然而，对于缠绕类植物这种方法是行不通的。

与暴露在阳光和雨露下的情况相比，在高密集植被生长的条件下木格更容易加快腐烂程度，特别是在强降雨气候区。将木格固定在远离墙体一定距离的地方，可以有效地增加空气流动，从而减缓木材的腐烂速度。木材使用的种类和准备的方式对于它们的使用寿命会产生相当大的大影响作用。例如落叶松、柞木、洋槐和榆树是寿命最长的树种。那种自然劈开的木材比剪切的木材更有助于及时甩掉水分，进而有效地防止木材腐烂。

金属网格——寿命长较长的防腐金属网格是木格的一种替代物，如果设计得好的话，金属网格本身也具有良好的视觉效果。不锈钢是一种可以依赖的优良材料。镀锌钢丝产品也可以选用，但质量有很大的差别。金属网格推荐的最小厚度是55毫米，镀锌涂层是380克/每平方米，在目前现有城市环境影响下，这个厚度的金属网格可以持续10～20年，而在乡村地区会持续得更长久些，但在重工业污染区和沿海地区只能持续5～10年的之久（Köhler，1993）。涂有防腐涂料的产品或冷镀锌材料由于不耐久而不推荐使用。然而，要注意在酸性污染环境中，被腐蚀的锌之后会带来重金属污染。

空气受污染或海边浪花拍打的地区特别容易形成腐蚀性的环境，而在这种情况下不锈钢和铝是最好的支撑构件材料。长期用于室外使用的包塑产品也可以选用。环境受污染或盐诱导腐蚀地区的支撑构件

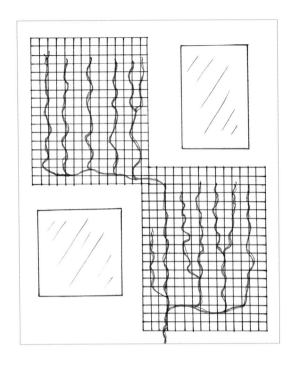

可以用钢丝在固定柱之间形成一种弹性很强的网，这项现代技术具有非常好的应用潜力。

图片来源于©JakobAG。

裁剪的格子常用来引导攀缘植物爬到后墙上大一点的地方、绕过窗户以及其他需要自由生长的地方。

材料也可以得到解决：钢筋（预应力钢筋）可以用来建造支撑网格，寿命可达20年或更久。钢筋材料由于质量非常重所以安装较困难，但是一旦安装成功后钢筋材料就变地极其牢固；正确安装的钢筋也会有引人注目的一面。随着安装人员、焊接技术和切割设备的大力支持，将富有想象力的凉棚式构件加入到垂直绿化中已经成为可能，因为攀缘植物可以覆盖在这两种构件上面。这种支撑材料适用于现代和后现代建筑环境中。一般钢筋焊接网也可以使用，但由于厚度不够而很难支撑大型攀缘植物，或是不能长期支撑攀缘植物。

在炎热夏季阳光的照射下，金属支撑材料会变得非常炽烫，从而造成植物幼枝受损和植物的发育延缓。相比之下颜色深和直径大的支撑构件吸收到的热量会更多，因此在夏季烈日暴晒成为一个显著问题的情况下，人们经常会要求使用形状小的、颜色浅的，或反光的材料做支撑构件材料。墙体附近的热损伤会更加严重；缠绕类攀缘植物的幼小新芽并不会接触到支撑构件，新长出来的叶子会将整个支撑构件隐藏起来，所以与卷须类和茎叶类攀缘植物相比，缠绕类攀缘植物的危害相对较低。

钢索和金属丝——人们将传统的金属丝和安装附件称为"葡萄的眼睛"（vine-eyes），它们支撑攀缘植物向上攀爬到两层楼的高度；但是一旦超过这个高度，这种方式的使用效果就不很理想，尤其是碰到大型重量级的攀缘植物时。通常金属丝之间横向延伸的间隔大约是2m（6ft）介于葡萄眼大小之间，每条线之间的间距是30～50cm（12～20in）。无论是水平方向还是垂直方向的支撑，都很难提供足够的张力将金属丝绷直；就会导致形体变得疏散的情况出现，除非在每根金属线的末端选用加固附件进行固定。大规模的项目需要依靠专门公司设计的支撑产品。

与刚性结构如花格架或框架相比，钢索的优势在于（或小规模项目使用的金属线）：它们很容易被运送到施工现场，它们可以为支撑结构提供很大的跨度，因此给设计带来很大的灵活性。刚性框架结构要么是预先组装好要么是在现场直接浇筑好，通常都需要花费较高费用：运输费、脚手架使用费以及安装期间使用的起重设备费用。高强度不锈钢钢缆可以在长时间内提供许多钢丝制品不能提供的强度。

垂直支撑构件所使用的新一代钢索产品已经为棚架结构提供了新的安装方法。跨越墙体伸展的垂直方向和水平方向的钢缆可以通过交叉钳安装到交接的地方；也可以通过两套钢缆横跨墙体上方相互斜交而连接。无论是采用哪种连接方式，结果都属于非刚性网格。钢锁也可以用来创建网络式结构，用以加固拉紧的纵向和横向支撑绳索。在某些地区，混合式钢缆也可以使用：如涂有大麻和其他天然纤维的钢板。当暴露在外界环境时，混合式电缆具有迷人的效果，但是当外包涂层腐烂时，耐久的钢心将会隐藏在植物之中。在开放的空地上方，由钢缆建成的网格不仅可以纵向伸展，而且可以横向延伸，使得攀缘植物跨越式生长，从而在植物下方区域产生阴影区。这种装置是一种现代版的凉棚，有时用于地中海附近国家的停车场上方，给车辆和行人带来遮阴效果。

塑料和玻璃纤维——目前提供的塑料制品很少具有足够的强度及耐久性来支撑艳阳高照下墙壁上的攀爬植物的生长。但是，玻璃纤维是一种具有良好抗拉强度的优秀产品，具有不腐蚀性，以及轻质性的特征。在生产过程中可以添加染料来产生不同颜色玻璃产品，从而提高玻璃在设计中的视觉效果。玻璃纤维钢缆说明书上的建议是指选用的直径至少为7.75mm（0.31in），玻璃纤维含量占80%，表面纹理凹凸不平或是涂抹有涂料以使植物牢牢依附在上面（Köhler,1993）。然而这种材料的价格非常昂贵，最好仅使用于对材料强度、灵活性和材料重量都有严格要求的情况下，而此时玻璃纤维也是唯一适当的选择。

麻绳——麻绳是由马尼拉或其他天然材料制成的，为攀缘植物的攀爬提供了良好的附着点；但并不具备植物进行长期生长所需耐久性的特点。对于短期项目或一年生藤本植物来说，绳子是一种比较便宜和易于投入使用，且具有视觉吸引力的材料。

结构支撑

对于大于两层楼的房子来说，攀缘植物所需的支撑构件和安装方式的选择涉及的是工程领域方面而不是园艺领域方面的知识。下面的内容将阐述技术方面的主要问题并给予指导，以便建筑和工程行业的专业人士在选择支撑构件和安装方式时可以做出明智的选择。在实施大型项目之前强烈推荐人们听从这些专业人士的相关建议。

与传统的水平引导相反，更为现代的是对紫藤进行垂直引导；尽管只对一定高度的楼层适应，但维持方面工作会少很多。

图片来源于Fritz Wassmann。

选择适当的支撑方式取决于以下因素：植物的攀爬机制，植物的生长活力和最终形成的规模，暴露于不同气候下的变量程度，尤其是风和雪；以及设计中遇到的因素。

植物的攀爬机制——如上所述，不同类型的植物攀爬机制所需的支撑方式是不同的。其中最重要的区别是，那些仅需垂直支撑就可以实现植物攀爬的支撑方式往往是最简单、最优雅的解决方案，也包括那些需要水平和竖直构件共同形成网架支撑机制来实现植物攀爬的机制。

植物生长的活力和最终形成的规模——作为一般原则植物生长势头越旺盛，就需要越多的支撑空间。生长活力处于平均水平或低于平均水平的攀缘植物需要密集的支撑网格从而有效地覆盖墙体：垂直支撑元素间的距离需要在20～40cm或是约15cm×25cm的格子大小。生长旺盛的植物需要垂直钢缆支撑距离大约在40～80cm，或是需要大约30×40cm的格子大小。支撑构件远离墙的距离取决于植物茎干的厚度。作为一般原则，这个距离至少需要2cm的宽度，比攀缘品种中个体最粗的茎秆还宽。以下是一些指导原则：

距离墙距离为10cm：细茎秆类植物，如木通，中等大小的铁线莲和金银花；

距离墙距离为15cm：茎秆较粗的植物，例如猕猴桃和葡萄；

距离墙距离为20cm：大型木质藤本植物，如南蛇藤和紫藤。

暴露于不同气候条件下的变量程度——包括植物的安全支撑系统所需的材料，以下因素需要考虑：植物的重量，支撑体系的重量；下雨后或降霜后增加的额外水重量，如果可能的话还会有雪的额外重量，以及植物和结构上面承受的风荷载。植物之间的重量相差很大，植物面积的变化从1 kg/m²至50 kg/m²都有。必要时还必须加上雨雪荷载的重量：落叶植物雨雪荷载的重量应按植物重量的两倍计算，常绿植物雨雪荷载的重量则应按植物重量的三倍计算。

风荷载来自于定向压力、湍流和吸力。体型小的攀缘植物所受的风阻力也最小。具有一定大小叶形的树叶和枝杆捕捉风时特别容易，造成支撑构件承受巨大的压力。在风有可能形成难题的情况下，一个重要的维护任务就是减缓植物地过快增长。

作为一个大概的准则，有关施加在支撑构件上的各种压力参考标准，下面是一些应该考虑到数据：地上高度大约达8m处的压力是0.5kN/m²，地面高度8～20m的压力是0.8kN/m²，大于20m高度地方的压力是1.1kN/m²。如果整个重量都由位于顶部和底部的支撑构件来承担，那么顶部的支撑构件需要承担整个荷载重量再加上风荷载重量的一半，而底部的支撑构件只需要承担风荷载重量的一半（Jakob，2002）。

一些攀缘植物自身重量的变化会比较大，通过缠绕的方式来支撑自身的重量（如紫藤），它们会缠绕到任何可以依附到的柔性材料（如钢索），但可能会导致支撑间隔层从墙体表面拉落下来。这个缺点可以在底部钢索的末端安装一个超负荷钳子来克服。该钳子的设计目的是：在攀缘植物不断生长中可能会造成钢索越拉越紧，此时可以通过调节钳释放钢索长度的方法来调节钢索的松紧。

在一些公共场合，可能存在人们试图攀登支撑构件的问题。在可能发生这种情况的地方，支撑构件的高度应该远离地面一定距离从而使人们无法到达；攀缘植物需要一个临时轻质的支撑引导到上面的支撑构件。

设计要素——结构美学也是很重要的，并会对设计的结果产生影响。垂直支撑构件，尤其是拉紧的垂直支撑，是最小类型的一种，

在工业区整合现代材料和生长旺盛的植物能形成特别怡人的屏障。

图片来源于©Jakob AG。

在很多现代垂直绿化系统里运用不锈钢来固定水平和垂直的钢索。

并且在许多情况下，特别是在非常现代化的大楼中比较常见，这类建筑喜欢选用缠绕类的攀缘植物。

固定附件和承受的荷载

固定安装附件和承受的荷载是一个极为重要的领域。如果没有安装好支撑植物重量的固定附件，可能会导致结构不稳定以及攀缘植物和支撑构件间造成坍塌；或是固定附件被拔离墙体导致结构性的破坏。对建筑物能否承受结构和植物重量产生任何疑问时，结构工程师应该对相关的固定附件进行调查。生产钢索和其他支撑系统的制造商往往可以提供技术上的咨询，安装说明书的目录本身也是非常重要的信息来源。

与建筑物自身的重量相比，垂直绿化的重量要小得多；然而，并非所有的墙体都属于承重墙。传统的石头墙和砖墙可以将植物的重量直接传递到墙上，虽然支撑构件需要安装良好。

建筑物表面任何的覆盖物都会给结构带来较大的麻烦，因为覆盖层在设计中并没有承担任何荷载，尽管大量分布的植物形态小，

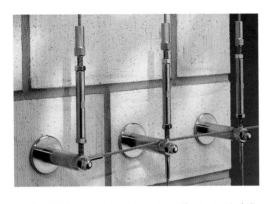

钢绳的固定设施非常重要，幸运的是，现在有很多产品可以用。

通过运用合适的承重构件建成钢丝网，这样就为攀缘植物创造性构件提供了前提。

攀缘植物也不会带来任何荷载上的问题。通常人们需要钻过覆盖层而将支撑构件连接到可以承受荷载的结构体上。现代建筑的某些非承重墙体，例如钢框架结构房屋。木框架房屋也是非承重墙体，然而附件可以穿过表皮后安装到框架结构上面，但是前提是必须要事先知道框架结构的准确位置。在墙体外表皮不能支撑任何重量的情况下，攀缘植物的支撑要么是来自于刚性支撑结构的地面，要么是来自于建筑物的顶部。这些支撑方式将会在下一节中讨论到。

垂直支撑系统的种类——无论是通过墙体还是通过建筑物比较牢固的部分或是地面部分，负荷都可以有效地转移到结构上面。在墙体上直接安装垂直支撑系统是比较常见的一种支撑系统。墙体直接安装系统是指使用某种刚性杆（金属的或玻璃纤维的），通过规定的刚性连接点再安装到建筑物表面。支撑构件和植物的重量可以通过各个安装构件分别来承担，例如，由几根非常结实的安装附件或是由强度一般的多个安装附件来承担。该支撑系统对于类似石材或混凝土建造的房子非常合适，因为它们本身就可以承担相当大的荷载。

悬挂系统（2）是指从建筑物楼顶安装好大强度的附件后，悬挂底层辅助的安装附加，不承载垂直方向的载荷，但是可以有效地防

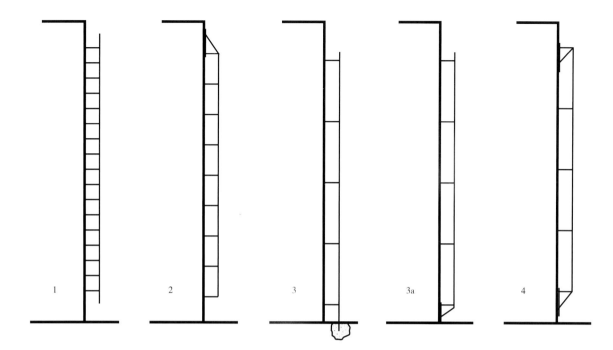

垂直支撑系统。

止由风引起的水平方向的荷载。这套悬挂系统与在墙体上直接安装的悬挂系统相比允许攀缘植物离建筑表面一定距离生长，除此之外还要考虑到垂直构件的热膨胀和伸展作用。对于拥有非承重墙体的建筑物来说，这种悬挂系统是一个较好的选择。

　　直立式刚性杆（3）允许将所有的重量通过一个合适的基础（如混凝土）传递到地面，而建筑表面的安装附件仅承受横向的风荷载（3a）。

　　各种加固安装方式目的都在于保持一个相对灵活的刚性支撑，如钢缆或玻璃纤维（4）。这种加固方式是最复杂的一种，因为这种方式的加固最大化地减少了建筑表面所需的支撑构件，在墙体表面创造一个干净整洁的外观。这种方式非常适合于墙体不允许插入安装附件的情况。通过对钢锁或钢丝绳，这套方式越来越多地受到当代实践家的欢迎，并且在垂直绿化方面取得了显著进展。

垂直绿化园艺学方面的知识

土壤

攀缘植物往往不会挑剔所在地土壤的含量和化学成分，但是一般不喜欢酸性或碱性的土壤、沙和黏土，除非土质比较肥沃。生命力强壮的幼芽取决于健壮的根部。强劲的生长势头是垂直绿化对攀缘植物的最基本要求，肥沃的土壤会不断供给植物生长所需的水分，但是不能积水过多。含量高的有机质有助于保持植物生长所需的水分和养分。因此，适当进行整地非常重要，特别是在土壤变薄或贫瘠的时候。在许多情况下，建筑物的基础会限制植物根系的穿透。但这对于根部自身并不算一个问题，因为植物根部会想尽办法来找到水源和优质的土壤。但是前提是根部所在地确实有水源的存在，并且那里必须拥有植物生长所需的良好土壤。

这样的情况也可能会出现：地面表层没有较好的土壤，植物种植在无底的花盆中或是种植在面积相对较小的优质土壤中。植物的根部能够穿透比较深层次的土壤来吸取水分，但是体形较小的植物可能会由于缺少营养，在面积较小的土壤中生长状况受到限制。对植物进行定期的施肥是必要的——使用最广泛的一种肥料叫做树脂涂层丸粒的饲料。这种饲料可以维持植物生长的整个过程，释放营养的数量取决于当时的温度。定期使用良好的腐烂覆盖肥料或无污染废料有助于保持土壤有机质含量的上升。

建筑物常常在墙角地面上方投下大片阴影区域，减少了基础的干燥。在开始种植植物之前，确保植物获得足够的水分，至少要确保它们长到一定大小在可以渗透到更深土层以前的这段时间内有足够的水分。与石块或卵石一起配合使用，灌溉本身也可以做到具有观赏性。

苏黎世，瑞士，MFO公园

苏黎世MFO公园（为了纪念欧立康机械制造厂前身而建造，使用这块地的之前公司的名字），是旧工业厂区重建规划的一部分，规划结合了商业、住宅和娱乐用途为一体。一系列相互交替绿色空间的中心区域建造了一个未来派风格的藤架，目的是为公众提供一块新的公共开放空间用地，是传统欧洲广场的一个现代版演绎，是一个可以约会和休闲的场所，同时又是可以组织活动的场地如戏剧、音乐会和电影。

苏黎世MFO公园是一个双层墙体，三面结构围合而成的建筑形式，引起人们对欧洲花园中一直使用的结构的美好回忆，至少可以追溯到文艺复兴时期，在法国被称为"格子花架"而英国人则称其为"木匠的杰作"。藤架的前身是贵族花园里临时搭建的构筑物，有时会看到上面覆盖有攀缘植物。攀缘植物可以沿着结构上的钢索争相生长，覆盖越来越多的屋顶，根部扎在高处轻质的种植槽中。通过一系列的楼梯和过道，大众便可以走上到屋顶，尽情地享受城市上空阳光的沐浴。

支撑结构尺寸大小是100m长×35m宽×17m高，由钢材制成，由钢索来支撑攀缘植物。地面铺装用红豆杉、榉木组成的树篱隔开。这项规划已经由专业人士开始认真的实施。苏黎世市当局通过竞标来选择设计方案，最后的概念设计方案和规划由布克哈特及其合伙人，景观建筑师拉德沙尔和其他一些专家共同完成，弗里茨·瓦斯曼（Fritz Wassmann）是总规划顾问。公园正式开放的时间是2002年5月。

罗兰·拉德沙尔（Roland Raderschall）解释道，攀缘植物存在的一个问题是：随着它们不断地生长，底部的叶子就会慢慢脱落掉；解

MFO公园2007年的情况，建成后第五年。

图片来源于©JakobAG。

秋色叶攀缘植物形成了一个色彩斑斓的视觉效果。

晚上，光照在大叶马兜铃的秋色叶上，效果迷人。

图片来源于Nicola Browne。

决办法是混合种植不同高度的攀缘植物，使低矮的攀缘植物可以弥补高处攀缘植物叶子脱落后留下光秃秃的枝干所造成的视觉上景观的缺陷。瓦斯曼也认为建筑物阳面和阴面应设计不同的植物组合方案。

"这就像在进行一项实验"，他说，"我们买了所能买到的每种耐寒类型的攀缘植物，一共有104种不同的品种，当然我们知道并不是所有的植物到最后都会起到很好的作用，按照植物的生长进度来决定品种的成功与失败，我们明白最终也许只有不到20或30种是可以使用的合格攀缘植物品种。"

朝向

大多数人认为铁线莲的理想生长位置是它的根部位于阴凉处，而顶部要放置在太阳下。这种生长方式可以推广到大部分攀爬类物种，但少数的喜阴植物除外。很难在广泛的地理区域内概括出所有植物的朝向，然而，以下这些问题应该考虑到。

随着海拔和纬度的增加，气温将会下降，因此在某个地方阴生植物可能在山顶阳光下或是偏北的地区也会良好的生长。方位方面的指导可从植物供应商和当地的园艺书本中得到答案。为了达到遮阴的目的，垂直绿化往往选择建筑物的阳面。然而，选择的物种必须能够充分吸收太阳热量和大量的灌溉。

无论是冬天还是春天，当幼枝生长还比较脆弱的时候，寒风会给植物带来巨大损坏，比起当地的本土物种，寒风尤其对从温带气候区引进的常绿物质和其他物种伤害更大。

毫无疑问，提供给根部一个凉爽的生长环境对所有的攀缘植物来说都是非常有利的一件事，毕竟植物习惯把自己的根部扎在林地表层土壤中。做到这一点最好的办法是设计种植床，以使植物根部免于太阳的直接辐射。如果没有发生这种情况，用石块覆盖植物根部是最有效的方法之一。

攀缘植物的搭配种植

不同的攀缘植物可以结合起来相互竞争生长，共同创造一个野生而浪漫的景象，然而在生长活力搭配方面需要进行仔细的选择，否则将会出现强者战胜弱者的场景。

审美方面的考虑在选择物种搭配时也起到一定作用：植物开花时间上的先后顺序提供了视觉色彩上的延续性，秋色叶植物可以配

无花果像墙灌木一样，与紫罗兰、常春藤生长在一起，形成漂亮的视觉效果。

合春季开花或夏季开花的物种栽植。混搭攀缘植物的维护费用往往高于单一物种，因此意料之中，混搭植物具有更加强壮的生长活力，并且需要更加精心的修剪以保持生长的平衡。当然，也不可能准确地预测植物搭配在一起如何工作。

种植

如同乔木和灌木一样，注意播种的细节会获得相应的回报。攀缘植物不需要特殊的种植技巧，除了自行攀缘植物物种之外（包括气生根和吸盘物种）。自行攀爬类物种从大范围内发展的一系列根系中得到很大好处，在它们快速沿着墙体攀爬之前，它们的茎干会预先在地面上生长一到两年。一些声名远扬攀缘植物并未按这种方式生长，特别是绣球类物种，它们生长速度非常缓慢。因为只有幼小的茎秆部才会产生攀爬用的吸盘或气根，将幼苗剪后再插回基地会刺激新根不断出现，从而促进新的枝干快速依附到竖向支撑构件上。

购买特大型植物样本是否会带来更大的价值还有待商榷。在许多情况下，幼小的植物能够快速地适应新环境，从而否定了购买大型攀缘植物的优势。自行吸附的攀缘植物不会重复利用植物茎秆上已经长出的气根或吸盘，在种植中最好的处理方式是：将它们剪下来重新移植到地面上，刺激它们重新长出一些新的健壮茎秆。植物通常需要一年到两年的时间安定下来，之后才会以正常的速度生长。以大型健壮的物种为例，每年可以增长3～4m（9.9～13.2ft），在短短5年内就能达到最大生长高度，但不会有乔木树冠那么浓密。

攀缘植物的选择

园林植物的选择涉及植物对生长地环境的适应情况和美学因素方面的考虑。垂直绿化也要对各种实际因素进行考虑。如同选择屋顶绿化的植物一样，对植物生理特性的关注显然超过了审美方面的考虑。

气候和朝向

建筑物侧立面种植的攀缘植物忍受着极端恶劣气候的影响，由大风引起的损害是一个特定的潜在问题，通过物理冲击和风寒因子共同影响植物的生长。这种损害作用会随着墙体高度的增加而增大，位于四层楼高度的植物比二层楼处植物暴露在外界所受到的环境影响作用更多。因此，植物物种的选择与墙体的高度有关，高处植物面临着在极端恶劣环境下生长的危险。许多高楼还造成了湍流和强大下降气流的形成，这些影响都会使已经暴露出来的问题更加雪上加霜。首先，必须承认大楼高处的风向与地面处的风向可能完全不同，原因或者是由于空气产生的湍流作用，或者是由于相互毗邻建筑物间的距离和树木的间距，或者地平线使观测器免于盛行风的伤害。

从寒冷气候区到温暖气候区，攀缘植物的物种数量急剧增加，视觉效果在很大程度上也得到了提升。因此，引导人们试着选择一些不耐寒的植物物种。

左：在大墙面上用藤本攀援
到钢索上，这要付出昂贵的
代价。

在选择植物时是非常难的，
必须根据环境以及功能和视
觉效果是否合适来决定。

图片来源于©Jakob AG。

在几层楼高处的攀缘植物被霜冻损坏并不是一片优美的景色，去除掉那些冻死的攀缘植物枝干需要花费很多的费用。一个个温暖的冬季来临给粗心的人们敲响了警告，呼吁他们远离那些攀缘植物。随着垂直绿化的进行，防止最坏情况发生所采取的一些防护措施已经得到保证，人们仍记得过去20年中那些最困难的冬天时光。

尺寸

通常说能够爬到8层楼高的攀缘植物没有任何理由不能在两层楼房子的立面生长；毕竟，绝大部分紫藤种植在两层楼高的房子上，但是偶尔必须给予必要的维护和管理。如果无法保证做到这一点，就必须根据建筑物规模的大小仔细选择可以匹配的攀缘植物的最大生长尺寸。作为一般规则，最好确保所选植物的支撑尺寸比植物自身的尺寸大些，这样会减少由于支撑构件规模过小而引起植物相互缠绕在一起生长和相互扼杀现象的发生。不同攀缘植物的生长速度存在很大差异，从藤绣球（在很长一段时间后才会变得很大），到俄罗斯藤，被称作一分钟长一英里的藤蔓物种之一。有时可能会出现这样的情况：植物的覆盖速度被认为是最重要的因素。

攀缘植物的轮廓指的是厚度，即从支撑结构层到所依附表面的距离。当空间比较狭小并且额外补助时植物窄小形体是必不可少的，例如与人行道相毗邻时。设计上有时也需要考虑选择具有浅薄形体的攀缘植物，因为浅薄形体的攀缘植物物种与其他形体物种相比外观更加简洁。

支撑机制

首要选择的植物应该是介于自行攀爬类植物和那些需要支撑的藤本物种之间。在做出真正选择时，所有的因素都倾向于使用支撑构件的攀缘植物，包括支撑构件在建筑物整体外观效果中的作用，需要对攀缘植物生长速度的控制（自行攀爬植物的生长速度很难控制），以及攀缘植物的视觉效果。可能会出现这样的情况：设计最终取决于支撑使用的特定形式，甚至是支撑构件自身的形状也可以作为设计的特色之一。只要有垂直支撑构件出现的地方，所选用的植物只能是缠绕类藤本植物。

视觉因素对植物选择的影响

不幸的是，在寒冷气候区常绿攀缘植物并不多见。传统上许多攀缘植物一直都是因为它们能长出漂亮的花朵而被种植，事实上垂直绿化中叶子扮演着更加重要的角色。幸运的是，大多数攀缘类物种都提供了优质的叶子，通过对新品种的引进和改良或是对特殊品种的选择，在植物生长的整个阶段，不同范围内物种的品质变得越来越优良。许多耐寒类攀缘植物具有较大的叶子或是夸张的叶子，如马兜铃、葡萄和猕猴桃物种。许多物种的叶子属于秋色叶，像非常优良的橡树和枫树的叶子一样，但是和橡树或其他秋色叶树种不同的是，攀缘植物的叶子颜色会随着土壤类型的变化而改变。

果树增添了视觉上的效果，但也有自身的缺陷：掉落下来熟烂的水果可能落在人行道上打伤行人，也可能是果树上面引来的小鸟突然在人行道上落下来一大片鸟屎。

在对于一些结果类植物品种进行选择时，如属于单性植物品种的猕猴桃，如果需要不结果实的物种就可以选择猕猴桃的雄性品种。

植物在生态方面的考虑

一个强有力的推论是本土物种更适合野生动物的生长。然而，除非某一物种被称为是昆虫幼虫特定的食物来源，否则仅仅使用本土物种很少能带来真正生态上的优势。使用非本土物种可能会带来一个强大的生态障碍，但前提是：这些非本土物种不断传播生长或是对其他物种的生长带来强大的侵略性。一般来说，攀缘植物的生态价值取决于以下几个因素：

植物为鸟类栖息和筑巢以及昆虫冬眠提供空间：一般而言，叶子越厚的攀缘植物就会长出越多纤细的枝干，这样可以提高各种野生动物找到栖息地的机会。因此形体浅薄的攀缘植物生态价值比较少。在冬天拥有厚厚的常绿攀缘植物的墙体为动物提供了越冬的保障。

攀缘植物为昆虫提供了花蜜来源：花卉是昆虫所需的一种潜在性有价值的蜜源，那些开花较早的攀缘植物，如小木通；或是开花较晚的植物，如西洋常春藤，都具有特殊的生态价值。

攀缘植物提供给了鸟类和昆虫所需的果实：在冬季结果实的葡

萄藤能够为鸟类提供宝贵的食物资源。水果也是昆虫食物的主要来源，以昆虫为食的鸟类和蝙蝠也会从中受益。

垂直绿化中存在的问题

自行攀爬的藤本植物对于墙体表面的损害

攀缘植物能否对房子表面造成破坏的争论已讨论了一个世纪之久，生活在传统建筑里面人们的观点是：自行攀爬的藤本植物会损坏建筑物墙体的表面，特别是毁坏粉刷过的墙体。然而，园丁们却普遍持有相反的观点，认为自行攀爬的藤本植物实际上是在保护墙体表面，因为它们可以"将砂浆紧紧地固定在一起"。

前面有关于柏林垂直绿化的一项报告对墙体抹灰的情况已经进行了调查：在种植有自行攀爬类藤本植物的地方，墙壁有83%的面积没有受到损坏，16%的墙壁面积有一定的损害，而只有1%的墙壁面积受到严重损害（Köhler，1993）。这些数据显示：通常攀缘类藤本植物只会对墙壁很破旧或是涂有较差质量的粉刷墙壁造成严重损害。过去大量粗放型绿化所选用的自行攀爬植物物种包括爬山虎物种和常春藤物种，而现代垂直绿化所强调的重点是，在离建筑墙体一定距离的地方如何使用钢索来支撑植物，以使攀缘植物毫无疑问地依附到建筑表面。此外，大多数现代包覆材料并不适合自行攀爬植物来依附，但一旦植物能依附到这些材料表面时，对材料的损害要比对传统墙壁抹灰的损伤要小一些。

对于自行攀爬类攀缘植物来说，它们所造成的损害最有可能发生的时候是在它们被从墙体上面扯下来的时候，或者是由于叶子枯掉后使立面景色变得难看，或者是由于修剪过程剪掉的残枝对墙体的损伤。攀缘植物的气生根和吸盘也易于造成拉掉墙壁上的粉刷漆或在墙壁上留下了一道道细微的裂纹。这些带有气生根的自行攀爬类攀缘植物，是唯一一种在活着的时候可能对墙壁造成损害的植物，事实是：对于那些质量差的墙壁或粉刷漆已经腐烂的墙壁上生长的攀缘植物，它们的根部会伸入这些裂缝中并使墙壁上的裂缝变得更宽。

一般认为，包覆有瓷砖、屋面板瓦或与之类似材料的墙壁并不适合带有气生根的攀缘植物生长地，因为植物在这些材料背后生长会带来很大的危险。瓷砖会使其他类型的攀缘植物生长变得零散，如缠绕类攀缘植物，零星的幼枝会往瓷砖后面的空隙中生长，进而导致植物枝干在瓷砖里面扭曲生长，最后导致瓷砖从墙壁表面剥离落下。同样的情况也会发生在有大片包覆层的墙体立面，只要枝干可以伸展到包覆层后面或是在墙体上找到枝干可以深入的空隙，就有可能对墙体造成损害。

虽然自行攀爬类攀缘植物不会造成许多人想象中它们可能造成的巨大破坏，但是不可否认的是它们确实带来了各种各样的不便。由于它们的生长不会受到任何框架类结构的限制，自行攀爬类的攀缘植物就可以毫无约束地往它们想去的任何地方延伸生长，这可能意味着它们的枝干会钻进水槽、屋檐或是穿过窗户；因此需要每年定期对它们进行修剪，以减少它们可能造成的危害。凡是有充分证据证明攀缘植物可能造成损害或是给人们带来不便的时候，选用支撑构件生长的攀缘植物是明智的做法。

更多常见的问题

在德国，已经开展了攀缘植物对建筑物立面潜在性破坏的研究和对攀缘支撑系统的研究，不同物种的风险评估方法不同（Brandvein & Köhler，1993）。墙体发生损害的原因有多种：

攀缘植物所安装的支撑构件尺寸过小；

安装的支撑构件没有足够的强度；

建筑物立面安装的支撑构件不够牢固；

补助的资金并没有用于促进攀缘植物的生长，特别是茎厚度的生长；

攀缘植物和支撑构件的安装都很牢固，但是离建筑物墙体距离太远。

由于支撑构件缺乏足够的维护，所以会导致下列情况的发生：

植物间相互扼杀并看起来无精打采地生长；

植物相互缠绕式生长，产生的大量无规律枝干造成了多余的超载和额外的风荷载，并且导致幼芽到处乱长，如伸进窗口和排水沟里面。

茎周长的不断增加是造成许多比较棘手问题的原因之一。大型攀缘植物经常会长出相当厚的茎秆和枝干——紫藤物种中个别种类植物直径达45cm之大。如果支撑构件离墙壁距离不远，大型攀缘植物就可能将支撑构件和安装附件撬离墙体。植物底部枝干生长得最粗，在支撑构件设计中，尤其是对刚性支撑构件如棚架的设计，植物达到成熟前应允许支撑构件可以自动拆除然后再重新定位，或是直接被拆卸掉。

攀缘植物也会穿透失效的伸缩器及其他缝隙和裂缝，这些裂缝一般出现在由于时间长造成材料老化或是劣质墙体上面。虽然植物的细枝并不会产生任何破坏，但是随着它们的不断生长慢慢就会产生相当大的侧移力量，甚至有时将墙体撕成两半。幼芽，尤其是对于有气生根的攀缘植物和强壮的缠绕类藤本植物的幼芽，当墙体另一端存在光线时，这些幼芽可以在黑暗中持续生长一段距离后，再一直向上生长到离屋顶板7m的地方。

常春藤长在废墟上的景象就像是奶油中插着一颗颗诱人的草莓。

但是，如果允许大型常春藤物覆盖在正在使用中的建筑物墙体上会产生什么样的后果。正如这本书中大多数人所阐述的普遍观点：在常春藤气生根无法穿透的地方，它们不会给墙体表面造成任何损害。然而，一旦气生根能够伸进裂缝，它们就给墙体带来损坏，例如可能伸入砂浆的碎片里面，那些小的气生根会长成真正的根，最后的结果是常春藤变成为了半岩表植物伸入建筑结构里面。事实上，许多从事现代建筑的施工人员都认为，当这种情况发生时最好使常春藤留在原地不动，及时对它们加以管理以防它们进一步的生长，而不是直接将它们从墙壁间彻底清除掉。充满生机的攀缘植物可以非常有效地将根部紧紧依附在已经渗透的结构中，直接从墙体清除攀缘植物后，必然会导致所牵连到的墙壁进行全面重建。常春藤叶子可以将雨水抛出墙体，根部吸收了建筑结构中的水分。因此，有人认为常春藤在保持建筑安全和结构干燥方面起到很大的作用（Randall，2003）。

人们偶尔会产生另一种担心，攀缘植物造成所依附墙壁的潮湿度。但是有证据表明，当攀缘植物还在长叶子的时候，这些叶子会将雨水甩开墙面，反而是有效地减少了墙壁的潮湿度（köhler，1993）。正如上面所说的，常绿常春藤尤其对减少墙壁表面的潮湿度有效（Rose，1996）。

就像不懂事的小孩子一样，充满活力的攀缘植物会依附到那些它们本来并没打算依附东西上面：如门窗配件、排水管和在空气中暴露的钢缆。对植物进行定期维护的目的之一就是防止上面这些情况的发生。在一般情况下，生命力强壮的大型攀缘植物比活力一般的攀缘植物产生的麻烦更多，但这种情况发生的前提只会是它们被种植在了潜在可能发生损害的地方。然而，要控制它们以减少这些损害的发生，就等于是限制了人们享受它们带来令人兴奋的视觉景观的机会。没有人会把愿意把紫藤种植在房顶上面，因为那样做的话我们都会变得非常穷困潦倒。原因是紫藤需要进行长期定期地维护，以及在规划阶段时就需要对它们所需的频繁和熟练的维护作出评估。场地越是受到限制，越会增加更多问题出现的机会，因此就需要对它们进行更频繁的维护。

另一个值得关注的问题与树木有密切的联系（保险公司常常会非常担心这个问题），树木对基础和排水系统会造成严重的损坏。

人们指出某些树种，特别是柳树和杨树的根部会使基础土壤变得干燥从而使建筑基础向下沉降，但人们并没有注意到攀缘植物也可以从空气中吸取相当数量的水分。根部对基础或地下室墙体的损害已经得到确定，但是极为罕见，并且损坏的情况仅出现在老化和失效的管道系统中（köhler，1993）。然而，渗进建筑物四周排水管道的树木根部也是一个潜在的问题。

维护

对垂直绿化进行定期检查和维修是必不可少的。然而，在良好的设计和实施后，年检往往是最重要的，包括每年一次的检查，对建筑物结构负责的任何人通常都会实施每年的检查任务。就民居和较小的房子来说，负责任的业主和住户往往会注意到任何潜在隐藏的问题。这些问题包括：攀缘植物伸进水槽里面、攀缘植物爬到离屋檐太近的地方、葡萄藤爬到窗口配件上面，以上这些问题在日常生活中都很容易被注意到。

年幼的攀缘植物或那些覆盖在新建筑物上的攀缘植物应该每两年进行一次检查。而大型攀爬植物，或是那些依附在已经损坏的设施上的攀爬植物则应当每年检查一次。支撑构件和安装附件至少需要每五年检查一次（Arbeiskreis 'Fassadenbegrunung'，2000）。必要的维护工作还包括：

尽可能及时地修剪植物枝干并将它们捆绑到支撑构件上；

修剪那些爬到不应该去的地方的植物枝干，修剪那些爬进排水沟和电缆上面的枝芽；

将枝叶过厚的地方剪薄，减薄缠绕式植物的增长厚度；

及时地去掉那些失去吸引力向外生长的枝干，因为它们可能最终给支撑构件施加相当大的杠杆压力；

清理掉水槽里面的芽和碎片；

及时剪掉墙体周围的幼枝，这些幼枝可能会渗透进建筑的材料里面，例如伸进瓷砖、面砖或屋顶里面。

垂直绿化并不会引起明显的火灾危险，虽然也有可能，例如大量枯掉的物质（树叶，枝桠，树枝）的积累就很可能造成局部隐患。

攀缘植物选择的未来

目前为止垂直绿化已经在欧洲中部流行起来，而主要使用的植物品种还是来源于北美和东亚地区。并且已经成功证明同种类的攀缘植物可以在所有冷带温带气候区使用。随着苗圃生产基地对新的攀缘物种地积极寻求，以及对队新品种和物种的不断发现（有意或无意地），垂直绿化产业无疑将会从中受益。可以说，尝试对新品种的选择将会成为一种社会需求。涉及攀缘植物的选择需要注意的几个基础挑选特征包括：叶子的视觉品质、颜色、质地和形状。在许多情况下，人们信赖的园艺中心和苗圃生产基地对攀缘植物的品种的选择做出了很大改善。植物的规模和生长活力也必须考虑在当中。如果某一物种或某一种群的植物中出现一系列不同大小尺寸的类型，植物指示语将会变得更加简化。如果某一物种的几个品种在一起生长如绣球藤，众所周知，它们最终规模会各有不同。与大多数传统物种将选择集中在开花和纯粹审美方面相比，垂直绿化更加关注对攀缘植物基本生长习性和功能方面的选择。

地理位置不同的寒冷气候区所选的攀缘植物为什么会有很大区别仍是一个谜，毫无疑问主要的原因是冰川时期的地质历史，退潮和冰川流动间地相互作用。欧洲本土大型攀缘植物屈指可数，北美地区攀缘植物种类数量比较多，而东亚地区绝对是攀缘植物的宝库。毫无疑问，新品种的引进会使垂直绿化大大受益，物种的栽培方式也会一并引入这些地区。Bleddyn和Sue Wynne-Jones已经对这方面进行了大量有价值的研究，他们在威尔士建立了一个苗圃生产基地，且与东亚地区的植物学家和其他相关专业人士建立了重要的联系，于是苗圃产业中出现了许多新的物种群落（Crûg Farm Nursery Catalogue，2007）。

新品种使建筑物立面的视觉效果得到了大幅度提升，使立面产生令人兴奋和戏剧性的效果，而新品种的引进及杂交种的发现有利于对指定植物进行更精确的选择。栽培中的许多物种，只要选用某一地区植物的变种可以进行大量地推广，在某些情况下所有的园艺植物都属于无性繁殖。从野生界某一地区收集的地理族系物种，加以引种使它们能够在市场上出售是非常重要，人们从下面的列表中可以了解相关垂直绿化物种的特征：

选取地理纬度和海拔范围内抗寒性的物种。

物种的大陆性生长习性也是其中一个因素。

因而在植物选择过程中，原产地非常重要。

在整个物种界，植物的大小、生命力和生长习性是各不相同的。

在某些情况下，物种间攀登机制本身也可能有所不同，如或多或少有吸附性卷须的地理族系，如爬山虎物种。

视觉因素，如叶子的形状和开花的颜色，往往都有很大差别。

种植非本土物种会产生一些问题。其中最糟糕的一个是关于到处攀爬的攀缘植物的例子，在垂直绿化中给其他攀缘植物起到了有益的、适当的警告作用。在20世纪初从日本引入美国东南部的葛藤、野葛，本打算是来防止土地的侵蚀作用。但在适应生长地环境后，这类极具绞杀性的攀缘植物扼杀了整片林地，甚至摧毁了大量房子，最后很难将它们彻底根除掉。其他产生麻烦的攀缘植物还包括金银花和藤蕨。鸟儿会在吃掉这两个物种的果实后将吐出的种子到处传播。在对新物种大规模推广之前，需要评估植物进行各种传播途径的可能性。

温暖气候区垂直绿化

在温暖气候区垂直绿化植物的覆盖率足以使生活在寒冷气候区里从事攀缘植物的实践者大吃一惊。温暖气候区物种的范围也要广得多，人们可以看到所能想象到的任何植物花朵形状和叶子颜色，从而进行梦幻的选择。另外，就算不是大多数攀缘物种，温暖气候区的攀缘植物可以长到很大的体型。

温暖气候区建筑物遮阴和降温的需求是极其重要的。毫无疑问，温暖气候区的人们常常通过使用大量的棚架来极大地改善生活质量，这种做法确实具有很大的潜力，棚架还可以给人行道和休闲区带来遮阴效果，覆盖在棚架上的攀缘植物有助于降低温度、遮阳，并减少空调的使用率。在地中海和亚热带气候区，生存着许多属的攀缘植物，包括九重葛属、白花丹属、西番莲属、茉莉属、茄属、夜香木属、粉花凌霄属、马缨丹属和千里光属。不过用于垂直绿化植物的选择非常有限，大多数主要是基于视觉效果方面的考虑。如果基于植物功能特性的选择，无疑会增加许多更为合适的物种。

在潮湿热带地区种植攀缘植物拥有巨大的潜力，一些如蔓绿绒属的攀缘植物可以附生在其他植物上生长，它们的种植方式极大地转换了技术的可能性。

然而，也有需要克服的一些难题。其中一项是灌溉问题，至少要解决那些季节性干旱气候区攀缘植物的灌溉问题。另一个需要强调的难题是许多大型攀缘植物习惯于将根扎在森林树荫处并在高温环境下生长，这样会降低建筑物基部土壤水分。还有一个问题是，毒蛇和蜘蛛会带来潜在的危险，它们很容易溜进房间里面，而人们很少注意到潜伏在办公室窗户草丛里的这些生物的存在。在许多情况下这些属于设计上的问题，特别是在危险的动物对人们造成伤害的地方，一定要将攀爬植物和人的活动区明确区分开来。不过，如果这些问题都能解决，温带气候区的垂直绿化将会成为21世纪园艺界和景观设计界中最令人兴奋和充满活力的一件大事。

攀缘植物在室内绿化中的作用

如果室内有充足的光照，许多温暖气候区的物种就可以在室内种植。植物在降低办公室环境污染方面起到很大的作用（见242页）。然而从根本上说，植物的重要功能是可以提升舒适工作所必需空气湿度水平的45%～65%，以及达到健康呼吸系统所需的舒适工作温度20～22℃（68～72℉）。植物对人们心理健康也有很大的帮助，正如人们所发现的，在充满绿色气息的办公室里工作的人们缺勤总人数也会大大减少。

在光照度达1000～1500 勒克斯的办公环境中，大叶子植物（如观叶植物、大叶崖藤和白粉藤属植物）是使用效率最高并易于护理的植物。自行攀爬类植物薜荔具有非常高的使用效率，粗糙混凝土墙体上生长的蔓绿绒品种使用效率也很高。开花类攀缘植物如山牵牛，文藤属木樨和铁角凌霄则需要在高于2000勒克斯的光照下才能正常生长（Wassmann，2003）。

室内绿化是一个有潜力的新领域，特别是随着现代人花费越来越多的时间待在室内。鉴于现代许多建筑的规模，攀缘植物和垂直绿化技术将会发挥重大作用。

第6章　生态墙、结构和覆盖

在第5章里面我们对攀缘植物如何覆盖墙体和其他竖向支撑构件进行了研究，攀缘植物根部扎于土壤或墙基础部位的生长基质中，无论是属于自然生长基质还是容器生长基质，之后通过自行攀爬机制或支撑构件的援助来完成对墙体的覆盖。在这章的内容中，我们期待调查研究植被对挡土墙和其他结构的覆盖，也就是说这些植被要么是扎根于这些结构中，要么就是不用依靠周围的土壤而能够独立生长。具体来说，我们会考虑到各种不同类型的生态墙，植被垫层，植被挡土墙结构，以及经常被称作"生态技术"的结构体。

目前"生态墙"还是一个相对较新的领域，但已经投入快速使用中，事实上指的是植物依附于安装在墙体表面的固定结构竖向生长，但是植被与墙体有一定距离并通过防水卷材与墙体表面分开。还有另外一个较为简单的技术是作为工程应用的生态墙构筑物，植被成为生态墙的一个组成部分，通常植被在设计中用来稳固挡土墙的土壤和岩石，稳定斜坡，或是植被通常解决混凝土和重型机械所不能处理的问题，这些技术逐渐被称为"生物工程"。生态技术和生物工程技术通常以处理实际的功能而使用，是实现完成特定任务最有效的方式。虽然生态技术和生物工程技术相当广泛地使用于特定状况，它们很少在对视觉吸引力更为需求的城市景观设计学领域中得到运用。然而，这项技术给城市景观设计学提供了很多创造上实施的潜力，特别是在城市空间有限或是地面空间稀少的情况下。

英格兰约克郡Sleightholmdale旅社，干石墙上爬满了植物。

冰岛雷克雅未克市政大楼的苔藓墙（1986年开放），由屋顶流下的循环水给墙体持续地灌溉。墙体通过苔和藓表达该市周边的岩溶景观——实际上这个墙是由一些长有苔藓的砖块堆砌而成的。由加拿大工作室Reykjavik设计。

在本章中，我们考虑墙壁种植或垂直种植的三个主要类型：植被层独立于主墙结构被称作"生态墙"的类型；第二种是植物根部长在墙体外观材料后面的挡土墙；第三种是指植物生根于包含在墙体结构中培养基质的挡土墙。当然，墙壁可以是二维的，仅有一个可见的立面，正如标准挡土墙或建筑物外墙面一样；墙体也可以是三维的，例如在独立的银幕或分裂的结构，实际上，这种墙体真正暴露的只有正面和背面两个立面。

生态墙

许多现代建筑最缺乏吸引力的一个特征是那些没有任何窗户或装饰的空白墙体。将植物种植在这些空白墙体表面的基质中是一个吸引人的想法。但也会存在重大技术性难题：植物叶子和茎具有向光性生长的特性，因此任何想让它们沿着竖向生长的尝试最后反而造成它们枝干的扭曲生长，或枝干自身的崩溃；例如生态墙体外观会很快变得缺乏吸引力。人们试图运用几种不同的技术方法来克服这些问题的产生，依据的事实是：人们会发现一些有特色和视觉吸引力很强的植物群落常常会出现在悬崖边，流经悬崖岩石表面含有足够养分的水流不断地供给着这些植物的生长。通常这些植物群落是高度专业化的物种。在温带地区，最有名的"沿海悬崖"植物群落分布在北美西北部喀斯喀特山的一些悬崖和峡谷上面。

很显然，生态墙成功的关键是对植被的选择，但选择植被的方法可能也是最根本的。植物沿竖向生长的要求：

植被生长基质，最好是惰性和非生物降解的基质（以尽量减少更换的麻烦）；

水和溶液的养分传输的途径；

固定生长基质和植被的方法。

水培法，是指无土栽植技术，均衡的营养溶剂提供了植物生长所需的食物和水分，在植物长期吸收不到水的情况下，这是一个显著的解决方案。自然界悬崖边植物种群的生长方式甚至可以被描述成是"天然的水栽法"，因为许多落下来的水滴中包含了大量由岩石侵蚀后产生的营养物质和高处植被的腐烂体。水栽法生态墙系统通过灌溉系统保持植物持久的湿润环境，为植物成功生长提供了所有的需求。

与相关的微生物相比，植被具有净化空气污染物的能力，生态墙已经投入使用于室内环境，有效减少了通风和空气过滤系统的使用；这在减少能源消耗方面有明显的作用。在"Naturaire系统"中，生存着各种各样的热带植被，大多数营养繁殖的优良品种当为室内植物来种植，命名为"生物墙"（Air Quality Solutions，2004）。在日本，攀缘植物已经被用于此项功能。在建筑物中庭或室内公共场所，植物起到了高度装饰化和突出特色的作用。在冬季非常寒冷的加拿

这是生态墙的一个植物盘，由一些喜阴的地被植物构成，如堇菜属植物、卷柏、酢浆草，由Genevieve Noel设计，由Elevated 景观工程公司制造。

图片来源于Randy Sharp。

大地区，生态墙越来越多地受到当地人们地欢迎，在室内公共场所如商场放置一堵生态墙会产生重大意义。在全球范围内，随着越来越多的可控制气候内部空间的发展，这种"室内花园"将会受到越来越多的关注（Cooper，2003）。

覆盖植被的室外生态墙会产生环境效益——事实上这一点已经得到日本相关研究人员证实。尤其是一项东京工业学院的研究结果已经表明，生态墙可以显著减少通过墙体的能量转换（Sharp，2007）；2001年，东京城市管理局发起了一场"绿色规划"运动，使得墙体绿化得到官方的支持；随后四年周边其他二十几个城市纷纷效仿开展城市墙体绿化工程。全国交通部和建筑部还为推广墙体绿化制定了相关的政策（Sharp，2006）。日本爱知县2005年的世博会，建造了世界上最大的生态墙而成为世博会一大亮点，这项生物工程旨在展示墙体绿化的整套产品和技术。共包括两个绿塔和两堵长152m，宽15m的生态墙。一系列的观赏植物，其中包括玫瑰品种，种植在织物结构内口袋中；更小的植株种植在由隔热泡沫制成的砖块里。日本多数生态墙系统都具有模块化特点，这样使结构安装更加方便，易于拆除模块板并方便维护或修理。

墙体绿化技术在太平洋西北部的北美地区还处于早期发展阶段，并正在尝试许多方法的研究。用于商业目的最成功的生态墙系统是由加拿大和日本公司协作完成的（G-Sky & Sugiko）。酒店和公司的中庭一直以来是生态墙装饰的主要场所，但是温哥华机场和城市水族馆中也出现了生态墙。生态墙是模块化系统，由聚丙烯制成的钢框架支撑板组装在可以支撑生长基质的结构封套里面。投入使用的营养饲料滴灌系统和雨水传感器，都是自动化系统的一部分。

这些设计主要用于中小规模生态墙系统中，有家US-based 公司（ELT 生态墙系统）从市场上获得一种由高密度聚乙烯制成的板材（高密度聚乙烯），这种板材可以将堆肥和植物收集在里面；板材向后倾斜一定角度从而利用植物吸收灌溉用水。与其他系统一样，水通过管道引入整个系统，最后收集到水沟底部。新加坡Elmich公司正在进行一项类似的技术测试与研究，材料是原先设计用于停车场草地的蜂窝砖等。

在日本，有时利用植物单一种植方式来创造壮观的场景，被形象地描述为"垂直式地毯床"。使用生态墙和不同颜色叶子的植被来展示公司标志也具有很强的诱惑力！但是单一种植方式也面临一些潜在的问题：如缺少视觉上的丰富度，生物多样性差，由于培栽或病原体的攻击而产生高风险性彻底失败。然而，加拿大的研究项目突出了植物分类方面所涉及的问题。风速在地面以上会迅速增加，以及建筑环境的动荡都是特殊的问题。身份高的人们对居住地生态墙的植物外观形象要求更高，常绿植物在生态墙中通常占据主导地位。

可持续生态墙种植反映不同方面的问题，特别是日晒和大风。直接暴露在太阳下墙体旁的植物受到太阳辐射非常高，在规划和建设前要事先了解当地的太阳辐射水平。对喜光植物来说缺乏阳光照射也会产生问题，不只是植物体型弱小，而且枝干由于一直朝有光的方向生长造成枝干弱小及过长地增长，正如我们经常看到的现象，种植在水里的喜光直立杂草总是朝着太阳方向生长。景天属植物常用于屋顶上层或太阳暴露最多的地方，蕨类植物和林地物种常位于阴影处和阳光庇护的地方。适量的阳光有利于蕨类、草和阔叶草本植物的生长。

带来具有吸引力的视觉效果是垂直花园的一个重要组成部分。与长植物横向生长习性不同，竖向绿化的植物叶子是向上翻转的，因此可以从下面看到叶子的正面，这意味着这些叶子的背面颜色特别具有吸引力，如矾根。有些植被叶子形状上下成拱形，尤其是蕨类植物或蔓生类植物，如拥有半蔓性茎的灰叶大戟科植物越橘。

太平洋西北部一些地区选用的两个良好植被品种分别是蕨类植

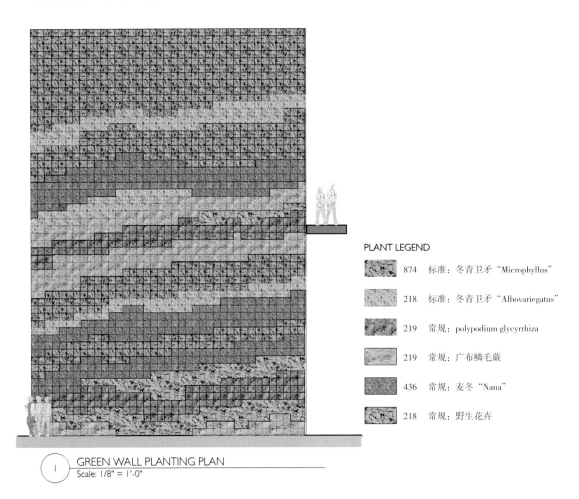

PLANT LEGEND

	874	标准：冬青卫矛 "Microphyllus"
	218	标准：冬青卫矛 "Albovariegatus"
	219	常规：polypodium glycyrrhiza
	219	常规：广布鳞毛蕨
	436	常规：麦冬 "Nana"
	218	常规：野生花卉

① GREEN WALL PLANTING PLAN
Scale: 1/8" = 1'-0"

这是加拿大温哥华地铁快转站的一个生态墙植物设计，这个墙体高1.72m，宽12m，共用了2280个植块，每个植块尺寸为300mm×300mm×85mm。

图片来源于Randy Sharp。

物甘草龙骨（一种真菌）和鳞杏。很多植物不能够在这些地区生长，包括山麦冬和常春藤物种，因为它们的侵略性很强，往往使大量相邻植物的正常生长受到破坏并且造成支撑构件的损坏。禾本科植物以簇拥式方式生长，而不是直立生长——直立生长的危害之一是大量较高植物沿着同一方向向一边倾斜式生长。平铺白珠树是选用的最成功物种之一，它属于常绿、开花、有果实的爬行植物生长习性。相关的越橘品种也显示出很大的使用潜力。这些种植在酸性土壤中的矮灌木还有一个额外优势：它们要求水中有游离态的碳酸钙，这些碳酸钙沉积的白色污渍阻挠了很多项目的正常运行，包括阻止了

伦敦伊斯灵顿Paradise公园，Sure Start 儿童中心建立了一个两层楼高的生态墙，在黑色塑料泡沫的后面是一层生长基质（石棉绝缘），有钢丝网将墙体固定在建筑侧面；在种植块之间分布一些有孔管道为这些植物提供水/营养，最后滴入植株下部密封的种植槽内，再循环到顶部。这里用的水大部分都是雨水，当需要用水时只需拧开龙头。植物通过塞子固定在黑色泡沫里。用的种主要是林地边缘的多年生植物，比如蕨类、天竺葵、岩白菜、矾根属植物、嚏根草属植物，偶尔配置矮灌木。由Marie Clarke和DSDHA建筑师设计。

图片来源于Ayako Nagase。

Patrick Blanc因为是植物学家而做了很多生态墙的工作。在巴黎有很多的代表作，展示了众多植物在有垂直水培的条件下能够生长。

图片来源于Nicola Browne。

水在硬水中的流动，不仅造成视觉上的问题，而且堵塞了管道并影响相关供水系统的使用。小的禾本植物如翠菊、落新妇品种以及更小的鳞茎属植物，也显示出潜在的使用价值。原产林地的常绿爬行物种虎耳草（如蝇子草）也具有非常大的使用潜力，尤其是它们具有发展大片秋色叶的本领。在日本，大叶黄杨很受欢迎；灌木的气生根使其成为理想的垂直覆盖面。

欧洲人所研究的项目在开创和实践阶段喜欢将不同种类的植物进行随机分布种植。植物的多样性是生态墙表面壮观气势的关键，这项调查由法国研究人员和设计师帕特里克·勃朗共同完成，勃朗具有植物学家的背景，他发现在潮湿环境中植物在垂直表面上以许多不同的方式生长。勃朗的研究方法在本质上与日本和其他从业人员的研究方法是相似的，大多数植物是使用垂直水栽法繁殖。增殖毛毡的外层或具毛孔的垫子固定在防水聚氯乙烯板的上面，防水聚氯乙烯板与墙体保持了一定距离。

整个系统是看上去非常薄：约13mm厚（Hill，2001）。装进袋子里的幼小植被插在羊毛毯上，并在那里生长，这有助于加强整个结构的稳固。人们喜欢选用大叶子的植被，其中许多是常绿的，它们会产生一大片茂密的热带丛林景色。这套系统安装在建筑物墙体的前面或是独立创建一套安装结构。两个著名的例子都是由帕里奇·布兰克完成的，包括Parc de Bercy公园的大型装置和卡地亚基金会的立面绿化。

欧洲生态墙系统技术的发展与北美和日本的技术没太大的关系。欧洲生态墙以非模块化结构著称，可以遮掉施工时立面上遗留的缺点，但模块化系统在成本上具有很大的优势。一些试验性系统也可用多孔渗水管来灌溉，在硬水地区多孔渗水管容易造成水管的堵塞。而滴水灌溉具有管道不被堵塞的优势。

生态墙种植

在过去的一个世纪里，我们失去了在墙壁上种植植被的良好习惯，变得更加喜欢现代建筑纯洁的外表，而不喜欢覆盖植被轮廓有些混乱和模糊的墙体。但这种情况并没有发生在20世纪之交艺术与工艺运动盛行的英国，英国人燃起了对传统平房中垂直花园的浪漫憧憬，并鼓励持有房子的人将围墙和土墩埋没在滚滚的藤蔓植物和土墩植物中。事实上，当时杰出的园艺大师之一威廉·罗宾逊（William Robinson）出版了一部经典著作《英国花园》，书中一个独立章节的内容指导了整整一代园丁们，鼓励他们将植物种植在墙上。事实上，他认为从某些方面来说，与巧妙的结构岩石园相比挡土墙也是高山植物一个良好的生长地点，有限的土壤和恶劣的墙体环境减少了高山植被

加拿大不列颠哥伦比亚省Aquaquest学习中心

2006年9月温哥华建成的Stanley公园建造了一堵面积为50m^2（540 ft^2）的生态墙，成为吸引参观者游览公园的一个戏剧性附加景点。生态墙由安装在墙体钢框架上的可拆卸面板组成（由G-Sky），这种板材由防水混凝土造成。灌溉系统选用的水是从建筑屋顶（不包括墙体）收集的雨水；还包括一个过滤器（防止堵塞滴灌发射器）和一个标准的肥料注射器，以循环供给植物的养分。另外一个灌溉系统安装在结构顶部，因为顶部水枯竭的可能性最大。

植物预先在温室面板上生长；全都选用来自太平洋西北部喀斯喀特山脉悬崖上发现的自然界植物群落：荷包牡丹、广布鳞毛蕨、林地草莓、平铺白珠树、甘草龙骨、大穗杯花、黄水枝、常青越橘。野生草莓和越橘为野生动物和来访的小学生提供了果实，事实上将植被种植在墙体底部以吸引很多小观众的参观。白珠树主要用在生态墙顶端，因为它是抵抗冬季寒风最有效的植被；虽然并不是本地乡土物种，但因其可靠性生长也被选择在内。

整套系统的费用为5万美金。建筑师是斯坦德克建筑事务所的成员，生态墙由夏普与钻石景观设计公司设计完成，G-SKY公司供应和安装设备。

明尼阿波利斯可持续社区大会的施工现场。图片来源于Randy Sharp。

周边杂草泛滥的危险。进一步证明当时流行的挡土墙种植植被的书籍是出版于1901年的《花园墙体与水景》，这本著作由当时另一位著名园艺大师格特鲁德·杰基尔（Gertrude Jekyll）完成，他大量介绍了如何使用干砌石墙的种植方式来营造精巧的下沉式和梯田式花园。

她与著名建筑师埃德温·鲁琴斯（Edwin Lutyens）的合作作品推翻了维多利亚时代许多墙体种植的一般原则，试图寻求在挡土墙上打孔以及在铺装路节点处留下空间来有步骤地种植植物（Bisgrove，1992）。这一伟大的遗产基本上已被人们遗忘，被现代主义的纯洁之风一扫而光；留给我们的只剩下郊区一些假山以及昔日美好时光的沮丧回忆。

干砌石墙

干砌石墙是世界上许多地区传统乡土景观的一部分，因为它们一般由附近的石头加工而来，有效地展示了当地景观比较特色的一面。因此在适当情况下，优先选用当地的石材来修建干砌石墙。干燥或破烂的墙体特别适合种植植被，因为石头之间没有被砂浆砌在一起的。因此，将植被种植到这种墙体上有很大的成活机会。虽然独立的干砌石墙大量繁殖植被的机会很多，事实上石墙上面生长的植被都很稀疏，因为除非墙体结构内包含大量的土壤或营养基质，否则植被在缺乏生长所需的营养下是很难健康生长。墙体背面保留的土壤给植被的生长带来了更大的空间，植物可以扎根到背面土壤中。在没有倒塌危险的情况下，没有灰泥粘结的垂直挡土墙只能砌到一定的高度（通常为1m，3ft）。为了实现挡土墙的稳定性，使植物在最佳点处生长，干砌石墙应当安一定角度砌筑［约每12cm（4.8in）处抬高5cm（2in）］。这样做会给墙体带来更大的力量，并使雨水渗透到墙体中所有植被的根部（Bisgrove，1992）。

堆积结构和模块化墙

干砌石墙能够维持直立是因为砌筑相互连接的石头要非常小心，塑造一种拼图时尚。如果单独砌筑墙体时，这些墙体只能达到一定高度就会变得不稳定，即使是在斜坡上。

这是因为未用砂浆粘住的挡土墙基本上是重力作用加固在一起的，而砌得太高时就会出现头重脚轻的效果。但是沿一定角度堆叠一些宽扁的材料如石板或铺路砖，就能够建立更大型的挡土墙。目前建成的最高挡土墙是由荷兰建筑师路易利完成，他从20世纪60年代起就开始对荷兰生态设计产生了深远的影响。路易利一直极力倡导社区参与到附近街区的设计中，在空地通过建立桩、砖头结构、瓦砾以及倾斜材料的形式制定标志，以及设计培育孩子想象力的玩耍场地，并组织人们自发地繁殖并种植植被，被称作是活力无穷和自然运动的倡导者。今天，利用废砖瓦砾砌筑的挡土墙支持植被自由生长的生态做法仍然是荷兰当地园丁（或是他们中的大部分）种植植被的传统方式。

具有讽刺意味的是，这些挡土墙表面看起来很混乱，而勒鲁瓦至高无上的荣耀和杰作是位于荷兰北部米尔丹的生态教堂，一个有着严格秩序的几何艺术作品。迄今为止，生态主教公署建造这座教堂已经花费了30年，并计划由后代一直建造下去直到3000年。所用的材料完全来源于附近城镇拆掉的建筑垃圾、砖和铺地砖，人们将这些建筑材料定期堆放在场地上。一旦结构最后建成，结构将被自然植被大面积覆盖，最后再点缀一些明智的种植。这种种植方法建立的三维空间里填满了粉碎的小材料如砖或瓷砖材料，这些材料又一次给特殊植被的生长提供了合适的场地。

叠加原则也使用于模块化墙体系统，或堆积不同尺寸的有孔预制混凝土块，里面用碎石和压实的泥土填充。这些模块往往有小小

的预制孔，插进一些小钢棒来加固墙体。这种模块化的挡土墙越来越多地用于稳固保留的斜坡和公路边的护坡，也可以作为降低噪音的屏障。但是挡土墙也可以用于提高斜坡边土地的高度，使那里可以用来建造房子。对于已存在的斜坡则不必这样做，咬合系统可以建立不同形状的独立挡土墙结构。

因为每个模块里面都可以填满种植需要的土壤，土壤里往往种植耐寒的灌木和藤蔓植物，或是在土壤里面混合种植各种草种子。挡土墙结构通常由工程师设计完成，但是植被种植的选择范围并没有得到充分利用。这些模块化系统作为干砌挡土墙也有着相同的优势，由于挡土墙并没有完全密封，墙体背后也就不存在积累的静水压力。传统的密封式挡土墙（如垂直混凝土墙）需要巨大的力量反抗这股压力，耗费掉大量排水系统中排出的水分。由于模块化挡土墙被植被完全覆盖，墙体本身会迅速地掩埋在植被中；与墙体涂鸦相比，种植植被是很大的进步。

石笼

上述有关挡土墙的例子是依靠重力巩固结构的。在重力不起作用的情况下，通常把岩石放进金属筐篮中，再把这些金属筐篮固定在垂直墙体结构的合适位置，于是金属筐篮就一个单元一个单元地分布在挡土墙里面。这些塞满岩石的金属筐篮被称为石笼，与古埃及时期人们用来稳固河岸的结构极其相似，只是古埃及人是用柳树和芦苇编制石笼。石笼通常用于稳定护坡或是加固河床，但在急需挡土墙的情况下，石笼里面的材料要用砖和砌块来替代物。石笼通常没有覆盖植被，在不太正式的情况下，如河岸植被大量自发性植被控制；往往意味着生命力旺盛的植被易于侵占并隐藏在相邻金属筐篮里面。

石笼并不是理想的种植结构体，因为岩石之间通常有很大的缺

左上：Louis G. Leroy's 生态教堂细节。

右上：荷兰，Oase公园，堆砌的砖、瓦片和瓦管，以及顶部生长着的景天科植物。

左下：篱笆和新开垦的石板路形成了一个下沉式花园。

右下：干石墙为一些高山植物生长提供了条件。

口和空气间隙。随着结构中土壤的积累以及当地植被种子通过空中和雨水的传播，掉落回土壤的种子将重新覆盖石笼，从而长出许多适合当地环境的植被物种。石块填充石笼的外立面后，用土回填金属筐或混合使用大小不同的石块填满金属筐都会促进植被的培育。另外，石笼结构的顶端要填高10～15cm的成长基质供植被生长。有时柳条配合石笼一起来稳固边坡；柳条插入石笼结构后就可以在里面慢慢生根以稳固河床。

石笼垫的使用可以加快植被的生长速度。这些薄石笼结构常用土工织物做衬垫层，里面填满了石头、岩石以及生长基质的混合物。在安装石笼盖之前应在顶端铺一层过滤垫。草或混合草甸种子就可以在整个结构中生长；石笼还可以直接种植植被的幼苗，或是将植被直接插入纤维垫层。

小规模石笼已经应用于国内园林或景观项目中，这些项目常常需要简洁的外观。一般来说，石笼里安装的篮子要小得多，并以美学和功能性双重标准作为所选填充材料标准。这些篮子为种植小型草本和木本植物提供了生长场地。

砂浆挡土墙

砂浆挡土墙和干砌石墙的不同之处是：墙体的组成成分不同，无论是天然石材或人造材料（如砖），砂浆挡土墙最后都要砂浆固定，因此植被很难在封闭墙体里面存活或是健康生长。但是砂浆墙体确实能够提高挡土墙的高度（提供安装需要的稳固基础）。在砂浆挡土墙里种植植被是很罕见的，尤其是现代建筑。位于荷兰乌得勒支the Grift Park建造高达300m的出色挡土墙是一个例外。这堵挡土墙（2m高，6.6ft）用砖头建成，砖头之间每隔一段距离留出一段未经砂浆粉刷的空隙，在这些空隙里事先插入植被。所插入植被是干草甸

左上：这个堆砌起来的模块化墙与周边沙漠环境无缝隙融合。

右上：模块化墙让植物能在近似垂直的表面生长。

左中：英国常春藤和五叶地锦在这些模块里扎根，土壤填充在模块里。

右中：模块墙让坡和一些不好看的空间得以稳定或盖上植被。

右下：这些石笼，包着规则尺寸的砖石，自身成为一个充满吸引力的墙，墙上的种植袋中的植物进一步增强了美化效果。

图片来源于加利福尼亚土壤保持系统公司。

左上：荷兰，乌得勒支，Gift 公园覆满植物的墙，共300m长。

右上：墙上的植物都是一些熟悉的高山植物或墙体植物：石玫瑰、风信子、香罗兰、景天和石莲花。

左下：长生花、景天、风铃草等长在砂浆墙的缝隙中。

混合物种（如蓬子菜，毛蓬子菜），山野和肉质植物（景天属植物和长生草属植物），典型的墙体种植物种（如金鱼草和红缬草）。

　　上述所有的结构包括使用砂浆和没有使用砂浆的结构，作为独立的实体或挡土墙而存在，对于建筑物的其他方面也有很多的使用价值，如在建筑物的前面以一堵植被墙的形式存在。同屋顶绿化一样，最重要因素是在墙体内使用一种保护性防水卷材或衬底，确保建筑物的墙体免于湿度和植物根系的损坏。挡土墙的结构建在原有墙体前面，最后回填上生长基质。如同绿色屋顶生长基质一样，应选用轻质和利于自然排水的材料。

　　如果挡土墙结构高度超出1m，那么必须加固基础并在墙体前面采取一些加强措施，如安装金属网格或警棍支撑以有效防止墙体倒塌。当使用薄基质层时，要确保灌溉系统的完善。可以从结构顶部引进灌溉系统，从屋顶覆盖层搜集雨水向下渗透进结构里面供植被吸收。

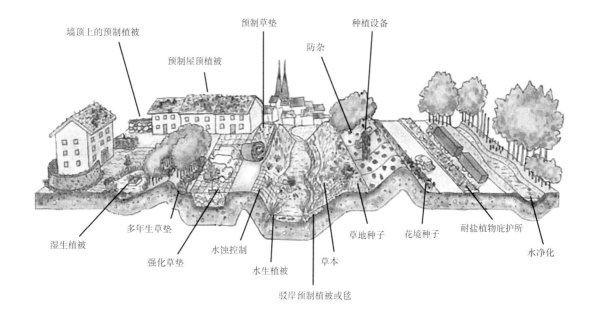

墙顶上的预制植被　　预制草垫　　种植设备

预制屋顶植被　　　防杂

湿生植被　　多年生草垫　　水蚀控制　　水生植被　　草地种子　　花境种子　　耐盐植物庇护所

强化草垫　　草本　　水净化

驳岸预制植被或毯

植被垫层

我们已经讨论过植被垫作为植物生长层而引进屋顶绿化。虽然这项应用技术已经研发成功，并适合于任何植物的应用，但植被与下层土壤间并没有直接的联系。事实上，横向思维为这些植被垫开辟了广阔的使用前景。

由于屋顶绿化技术的发展，大多数植物垫由抗旱的景天属植物组成。这些技术都需要太阳发挥最佳性能，但并不像很多人所想的那样，属于完全抗旱系统。在某些方面墙体生长环境甚至比屋顶生长环境还要苛刻，其可能处于完全的自由落水，于是植物常常位于建筑物落下的雨水影子中，不能直接吸收到大量的雨水。加上风的冲击效应，植物垫底上一层薄薄的生长基质会导致植物的生长变得非常困难。此外，墙体下部产生的阴影再次给需要阳光的物种生长带来困难。垂直类景天墙被视为范例，展示了花园郁郁葱葱和原始的一面，但从长远来看，它们长期效果并不能得到保证，除非永久

瑞典VegTech屋顶绿化公司表示一些生态技术和植被创新运用可以有无数种方式。

由VegTech绘图。

欧洲很多城市用景天科植物
毯铺在轻轨线之间。

右：海石竹，一种非常好的
绿化植物，这里是开敞的、
恶劣的环境。

图片来源于Veg Tech。

性灌溉系统帮助植被度过干旱期。

将支撑构架的植被垫倾斜放置将有助于解决由于阴影和难以吸收雨水所带来的问题。植被垫水平放置在地面会更带来更多的成功机会；在一些欧洲城市，人们通常在道路或人行道两边看到水平放置的植被垫层。植被垫仅限使用于景天类植物和屋顶绿化植被群落的说法是不对的，目前正在德国进行研究的是作为草甸混合物（本土和外来植物）生长的植物衬底。事实上开花的草本植被和通过草皮或移植草皮建立草坪草，并没有很大的区别。

生态篱笆

以上讨论的植被结构大多数是一维的，因为它们呈现给观众的只有一个立面，无论是指建筑物立面、河岸边还是斜坡。所有一维结构都可以转换成三维结构，作为围墙或篱笆生态植物替代物来筛选和划分空间。当然树篱也能达到这个目的。但在某些情况下，不同的结构可能会更加合适。例如当无法将木本植物种植在地面，那里隔板的表面比较坚硬或是离地面太远，如可以选择种植在阳台或屋顶上面。不用扎根地面上的隔板或结构上种植的植物可以到处移动。移动的围栏与树篱相比维护费较少；移动的围栏可以一直保持原来的大小，也可以给予即时的影响力。改变人工种植结构也很有可能。

左：石篱笆上已有自然萌发的植物。

上：石篱笆顶上有草皮。

自我养护生态篱笆通过在一个金属或木框架内装上用土工布包裹的轻质生长基质。

©斯图加特Eugen Ulmer GmbH & Co。

生态篱笆的组成部分包括：一个支撑框架以保持整体结构的直立；植被层和内部生长基质。这些组成部分实际上是植被层基板间的三明治。也是英国西部乡村传统树篱的一个翻版，干砌石墙包围着中心土壤，由于它们的自由排水，不肥沃性，成为大量植被的栖息地。

威尔士，Alternative技术中心，这个双面且有坡度的堆置结构形成了一个让人印象深刻的生态篱笆，上面长满了红缬草。

围墙顶部和侧面一样为植物生长提供了机会。

生态篱笆，或"fedges"，可以用大量的方式建成。木材框架可以固定两边装有基质的金属网格块。土工布垫层用来阻止基质从网格上洞口溢出。土工布上的狭缝允许植物插入到篱笆里面。在非常干旱的时期，灌溉系统必须保持植被可以大量覆盖篱笆。公路和铁路沿线建造的大规模噪声防护屏障就是采用以下原则：镀锌金属网连接在一起形成直立板，内部填充生长基质和植被层。

生物工程学

相关的生物工程领域主要指用生物学的知识来解决边坡的稳定性，与传统的工程解决方案刚好相反，传统的方式倾向于使用大量混凝土来解决问题。生物工程技术借助植物根系对土壤的约束力而使边坡加固在一起，上面再用树叶覆盖，可以有效地防止水土流失并阻止大雨后土壤被冲刷走。

　　护坡稳定技术工程包括：使用生物降解的麻绳土工织布以防止草和野花种子混合播种后对护坡的侵蚀。乔木和灌木也可以种植在这些土工布垫层上。柳树的广泛应用是因为它们容易使垫层里的休眠芽重新生根。越来越多的植被技术被用于护坡：提前播种植被种子，或是播种现成的植被，或是使用植物群落都能立即产生效果。前面我们已经提到对植被垫的使用。类似的还有椰子纤维卷或椰壳纤维，它们的种子沿着溪流、河流和运河播种后与湿地植被一起生长，确保驳岸暂时的稳固。虽然目前这种种植方式尚用于规模较小的河岸，但是这些湿地植被对新建的池塘和湖泊却起到很好的生态效益。在所有提到的护坡技术中，已经广泛使用的是柳树作为基本的结构组成部分。柳条剪断后直接插入到护坡稳定结构中，柳树结构现在广泛用于生产隧道和挡板，特别对儿童很有吸引力。

预制的湿地植被，通过种植椰皮纤维，快速获得建成效果。

图片来源于VegTech。

结论
让建筑融入景观，文化融入自然

　　人和自然导致的气候变化将变得越来越频繁，无论是从实用还是经济或政治的角度看，建筑环境对全球环境的影响将成为重点。"自然"灾害逐渐充斥着头版头条，但仅仅部分是自然形成——经常是人类的破坏或自然干扰；例子之一就是洪灾常常是由不透水的混凝铺装导致的。我们相信本书所介绍的技术在减少对自然系统的破坏里能起一个主导作用，这能帮助我们生活在一个更和谐的自然之中。

　　本书主要集中在建筑环境上或周围的植被建成技术上。我们没有讨论一些众所周知的地方，比如阳台、窗台盒以及容器里，但关注了建筑表面是如何成为植被建成的起点的。我们分章节进行了介绍：屋顶绿化，墙体绿化，以及其他地面结构。技术和措施主要集中在对有限空间种植技术的优化，大部分创新方式也都进行了充分描述。可能我们很多例子无意间都表明了结构和硬质材料可以通过植被软化。

　　水是将这些不同元素整合在一起并使建筑融入周边环境的关键因子。当屋顶绿化能减少和减缓屋顶径流，在那里水必须要有地方可流入。它经常直接进入主要的排水系统，但这是一种有用资源的浪费。一个更整合的方式是将多余的地表径流引入一系列池塘或者湿地，这里能提供一些栖息地和视觉上的美感，同时对地下水是一种补充。那种雨水花园在很多国家成为一个富有吸引力的事物。进一步说，屋顶上的水可以用来灌溉第5章已讨论的篱笆。

　　我们认为"整合"是个关键词：于建筑、景观、植物、自然和文化来说，屋顶绿化、附着攀缘植物的建筑和雨水花园必须和空调系统、可持续水管理、可持续能源利用以及其他一些技术整合在一起，这样它们才能一起产生功效。孤立的屋顶绿化不能做那些，但和其他技术整合就是一个强大的协同整体——这个协同整体能让我们共享一个逐步拥挤的地球。结论是建筑师、景观设计师、园艺师、工程师和环境工程师都需要团结协作。

屋顶绿化植物名录

　　这份植物名录详细地列出了一些试验和测试过的植物种类，并且在欧洲中部证实了它们的真实性。包括名录表里的一些其他属的植物也被证明是十分真实有用的。我们并没有妄称这是一份详尽完美的清单。考虑到屋顶绿化还只是一个新的学科，还需要做很多物种实验，所以去挖掘一些目前并不十分详尽的植物的潜在信息也是十分重要的。我们仅列出了一些适合粗放型屋顶和半粗放型屋顶的植物，也就是说，除非有一些其他的特别措施，一般它们必须要生活在浅土或者比较浅的土壤中，还要比较耐湿。

　　在下面的列表里我们会分别解释适合不同土壤的植物种类：粗放型屋顶：适合种植的土壤深度为4～6cm和6～10cm；半粗放型植物适合种植的土壤深度为10~15cm和15~20cm。值得注意的是，这里所指的种植深度并不全是屋顶绿化的深度，它还包含了排水层的深度。更值得注意的是，这里的最适深度只是一个最小值范围——绝大多数植物在比最适深度更深的土壤中也可以生长得很好——实际上会生长得更好。这份列表也介绍了一些简单的灌溉和土壤腐殖的内容。如果增加灌溉量或增加土壤腐殖度，可以使得很多植物在另一个土壤深度范畴生长。

　　在运用草本的蔬菜做屋顶的绿化时通常将其与草结合，在视觉上起到引人注目的效果。这种蔬菜与草的结合是成功的而且是必要的。因为草类之间的竞争使得它们相互之间生长得很紧实，如果没有竞争，它们将高于普遍的屋顶绿化视觉高度。例如矢车菊物种和菊苣。

首先，我们对列举的植物按属来分类，并给予它们一个姓来反映植物的一些特征。然后，我们对这些属的特征做简要的描述。生长形态分为五种，其中前两种是无限散布型：（1）地毯状植物的茎散布在培养基表面，边扩展边扎根（也就是匍枝茎）；（2）毡状植物的茎散布在培养基表面，最终扎根，但是它们不是匍枝茎；（3）丛生植物形成适度松紧的丛，而不是毯状；（4）垫状植物紧紧地按垫状生长；（5）地下茎植物沿着水平根散布。最后，我们推荐在这些属中已经检验成功的一些种类。尽管如此，我们的目的是鼓励更多的对这些属中的其他种类和栽培品种的实验。

我们对每个属给予了常规信息，这些信息涉及高度、耐旱性和外貌——这些数据并不一定适用于属中的所有种。同属的植物也许会出现在不同的土壤深度。耐旱性分为低、中、高耐旱性。低耐旱种需要潮湿或阴凉的环境和腐殖土——肥沃的培养基。中耐旱种——很大一部分植物都属于这个种——来自干燥的产地，但不能忍受持续的夏季干旱或长期的强热，它们对培养基中的腐殖土含量很敏感。高耐旱种来自干旱地区或高山地区，它们在潮湿的培养基中会死于冬天的腐烂。这些植物在低腐殖土含量的矿制培养基中生长得最好。

多年生植物

简约型：栽培基质深度为4~6cm

Acaena（蔷薇科）

丛生蔓性多年生植物，色彩丰富的浓叶和花密集的习性使其中一些植物成为最有价值的观赏植物，可适当为屋顶荫蔽。常绿羽状叶，夏季种穗上有红棕色芒刺。

高度：10~15cm，中等耐旱，耐半阴。

种：*A.micropbylla*应用范围广；*A.bucbananii*植株高度10cm叶蓝灰色；*A.caesiglauca*植株高度10cm叶灰绿色；*A.inermis*'Purourea'植株高度10cm叶紫色。

Acinos（唇形科）

多年生蔓性植物，叶细菱形，花期初夏，花紫色。

高度：15cm，强耐旱，喜光。

种：*A.alpinus.*有一些类似的合适物种存在。

圣蓟属（菊科）

卡琳蓟是一个无茎的蓟类，叶银色多刺。花着生于中央。

高度：5cm，强耐旱，喜光。

种：*C.acaulis*和*C.acantbifolia*很相似，但是叶更大。

对叶景天（景天科）

具有扩散性地下茎的常绿多年生植物，叶呈圆形、肉质，下垂的黄色总状花序。

高度：15cm，中等耐旱，喜光。

种：*C.oppositifolium*

Euphorbia（大戟科）

一类实用的多年生草本植物，以蓝绿叶色为优势，花黄色或绿色。

高度：20~30cm，强耐旱，喜光。

种：*E.capitulata. E.cyparissias* 有类似蕨类植物的秋色叶，春季淡黄绿色花朵，具有蔓延性。

Fascicularia（凤梨科）

旱生植物，这是凤梨科中很小的一个属，可耐轻度的冰冻。在热带、亚热带和无冷冻的气候带具有很大的潜在价值。

*Herniaria*治疝草属（Illecebraceae）

匍地多年生植物，叶小呈黄绿色。

高度：2cm，强耐旱，喜光。

种：*H.alpina*

Jovibarba（景天科）

丛生多年生植物，常绿多浆肉质植物，夏季开花，黄绿色柔荑花絮。

高度：20cm，耐高旱，喜光。

种：*J.sobolifera* 与长生花具有相似的耐旱性。

通泉草（玄参科）

丛生多年生草本植物，根茎簇生成细小密集的毯状叶，花期晚春，花蓝紫色。

高度：5cm，耐旱性弱，耐半阴。

种：*M.reptans*

Sedum spurium

Sedum hybridum 'Immergrunchen'

膜萼花属（石竹科）

丛生多年生植物，叶为细线形，花小，淡粉色，花期持续整个夏天。

高度：20cm，强耐旱，喜光。

种：*P.saxifraga*的生命力强，自我繁殖能力强，入侵性强。

Raoulia（菊科）

水平匍匐茎的多年生植物，叶小且银色多毛，花期夏季，花黄色。

高度：1cm，中等耐旱，耐半阴。

种：*R.australis*，*R.glabra*和*R.bookeri*三者十分相似，并且经常与*R.australis*混淆，但是它们都对冬季的潮湿敏感。

瓦莲属（景天科）

丛生多年生植物，叶片常绿多浆，花黄色，夏季中旬开花。

高度：5cm，强耐旱，喜光。

种：*R.aizoon*.包括许多亲缘种。

漆姑草属（石竹科）

丘型垫状的多年生植物，叶细条形，初夏开白花，

高度：1cm，不耐旱，耐半阴。

种：*S.subulata*.黄叶的*'Aurea'*为最常见的种。

虎耳草属（虎耳草科）

垫状多年生常绿植物，叶基生，花瓣离生，开白色或粉红色花，花期春季。

高度：10～20cm，强耐旱，喜光。

种：*S.paniculata*花瓣离生，花白色，花期春季. *S.crustata*．*S.tridactylite*.

黄岑属（玄参科）

垫状多年生植物，叶细小呈银色，花期夏季，开黄花。

高度：15cm，强耐旱，喜光。

种：*S.orientalis*

景天属（景天科）

多浆植物是简约型屋顶绿化中应用很广的一个大属。叶呈常绿丛生状，花期夏季，花黄色、白色、粉色。

高度：10～20cm，强耐旱，喜光。

种：*S.acre,S.album,S.anacampseros,*
S.cauticolum,S.cyaneum,S.dasypyhllum,
S.ewersii,S.floriferum,S.fosterianum,S.hispanicum,
S.hybridum,S.kamtschaticum,S.lydium,S.nevii,
S.ochroleucum,S.reflexum,S.sediforme,
S.sexangulare,S.spathulifolium,S.spurium.
可应用许多的杂交种和栽培变种。

藏瓦莲属（景天科）

具有匍匐茎的垫状多年生常绿植物，叶浅绿多浆，夏季开白花。

高度：5cm，强耐旱，喜光。

种：*S.alba.*

长生草属（景天科）

多年生密集垫状的常绿植物，叶莲座形，花为略白的绿色、粉色、紫色，着生在直立茎上。

高度：20cm，强耐旱，喜光。

种：*S.aracbnoideum*，*S.montanum*，观音莲，还有许多可用的杂交种和栽培变种。

简约型：栽培基质深度为6～12cm

香荠属（十字花科）

丛生多年生植物，叶银灰色，花黄色，头状花序。

高度：10～20cm，强耐旱，喜光。

种：*A.argenteum, A.montanum, A.saxatile.*

蝶须属（菊科）

具匍匐茎的垫状多年生半常绿植物，叶灰绿色，花为白色、粉色，呈绒毛状头状花序，花期春末。

高度：5cm，中等耐旱，喜光。

种：*A.dioica*，许多栽培变种开粉色花，例如：Rosea和Nyeword. *A.alpina*的植株较高，其他习性相似。

鸡尾兰属（百合科）

具有地下茎的多年生植物，叶线性，花呈类似百合的喇叭状，花期为春末。

Armeria maritima

高度：40cm，中等耐旱，喜光。它是石灰岩质草地植物群落中的主要组成部分。

种：*A.liliago.A.ramosum*植株较高，可达到60cm，地下茎，花较小呈星型。

绒毛花属（壳斗科）

丛生的多年生植物，生命周期短，无性繁殖，自然生长在沙土堆上或排水好的钙质土上。

高度：30cm，中等耐旱，喜光。

种：*A.vulneraria* 具有黄色头状花序，也有粉色花及红色花的变种，花期初夏，其入侵性可对其他物种造成损害。但是通过组合许多不同的花色可以创造出惊人的效果。*A.montana*（10～20cm×60cm）的生命周期较长，花色粉红、红色、紫色，具有类似丁香的头状花序。

海石竹属（白花丹科）

这是一类应用广泛的植物，具吸引力且适应性强，为垫状多年生常绿植物，叶窄且密生，花为白色、粉色、红色，纸质头状花序，耐旱性较强，喜光。

种：*A.juniperifolia*的植株只有5～8cm高，头状花序，花色在紫、白色之间不断变化。*A.maritina*被作为杂交的母本，*A.pseudoarmeria.*

铁角蕨属（铁角蕨科）

丛生多年生蕨类植物，喜酸土。

高度： 15cm，中等耐旱，喜半阴。

种： A.ceteracb A.septentrionale A.tricbomanes.

黄耆属（豆科）

亚灌木，花色淡白紫色 夏天开花。

高度： 20cm，中等耐旱，喜光。

种： A.alpinus 有很多相似的种，但运用不多。

南庭荠属（十字花科）

垫状多年生植物，花色明亮，引人注目，花紫色，暮春开花。

高度： 5～10cm，较耐旱，喜阳或半阴，如果夏天干旱不严重，可以种植在半阴下。

种： 有很多可利用的种，红瀑布是运用最广泛的。

狒狒草属（鸢尾科）

一个在南非种植很广泛的属，花色明亮，春季或初夏开花，在中夏开始休眠，适合不寒冷的地区种植。

百金花属（龙胆科）

直立的多年生植物，花色粉红，小，在排水好的钙质土上生长良好。

高度： 15cm，极耐旱，喜光。

种： C.erytbraea.

卷耳属（石竹科）

丛生多年生植物，银灰色叶，白花，春天或初夏开放，适合混栽在其他直立植物中间。

高度： 15～20cm，较耐旱，喜光

种： C.tomentosum有入侵性。

小冠花属（豆科）

多年生蔓性植物，夏天开花，粉红色或青豆色，有入侵性，有些种生长得比较慢，但是对一些贫瘠土壤的大面积覆盖有很大作用。

高度： 25cm，中等耐旱，喜光。

紫堇属（罂粟科）

多年生植物，具有根茎，金黄色放射状花朵，开放在春 夏，生命力强。

高度： 30cm，耐旱能力中到高，喜阴或半阴。

种： C.cbeilantbifolia黄花，叶形与C.lutea不同。

芯芭属（玄参科）

垫状多年生植物，夏花黄色、蓝色、有入侵性，这是个十分有用的特性。

高度： 5cm，耐旱，喜半阴。

种： C.muralis 常用的墙面绿化材料。

石竹属（石竹科）

一个十分有用的属，外表十分美观，主要为簇生，垫状多年生植物，灰或绿色常绿叶，花色丰富，有粉红，紫色，白色，红色，在初夏开放。

高度： 10～20cm，高或较耐旱，喜光。

种： D.anatolicus粉红色花，D.arenarius（高度20cm）边缘开白色的花在初夏，D.cartbusianorum是纤细的多年生或两年生植物，有小的深粉色的花常用来装饰草地，和牧场，D.deltoides有各种红花或粉红花D.erinaceus形成粉红色花毯，

*D.gratianopolianus*很大的粉红花，

*D.plumarius*是粉红白色的花，春季开放。

葶苈属（十字花科）

垫状高干植物，叶莲座形密生刚毛，花小，白色或紫色。

高度：10cm，耐旱程度中到高，喜光。

种：*D.aizoides D.dubia D.lasiocarpa.*

蛇莓属（蔷薇科）

垫状多年生植物，利用像草莓一样的营养叶来繁殖，春黄色花，夏果，像草莓。

高度：5～10cm，中或不耐旱，喜半阴。

种：*D.indica.*

石莲花（景天科）

莲座形叶，在温暖的地区生长，有很高的研究价值。

高度：20cm，极耐旱。喜光。

Erinus（玄参科）

簇生高山植物，春花粉红色。

高度：10cm，较耐旱，喜光。

种：*E.alpinus.*

山柳菊属（菊科）

十分有用的混合草地植物，丛生多年生植物有莲座形叶总状花序，在初夏开花。

高度：20cm，极耐旱，喜光。

种：*H.aurantiacum*十分美丽的紫铜色 – 橙色的花*H.lanatum*和*H.villosum*有银色的叶*H.pilosella*有入侵

性，生命力强，但最好与其他生命力强的植物一起种植。

猫儿菊属（菊科）

与山柳菊相似，猫儿菊是生长在混合草地上的。

高度：20cm，高或较耐旱，喜光。

种：*H.glabra. H.maculatum*是有斑点或豹纹的猫儿，有醒目的巧克力色斑点。*H.radicata*生命力都很强。

鸢尾属（鸢尾科）

多年生植物，具有根茎，拥有剑形叶花深蓝色在初夏开放。

高度：随种变化，极耐旱，喜光。

种：*I.flavescens. I.pumila. I.tectorum*淡紫色花有暗色的痕迹和白色的斑点，像长生花，用于屋顶的鸢尾在传统意义上用土很少*I.variegata*灰黄色花带棕色或紫色斑点初夏开花，杂交种有重大用处，基本上矮小的种都适用于屋顶绿化。

狮齿菊（菊科）

多年生植物自然草地生长植物，莲座形叶，花期从夏末一直到秋天十分有用。

高度：20cm，中到极耐旱，喜光。

种：*L.taraxacoides. L.autumnalis*花期8～11月。

Leptinella（菊科）

垫状常绿植物，叶芳香花微红在春天。

高度：4cm，不耐旱，喜半阴。

种：*L.squalida*大多为黄色花，是一个十分好的地被，但是一定要在潮湿环境中。

珍珠花属（报春花科）

多年生匍匐植物，具有不定根紧密的圆形叶，花黄色夏天开放。

高度：5cm，不耐旱，喜半阴。

种：*L.nummularia*十分漂亮生长快"Aurea"叶色为黄色。

米努草属（石竹科）

垫状多年生，叶小密集，白色花。

高度：4cm，较耐旱喜光。

种：*M.laricifolia .M.verna.*

酢浆草属（酢浆草科）

垫状多年生植物，具有根茎，有分开的类似三叶草一样的叶子，春天开花，白花。

高度：5cm，不耐旱喜半阴。

种：白花酢浆草，考虑到酢浆草有一定的入侵性在屋顶绿化中要慎用。

指甲草属（石竹科）

垫状多年生植物 苞片为银白色。

高度：1cm，极耐旱喜光。

种：*P.argentea, P.kapela*

多足蕨（水龙骨科）

蕨类植物具有根茎。

高度：20cm，中等耐旱，喜半阴。

种：*P. vulgare* 还有许多杂交种。

委陵菜属（蔷薇科）

十分有用的丛生或蔓生多年生植物花色多于黄色白色红色中到极耐旱，喜光。

种：*P.argentea*银叶委陵菜。

高度：15cm，是一种具有匍匐茎的植物，银色叶黄色花，是很好的地面覆盖植物，但具有入侵性。*P.argyropbylla. P.aurea*垫状黄色，*P.cinerea. P.erecta. P.neumanniana*黄色花，持续整个夏天*P.reptans.*

报春花属（报春花科）

丛生多年生植物，莲座形椭圆形叶，春花头状花序。

高度：10～20cm，中到极耐旱，喜阳或半阴。

种：*P.veris*黄花九轮草，有很多运用，被视作一种春天的象征。穿插在其他多年生植物或牧场中，生命力强，*P.vulgaris*在保持不变的潮湿土壤中生长良好半阴。

夏枯草属（唇形科）

垫状多年生植物头状花序深紫色初夏开放。

高度：15cm，较耐旱或不耐旱喜阳或半阴。

种：*P.grandiflora*忌干旱，*P.vulgaris*是较小的一类。耐旱能力较弱，稍耐阴。

种：大花蔷薇生命力强，但不耐旱。艾叶是较小的类型。

肥皂草（石竹科）

缠绕生长的一种多年生植物，具有小椭圆形亮绿色的叶子，初夏盛开大量1cm的粉色花朵。

高度：20cm，耐旱能力较强，向阳。

种：*S.ocymoides*生命力强，易存活，但会盖住生长缓慢的植物。*S.pumilio*可达到8cm高。

麻花头属（菊科）

丛生的一种多年生植物，分支的茎上具有精细分布的叶子，夏末和秋季呈似蓟的红紫色。

高度： 20cm，抗旱能力一般，喜阳。

品种： 由于它花期较晚，所以是一种很常用的物种。

庭菖蒲属（鸢尾科）

一种常用的绿色叶植物种类，在春季和夏季有星形的花。

高度： 15~20cm，抗旱能力强，喜阳。

种： *S. angustifolium*，*S. graminifolium*.

香科属（唇形科）

有芳香的小灌木，多年生植物，有蓝色、粉红色和紫色花。抗旱能力强，喜光。

品种： *T.cbamaedrys*（10cm），*T. montanum*（10cm），*T. pyrenaicum*（10cm，4英寸）。

百里香属（唇形科）

具芳香地被或丛生灌木，粉色或紫色花。自播繁殖。

高度： 10~30cm，抗旱能力强，喜阳。

种： *T. doerfleri, T. praecox, T. pulegioides, T. serpyllum, T. vulgaris.*

范库弗草属（小檗科）

地下茎生长缓慢的多年生植物，亮绿色的叶子形状有点畸形。春天开小白花。

高度： 20cm，抗旱能力弱，稍耐阴。

种： *V.bexanda,V.brysantba*有更多的革质常绿的叶子。

毛蕊花属（玄参科）

玫瑰形多年生植物，叶面常多毛并有直立的尖刺，

通常为黄色的小花。能大量的自播繁殖。

高度： 60~100cm，抗旱能力强，喜光。

种： *V.cbaixii, V.pboeniceum.*

Extensive / semi−extensive

Substrate depth

集约/ 半集约型

基质深度（10~15cm）

蓍属（菊科）

多年生地被植物，有美丽的似羽毛的银色叶子，一般为白色或黄色的扁平头状花序。

高度： 20~25+cm，耐旱，喜光。

种： *A.ageratifolia*，*A.cbrysocoma*，*A.clavennae*，*A.millefolium*。还有许多其他待发掘品种。

岩芥菜（十字花科）

小灌木，晚春开粉红色花。

高度： 10~15cm，很耐旱，喜光。

种： 桔梗，开淡粉色花。

A.speciosum 粉色，10cm。

A.stylosum 粉色，8m和*A.grandiflorum.*一样寿命不长。

筋骨草属（唇形科）

多年生植物，低矮，具匍匐茎，叶光滑淡紫色，春天有蓝色蕙状花序。

高度： 15cm，耐旱力不强，稍耐阴。

种： *A.pyramidalis*丛生，叶子深色，蓝紫色蕙状花序长15cm。*A.reptans*，可应用的有各种栽培品种，区别主要在于叶子是否有斑点或者深调叶色。'*Catlin's giant*'是一种具有大叶子的独特的好品种。

斗篷草（蔷薇科）

美观的多年生缠绕生长植物，叶有分裂，夏季有淡黄绿色头状花序。

高度：20～40cm，耐旱，稍耐阴。

种：*A.alpina A conjuncta*长势更高（20～30cm），蓝绿色，叶茂盛。*A.erythropoda.*

南欧派（菊科）

缠绕生长的一种多年生植物，具有高度分裂灰绿色叶子，初夏开白色雏菊花。

高度：5cm，耐旱力强，喜光。

品种：*A.pyretbrum var. depressus.*

香青属（菊科）

丛生类多年生植物，银灰色叶片狭窄，白色头状花序初夏开放。

高度：30cm，耐旱力强，喜光。

种：*A.margaritacea, A.nepalensis var. monocepbala, A.triplinervis.*

西洋甘菊（菊科）

丛生或毯状多年生植物，叶片有分裂，夏天开黄色或白色雏菊花。

高度：20～50cm，耐旱力强，喜光。

种：*A.Nobilis, A.sancti-jobannis, A.tinctoria.*

楼斗菜（毛茛科）

直立生长的多年生植物，叶子有锯齿，楼斗菜花，生命周期短，但能自我繁殖。

高度：40～60cm，耐旱，稍耐阴。

种：*A.alpine, A.Canadensis, A.flabellate*（高仅10cm，4英尺），*A.vulgaris*。

南芥属（*Crucifereae*）

缠绕生长的常绿多年生植物，灰绿色叶，春天开白花。

高度：15cm，耐旱能力强，稍耐阴。

种：*A.caucasica, A.procurrens.*

艾属（菊科）

具芳香的多年生灌木，银灰色叶片有锯齿。

高度：10～30cm，耐旱能力强，喜阳。

品种：*A.Scbmidtiana, A.stellariana, A.umbelliformis.*

细辛属（马兜铃科）

多年生，具有地下茎，常绿地被植物，心形叶，有光泽

高度：8cm，耐旱能力不强，喜阴。

种：*A.caudatum, A.europaeum.*

紫菀属（菊科）

丛生直立多年生植物，潜在的晚花品种试验在绿色屋顶上是具有价值的。

高度：30～50cm，耐旱，喜阳。

种：*A.amellus*开蓝色花（杂交品种紫红色）。

*A.linoyris*夏末、秋季有黄色针形头状花序。

岩白菜属（虎耳草科）

散生多年生植物，叶片大而光滑，常绿，早春开花，簇拥成丛，有粉色，紫色，白花。

高度：30cm，耐旱，稍耐阴。

种：*B.cordifolia ,B.purpurascens*，杂交品种多。

水塔花属（凤梨科）

水塔花属包括一些最坚硬的凤梨科植物和许多石类植物变种。它们有抵御冬季霜冻的能力。

新风轮属（唇形科）

具芳香多年生植物，夏末开白色或粉色小花。

高度：40cm，耐旱能力强，稍耐阴。

种：*C.grandiflora, C.nepeta*

新风轮属*nepeta*

风铃草属（桔梗科）

风铃草有很多各式各样合适做屋顶绿化的品种，大多以夏季开放的湛蓝花为主。

高度：10～30cm，耐旱，喜阳。

种：*C.carpatica* 有大的淡紫蓝色似铃铛形花，夏季花期长。

*C. cocbleariifolia*相似，但较小，且更美观。

*C. glomerata*是生长在钙质草地的品种，其深蓝色花具球形的头状花序。

C. portenscblagiana, C.rotundifolia（风信子）地下茎成丛。

刺苞术属（菊科）

这种小型的蓟为某些情况提供可能性。具有直立多刺的茎和叶，紫色头状花序。

高度：30cm，耐旱能力强，喜阳。

种：*C. vulgaris*

矢车菊属（菊科）

多年生的矢车菊为屋顶绿化提供了巨大的可能性，有迷人的树叶，色彩缤纷的花卉，如雕刻般的种子。丛生的多年生植物具有成团的叶片和挺直的花茎，通常有紫色或粉色小花。抗旱性适中，喜光。

种：*C. nigra*是适应海洋性气候的一个的物种。

C. rupestris . C. ruthenica. C. scabiosa，大的紫色头状花序。

C. triumfettii ssp. stricta.初夏开淡紫色的花。

很多其他品种也有实验价值。

排草属（败将科）

丛生的多年生植物，叶片暗绿色，有光泽。初夏开粉红色花。也有粉色和白色品种。

高度：30cm，耐旱能力强，喜阳。

种：*C. rubber* 常生长于墙垣和悬崖。

Cheilanthes（铁线蕨科）

比较罕见的蕨类植物种群，有很强的耐旱性，叶在干旱时枯萎，在下雨时恢复。即便其地面覆盖能力不强，但仍值得被驯化。

高度：10～20cm，较耐旱，喜光。

胡萝卜属（伞形科）

直立，两年生植物，羽状叶，米色的花在茎顶端，而后变成粉红色。生长在钙质土上。

高度：40cm，极耐旱，喜光。

种：*D.carota.*

骨碎补属（骨碎补科）

附生，有极其发达的垫状根茎，叶在干旱时枯萎。

高度：10～20cm，不耐旱，喜半阴或全阴。

露子花属（番杏科）

多年生的爬行状肉质植物，叶常绿，夏季开深紫色雏菊状花。

高度：10cm，极耐旱，喜光。

种：*D. cooperi* 是寒冷地区使用广泛的一个属。

仙女木属（蔷薇科）

垫状，小灌木，晚春开花，花色白色、黄色，

高度：5cm，耐旱或稍耐旱，喜光。

种：*D.drummondii* 黄色花，

D.octopetala 白色花，

D. ×suendermannii 叶大美丽。

刺萼参属（桔梗科）

成簇的多年生植物，初夏开铃铛形紫色花。

高度：15cm，极耐旱，喜光。

种：*E.graminifolius, E.tenuifolius.*

淫羊藿属（小檗科）

多年生常绿或落叶植物，具有地下茎，花色白色或黄色，花期为春季。

高度：30cm，中到低耐旱，喜阴。

种：这个属有很多适合种植在阴僻地方的种

E. ×rubrum 叶常绿，

E.alpinum 羽状叶，开红色、黄色花。

飞蓬属（菊科）

丛生状或垫状的多年生植物，绿灰色叶，开蓝色、粉红色雏菊状花。

高度：20cm，稍耐旱，喜光。

种：*E.glabellus ssp. pubescens, E.glaucus.*

Eriophyllum（菊科）

丛生状多年生植物，叶片具有白绒毛，花色亮黄色，夏天开花。

高度：15cm，极耐旱，喜光。

种：*E.lanatum* 是该属中较为合适的一个品种，能强势覆盖小型植物。

牻牛儿苗属（牻牛儿苗科）

丛生状或垫状多年生植物，羽状叶，花色粉红、白色、紫色，夏季开花。

高度：10～30cm，极耐旱，喜光。

种：*E.cbeilantbifolium. E.cicutarium.*

E.manescavii 种子繁殖，生长缓慢。有许多其他的可用种，具有漂亮的羽状叶，花色粉红、微红、紫色。

刺芹属（伞形科）

低矮生长的植物，多刺，密集叶子叶多刺，头状蓝色花，主根不适合种植在浅土中。

高度：20～30cm，极耐旱，喜光。

种：*E.bourgatii, E.maritimum, E.planum.*

大戟属（大戟科）

一个很耐旱的属，叶表面有白霜，绿色或黄色的花序。

高度：20～30cm，较耐旱，喜阳或半阴。

种：*E.myrsinites. E.polycbroma*有很多可用的种，*E.amygdaloides*与*E.amygdaloides var. robbiae*是阴僻处常用的植物。

Filipendula（蔷薇科）

多年生草本，羽状叶似蕨类植物，具有光滑细腻的头状花序。生长在石灰岩质的草甸上。

高度：25cm，较耐旱，喜光。

种：*F.vulgaris.*

草莓属（蔷薇科）

草莓适合种植在屋顶绿化的半阴处或阴僻处（例如在斜坡屋顶）。蔓生有匍匐茎的多年生植物，早夏时期开白色花。

高度：10cm，稍耐旱。

种：*F.vesca*是真正的野外种，*F.viridis*还有很多可用的亲缘种。

拉拉藤属（茜草科）

丛生或蔓生多年生植物，螺旋状的叶密集生长在茎上，开白色或黄色的星形花。

高度：10～20cm，较耐旱，喜光或耐半阴具体情况取决于种。

种：*G.mollugo*和*G.saxatile*（树篱或荒地生长的篷子类植物）可以在屋顶绿化中实验，但在夏季长期干旱时生长不良。*G.odoratum*很适合种植在阴僻的地方。*G.verum.*，在钙质土或沙质土上生长。在干旱的土地上传播性比在肥沃的土地上弱。

龙胆属（龙胆科）

是一种生长在钙质土上很有利用价值的植物。

高度：10～20cm，较耐旱，喜光。

种：*G.acaulis, G.alpina, G.verna.*

龙鹤草属（牻牛儿苗科）

一个有很大研究价值的属，丛生多年生植物，具有传播性，羽状叶，花在暮春到仲夏，喜阳或半阴，根据种类来定。

高度：30cm，开亮粉红色的花，花期从早夏一直持续到秋季，有很多亲缘种。*G.macrorrbizum*深粉红色的花，在半阴处十分适用，有一些杂交种也可以适用，*G.sanguineum*生长在石灰石草地或沙土上，粉红色的花。

G.sessiliflorum Nigricans生长在浅土中。

种：*G.cinereum. G.dalmaticun. G.endressii*

活血丹属（唇形科）

垫状多年生植物，具有匍匐纸条枝，亮蓝色的花，有入侵性，但可以作下层植物。

高度：10cm，不耐旱，喜半阴。

种：*G.hederacea.*

球花属（球花科）

多年木本生植物，垫装，叶光滑，暗绿色，蓝色圆形头状花序。

高度：5cm，极耐旱，喜光。

种：*G.cordifolia, G.nudicaulis, G.punctata.*

石头花属（石竹科）

多年生植物，丛生装或垫状，叶表面有白霜，白色粉红色花

高度：10~20cm，较耐旱或极耐旱，喜光。

种：*G.paniculata*具有白色星形花，*G.repens*和*G.repens*'*Rosea*'是十分漂亮的攀爬植物，花白色、粉红色。

Hedera（*Araliacease*）

蔓生常绿植物，叶深绿而有规则，冬季开花，绿色头状花序。

高度：20cm，呈伏倒状，较耐旱，喜阴。

种：*H.helix.*有许多杂交品种。蔓生性强，适合用于荫蔽屋顶。

常春藤属（五加科）

攀缘灌木，小叶常绿，花大而平，初夏开放。

高度：10cm，较耐旱或极耐旱，喜光。

种：*H.nummularium* 很多黄色花。有许多相似的种和杂交种，白色、豆色、黄色与橙色，生命期较短。

Horminum（唇形）

丛生多年生植物，密集的莲座状，深紫色长穗状花序，初夏开花。

高度：20cm，较耐旱，喜半阴。

种：*H.pyrenaicum.*

金丝桃属（藤黄科）

金丝桃是黄色多年生灌木，是屋顶绿化的重要材料。

种：*H.olympicum* 20cm，叶被白粉，花黄色，仲夏开。*H.olympicum* 30cm，适合在有阳光或半阴的草地上生长。

H.repteans 贴地生长。

有一些高山种值得驯化。

旋覆花属（菊科）

多年生植物，直立丛生，黄色花，较耐旱，喜光。

种：*I.ensifolia* 20cm。

鸢尾属（鸢尾科）

多年生植物，具有地下茎，剑形叶，花蓝色，初夏开花，高度随种不同而变化，极耐旱，喜光。

种：*I.apbylla, I.graminea, I.pallida.*短须或中等须状的鸢尾栽培种。

Jasione（桔梗科）

丛生多年生植物，具有莲座形的叶子，头状花序，花亮紫罗兰色，生长在酸土上。

高度：20cm，极耐旱，喜光，喜半阴。

种：*J.montana.*

滨菊属（菊科）

簇状多年生植物，暗绿色锯齿状叶，大的白色花，初夏开放。

高度：40cm，较耐旱，喜光。

种：*L.vulgare*（牛眼菊），生命期短，生命力强，只适合在草地或低营养基质上生长，否则会变大而

有侵略性。

补血草属（白丹花科）

大多有吸引人的明亮的花，粉紫色。

高度：40cm，喜光，极耐旱。

种：*L.gmelinii*，*L.latifolium*，还有许多其他的种。

柳穿鱼属（玄参科）

多年生植物，生命期短，生命力强，叶线型，蓝色粉色花。高度随种而变化，极耐旱，喜光。

种：*L.alpina* 15cm。在低处蔓生蔓性种，中心为黄色的淡紫色花。*L.purpurea*（40~50cm）紫粉色（也有白粉花）。还有其他的种。

亚麻属（亚麻科）

多年生植物，纤细直立状，蓝色花，茶托形

高度：30cm，较耐旱，喜光。

种：*L.flavum* 黄色花

L.perenne 蓝色花。

百合属与吊兰属（百合科）

生长在潮湿温暖气候带和潮湿的亚热带气候区，经常用于代替草的属。如果灌溉量足够可成功用于屋顶绿化，但是在新加坡也有实验证明其具有一定的耐旱性（Tan & sia，2005）。在寒冷的地区繁殖能力不强。

种：*L.muscari, O.japonicus.*

剪秋萝属（石竹科）

多年生植物，丛生。

高度：40cm，较耐旱或极耐旱，喜光。

Jasione montana

种：*L.coronaria* 生命期短，生命力强，银灰色莲座形叶，深紫红色花。

L.viscaria 具有紫红的圆锥花序。

锦葵属（锦葵科）

粉红色茶托形花。

高度：40cm，较耐旱，喜光。

种：*M.moscbata* 亮粉红色，迷人的羽状叶。

荆芥属（唇形科）

芳香的丛生多年生植物，蓝色花，许多种花期可持续几个月。

高度：30~50cm，较耐旱或极耐旱，喜光。

种：*N.campborata, N.×faassernii, N.mussinii, N.treelWalker, s Low.*

月见草属（柳叶菜科）

丛生直立状多年生植物，黄色花（有时为粉红色），较耐旱，喜光。

种：*O.acaulis* 10cm

O.fruticosa ssp.glauca 40cm（16英寸），*O.macrocarpa* 15cm。

芒柄花属（豆科）

多年生矮灌木，粉色豌豆花。

高度：20cm，极耐旱，喜光。

O.cristata, O.fruticosa, O.rotundifolia, O.spinosa

缤紫菜属（紫草科）

多毛的高山植物，黄色管状花在春天、初夏开放，

高度：10cm，中到极耐旱，喜阳。

种：*O.stellulata, O.alborosea.*

仙人掌属（仙人掌科）

仙人掌有多刺的平垫，十分难杂交。一些低矮的种十分有研究价值。

高度：30cm，极耐旱，喜光。

种：*O.bumifusa.*

牛至属（唇形科）

多年生植物，具有地下茎，芳香叶，花淡紫色、红色，夏季、秋季开花。

高度：40cm，极耐旱或较耐旱，喜光。

种：*O.laevigatum*很多很亲缘种，包括*O.vulare.*

板凳果属（黄杨科）

常绿地被，生于潮湿的土地上。

高度：15cm，稍耐旱，喜阴或半阴。

种：*P.terminalis*顶花板凳果。

Penstemon（玄参科）

粉红管状花，微红色叶。

高度：15cm，较耐旱，喜光。

种：*P.hirsutus, Pygmaeus.*

天蓝绣球属（花荵科）

多年生高山植物，白色、粉红色、紫色星状花，在春季和初夏开放。

高度：15cm，极耐旱，喜光或半阴。

种：*P.amoena, P.douglasii, P.stolonifera，P.subulata*针叶天蓝绣球。有许多品种。

白头翁属（毛茛科）

丛生多年生植物，羽状叶，多毛，生长在钙质土上。

高度：20cm，极耐旱，喜光。

种：*P.vulgaris*深紫色花，通过亲缘种叶形成红色或白色花。

*P.balleri*和*P.patens*肾叶白头翁，二者相似。

花毛茛属（毛茛科）

丛生多年生植物，掌状叶，黄色花在初夏开放。

高度：30cm，较耐旱，喜光。

种：*R.bulbosus.*

红景天属（景天科）

丛生多年生植物，茎直立，叶微灰色，伞房花序，米黄绿色花在初夏开放。

高度：20cm，极耐旱，喜光。

种：*R.rosea*红景天很普遍。还有很多可用的种。

Phlox douglasii

地榆属（蔷薇科）

莲座形叶，头状花序，夏天开红花。

高度：20cm，极耐旱，喜光。

种：*S.minor.*

虎耳草属（虎耳草科）

一种易变的属。虎耳草是垫状羽状叶，白色粉色的花，花期短。伦敦最精华的虎耳草具有革制的莲座形叶，圆锥形花序，粉红色的花。

高度：10~20cm，较耐旱或不耐旱，喜半阴。

种：*S.×arendsii*杂交。
S.cuneifolia, S.geranioides, S.×urbium.

雀苣属（菊科）

丛生多年生植物，针形叶，蓝色、粉红色、红色花。

高度：20cm，较耐旱或极耐旱，喜光。

种：*S.canescens, S.columbaria, S.lucida.*

景天属（景天科）

多汁莲座形叶，叶被白粉，头状花序，暮夏开花，

极耐旱，喜光。

种：*S.spectabile, S.×telepbium.*

蝇子草属（石竹科）

丛生或垫状多年生植物，叶被白粉，星形花在春夏开放。

高度：20cm，较耐旱，喜光。

种：*S.scbafta, S.uniflora.*

一枝黄花属（菊科）

直立多年生植物，黄色花。

高度：10~20cm，较耐旱，喜光。

种：*S.culteri, S.virgaurea ssp. alpestris*还有一些低矮种值得研究。

菊蒿属（菊科）

丛生多年生羽状叶，银灰色常绿叶，黄色花在夏天开放。

高度：15cm，极耐旱，喜光。

种：*T.baradjanii.*

黄水枝属（虎耳草科）

丛生多年生植物，叶多毛耳垂状，美丽，花蝴蝶状，春天开花。

高度：15cm，不耐旱，喜阴或半阴。

种：*T.cordifolia*有许多亲缘种，适合装饰用。

毛蕊花属（玄参科）

多年生或两年生植物，莲座形叶，茎直立。

高度：40~150cm，较耐旱，喜光。

种：*V.nigrum*毛蕊花，生命力强，花黄色。

婆婆纳属（玄参科）

垫状多年生根茎类植物，蓝色花。

高度： 10～30cm，较耐旱，喜光。

种： *V.incana. V.prostrata*是普遍种植的种
V.spicata. V.surculosa.

蔓长春花属（夹竹桃科）

蔓性多年生植物，有地下茎，紫色穗状花序

高度： 15cm，较耐旱，喜半阴。

种： *V.major*蔓长春花。*V.minor*小蔓长春花十分相
似，但是较低矮。它们亲缘种很多，花色有白色、
紫色、酒红色，叶有斑点。

堇菜属（堇菜科）

垫状多年生植物，蔓性，心形灰绿色叶。

高度： 15cm，较耐旱，喜半阴。

种： *V.biflora*双花堇菜黄色花在暮春开花，很多的
堇菜属物都适合在屋顶绿化中运用，但是*V.biflora*
双花堇菜和*V.labradorica*是蔓生品种，可自播繁殖；
深紫色的叶片，开灰紫色花。

半集约型：15～20+cm的
土壤深度

芦荟属（百合科）

一个十分有用的多汁植物属，适合干燥无霜冻的地
区，有许多在中性土或岩石土壤中生长良好，具有
装饰性，芦荟有许多潜在的价值。

高度： 30～60cm，极耐旱，喜阳。

桦木属（桦木科）

只有一个适合的种。

种： *B.nana*低矮生长，具有传播性，枝条具有吸盘，
但不耐旱。

短舌菊属（菊科）

矮生常绿灌木，在景观设计中常常广泛做地被。生
活在新西兰与澳大利亚的岩石区，它们适合海洋气
候中的屋顶绿化，夏季不耐干旱。

高度： 1m，极耐旱，喜光。

醉鱼草属（醉鱼草科）

常生长在一些荒废的屋顶的砖块缝里，植株十分低
矮，很适合屋顶绿化。

高度： 1～2cm，较耐旱或极耐旱，喜光。

种： *B.davidii* 大叶醉鱼草很多亲缘种，如：*Nanho Blue.*

牛眼菊（菊科）

丛生多年生植物，黄色花在夏天开放。

高度： 30～40cm，较耐旱，喜光。

种： *B.salicifolium*牛眼菊。

埽石楠属（杜鹃花科）

亚灌木，针叶，粉紫色的花在暮夏开放。*C.vulgaris*
和*Erica，Gaultberia，Vaccinium*适合在浅土中种植，
但是一旦水分不足叶会枯死。

高度： 30cm，稍耐旱，喜光。

鼠李属（鼠李科）

适合地中海气候的灌木，生长在贫瘠的土壤中，有研究价值，虽然很多种只适合匍地生境下栽培。

种：*C.tbyrsiflorus Repens.*

蓝雪花属（白花丹科）

亚灌木，花期长，呈低矮状生长，常用作地被。生长极耐旱于不干旱的地段。

高度：60cm，较耐旱，喜光。

种：*C.plumbaginoides*岷江蓝雪花，*C.plumbaginoides.*

菊苣属（菊科）

多年生植物，直立状生长，莲座形叶，叶有锯齿，蓝紫色花，仲夏开放，生长在钙质土中。

高度：大于1m，极耐旱，喜光。

种：*C.intybus*菊苣。

半日花属（半日花科）

灌木，在大部分地中海沿岸灌木丛林与工业景观中十分重要，它们的花十分引人注目，常绿树叶，可做地面覆盖植物，耐旱。只有小部分亲缘种可以适用。

荀子属（蔷薇科）

低矮灌木，叶小，暗绿色，白花春天开放，秋果红。

高度：20～30cm，较耐旱，喜光。

种：*C.adpressus.*匍匐荀子*C.dammeri*长柄矮生荀子二者相似，但是为常绿植物。

C.borizontalis "Saxatilis" 是一种矮生的相似品种。

金雀儿属（豆科）

金雀花是屋顶绿化大面积中常用的植物，但是杂交种C."Amber Elf"是第一个矮化形式。

高度：30cm，极耐旱，喜光。

种：*C.procumbens* 是一种匍地生长的品种。

蓝蓟属（紫草科）

生命期段，叶被毛，花蓝色、白色、粉红色，在钙质土上生长。

高度：30cm，喜光。

种：*E.russicum*红花穗状花序，40～60cm。

*E.vulgare*蓝蓟是一种直立状的两年生植物，叶被毛，蓝色花在仲夏开放。

Eriogonum（蓼科）

亚灌木，花粉红色。

高度：50cm，较耐旱，喜光。

种：*E.fasciculatun.*

糖荠属（十字花科）

木质多年生植物，杂交种生命期短，木质植物，花在春天开放。

高度：40cm，较耐旱，喜光。

种：*E.Bowles, Mauve.*

染料木属（豆科）

低矮灌木，线型叶生于灰绿色的枝上，团状金黄色的花，初夏开花。

高度：40cm，较耐旱，喜光。

种：*G.lydia*黄色花。

*G.pilosa*与其相似，高度40cm，

Erysimum 'Bowles' Mauve'

J.communis Repanda,

*J.borizontalis*和*J.procumbens*

Knautia（菊科）

丛生多年生植物，蓝色、粉色或红色的针垫状花，

高度：40～60cm，较耐旱，喜光。

种：*K.arvensis. K.macedonica*开深红色花。

*G.pilosa*只有20cm，

G.sagittalis 20cm，具有特殊绿色的翼状茎。

赫伯属（玄参科）

在装饰园艺中运用广泛。生长在高海拔的山地，适合运用于屋顶防风防霜。

高度：20~30cm，极耐旱，喜光。

火把莲属（百合科）

火把莲是丛生多年生植物，草状叶，直立的穗状花序，花色有黄色、橘红色、红色。十分低矮，适合屋顶绿化。

高度：40～60cm，极耐旱，喜光。

种：矮小种例如*K.Border Ballet.*

矾根属（虎耳草科）

在林地生长的多年生植物，具有多种叶形和引人注目的粉色穗状花序，在园艺上有重要用途。在阴僻屋顶环境中有潜在的价值。

薰衣草属（唇形科）

亚灌木，在园艺中十分重要。可在十分干旱的地段种植，但不能种植与在浅基质中。适合寒冷的气候。毫无疑问十分适合屋顶绿化。

高度：20～50cm，极耐旱，喜光。

种：大多数的亲缘种都有研究价值。

素馨属（木樨科）

攀缘灌木，拱形的绿色茎，小的羽状叶，黄色花，在晚冬开放。

高度：30cm，平卧状，较耐旱。喜光或喜半阴。

种：*J.nudiflorum*迎春花可以垂吊或攀缘在墙上。

Libertia（鸢尾科）

丛生多年生植物，常绿叶，白色花在初夏开放。

高度：30～50cm，较耐旱或极耐旱，喜光。可用于荫蔽场所。

种：*L.formosa.*

刺柏属（松科）

这个属有一些低矮或者匍地的种值得研究，例如：

J.communis ssp.alpina

忍冬属（忍冬科）

攀缘或垂吊型特性使其常作为屋顶或墙面的覆盖材料。

种：有一部分适合使用，包括*L. ×beckrotii.*

皿果草属（紫草科）

垫状匍匐的多年生植物，蓝色花在春天开放。

高度：20cm，较耐旱或低耐旱，喜半阴。

种：*O.linifolia, O.verna.*

分药花属（唇形科）

直立亚灌木，叶灰色，花蓝色在暮夏开放，极好的自然杂交种。

高度：50cm，较耐旱，喜光。

种：*P.artriplicifolia.*

糙苏属（唇形科）

芳香多年生灌木，叶被柔毛，花粉色、紫色、黄色。

高度：30~60cm，极耐旱，喜光。

种：*P.fruticosa*承华糙苏是一种灌木品种。*P.samia, P.tuberosa, P.viscosa.*

松属（松科）

矮小的品种与形式是有用的常绿木质植物。

高度：1~2m，较耐旱，喜光。

种：*P.mugo.var. P.umilio, P.nigra*'*Helga*'

委陵菜属（蔷薇科）

纤细的灌木，小叶绿色，花色黄色、橙色、红色、白色组成。

高度：40~60cm，极耐旱，喜光。

种：*P.fruticosa P.pumila var. depressa.*

P.tenella "Fire Hill" 高1m，深粉红色花。

蔷薇属（蔷薇科）

是一个生长在沙质土上很有研究价值的属。

高度：1~1.5m，较耐旱，喜光。

种：*R.multiflora*野蔷薇被证明十分适用于屋顶绿化。其他品种包括*R.rugosa*与*R.pimpinellifolia*。新式的匍地栽培的种也可以尝试使用。

迷迭香属（唇形科）

芳香亚灌木，狭长形叶发亮，花蓝色，间歇全年开放。

高度：60cm，极耐旱，喜光

种：*R.offoconalis*迷迭香。也有相关杂交种。

酸膜属（蓼科）

多年生植物，具有地下茎，叶小，灰绿色，红棕色的直立头状花序，生长于酸性基质。

高度：40cm，较耐旱或极耐旱，喜光。

种：*R.acetosella*酸膜在日常生活中被视为杂草而不被人喜欢，但在酸性基质中是很好的修复性的植物。

柳属（杨柳科）

低矮的种可以做地被，直立状，通过定期修剪能很好地适应生长。

种：*S.apoda, S.bastata* "Wehrhahnii" *S.belvetica, S.lanata, S.purpurea* "Nana" *S.repens.*

鼠尾草（唇形科）

芳香多年生植物，蓝色花在初夏开放。

高度：20~40+cm，较耐旱或极耐旱，喜光，

种：*S.nemorosa*许多杂交种值得研究，*S.pratensis* 生命期短，生命力强。

绵杉菊（菊科）

亚灌木，叶灰绿色或者绿色，头状花序亮黄色，夏季开花。

高度：40cm，极耐旱，喜阳。

种：*S.cbamaecyparissus*灰黄色花，

Lemon Queen 60×60cm

Little Ness 只有20×20cm

Weston 只有15×20cm，叶银色，

*S.pinnata*相似。

花楸属（蔷薇科）

吸附性灌木，羽状叶，深紫色的叶子，白色花在夏天开放，秋天结红果。

高度：1m，较耐旱，喜光。

种：*S.reduca*铺地花楸。

绣线菊属（蔷薇科）

灌木，分支密集，头状粉红色的花在初夏开放。

高度：1m，较耐旱，喜光或半阴。

种：*S.decumbens* 白色花，尺寸（30×50cm）使其十分有研究价值。

S.japonica；有许多杂交种，金黄色的叶。

矮化杂交种如'Little Orincess'（50×100cm）

'Nana'（50×60cm）极为有用。

小米空属（蔷薇科）

灌木，丛生，叶耳垂形，小的白色花在初夏开放。

高度：60cm，较耐旱，喜光或半阴。

种：*S.incisa*'Crispa'小米空。

特罗马属（玄参科）

半常绿多年生植物，丛生，圆形浅裂状的叶，具灰色白毛，浅绿色茎部顶生，暮春开花。

高度：20~40cm，较耐旱，喜半阴。

种：*T.grandiflora* 紫红色叶。

紫露草属（鸭跖草科）

低矮多年生植物，垫状或蔓生状，在热带地区或者酸性土壤上叶子常作为装饰性的地被，具有很高的研究价值。

高度：30cm，较耐旱或稍耐旱，喜光

车轴草属（豆科）

垫状多年生攀爬植物，三小叶，圆形头状花序。

高度：15cm，稍耐旱或较耐旱。

种：*T.repens*白花车轴草具有白色头状花序，十分适合和草混合种植，可以固氮。还有一些亲缘种可以作装饰用。

朱巧花属（柳叶菜科）

亚灌木，在西北美有季节性的干枯生境中生长。有装饰性，值得研究。

草类和似草类植物

集约型：4~6cm的基质深度

薹草属（莎草科）

薹草一般用做常绿的地被，或者与一些花配合作为屋顶绿化的材料。大多喜阴，当土壤深度增加的时候可以适当地提高耐旱性。

高度：10cm，较耐旱或极耐旱，喜光。

种：*C.caryopbylla.*

Corynephorus（禾本科）

矮小，生长在沙质土上，线型叶，紫色的穗状花序。

高度：20cm，极耐旱，喜光。

种：*C.canescens.*

羊茅属（禾本科）

一个抗性极强的草，抗旱适应性强，生命期短。

高度：10~15cm，极耐旱，喜光。

种：*F.punctoria, F.vivipara.*

集约型：6~10cm的基质深度

格兰马草属（禾本科）

大草原草种，单边穗状花序。极耐旱，喜光。

种：垂穗草40~50cm，

格兰马草，30~50cm，二者秋叶绚丽。

野牛草属（禾本科）

野牛草生命力强，适应性强。夏天绿叶，冬天褐色叶。较耐旱，喜光。

种：野牛草，15cm。

薹草属（莎草科）

高度：10~20cm。极耐旱，喜光或喜半阴。

种：*C.firma, C.montana, C.umbrosa.*

羊茅属（禾本科）

高抗性的一个属，丛生，生长密集的叶子。

高度：20cm，极耐旱，喜光。

种：*F.cinerea*（syn.*F.glauca*）叶蓝色，是所有种中间最高的。

F.ovina. F.rupicaprina, F.rupicola F.valesiaca.

恰草属（禾本科）

丛生多年生草，蓝绿色。生长于贫瘠的土地上。

高度：20cm，极耐旱，喜光。

种：*K.macrantba.*

臭草属（禾本科）

丛生落叶草，生长在钙质土上。

高度：30cm，较耐旱，喜光。

种：*M.ciliata.*

集约型/半集约型：10~15cm的基质深度

凌风草属（禾本科）

丛生，喜钙质土，较耐旱，喜光。

种：凌风草，银鳞芽是一种在石灰石基质上生长的重要草种。

薹草属（莎草科）

高度： 10cm，极耐寒或较耐旱，喜光或喜半阴。

种： *C.digitata, C.flacca* 叶被白粉。

羊茅属（禾本科）

高度： 20cm，极耐旱，喜光。

种： *F.ametbystina*，叶被白粉，*F.mairei.*

异燕麦属（禾本科）

极好的蓝色叶草本植物，盛花期时花开似瀑布。

高度： 60cm，极耐旱，喜光。

种： *H.sempervirens.*

Festuca cinerea

恰草属（禾本科）

丛生草，叶背白粉。生长在贫瘠土壤中。

高度： 20cm，极耐旱，喜光。

种： *K.glauca* 和 *Festuca cinerea*（*syn. F.glauca*）相似，叶较黑，生命期短。

K.pyramidalis, K.valesinana.

Sesleria（禾本科）

高原荒地草，常绿，垫状。但不耐旱。

种： *S.albicans, S.autumnalis, S.caerulea.*

针茅属（禾本科）

丛生，多簇生，极富装饰性的草。花期长但不抗风。

高度： 30～60cm，较耐旱或极耐旱，喜光。

种： 针茅和 *S.pennata* 二者为相似品种，羽毛状的圆锥花序，60cm。

S.tenuissima 生命力强，生命期短。

S.cernua 和 *S.pulcbra* 相似。有许多可以研究的种。

半集约型：15～20+cm的基质厚度

拂子草属（禾本科）

十分引人注目，圆锥形的花序在暮夏、秋天、冬天开放。

高度： 60cm，较耐旱或极耐旱，喜光。

种： *C.bracbytricba* 十分美丽，拱形的花叶。

薹草属（莎草科）

高度： 10cm。极耐旱或较耐旱，喜光或喜半阴。

种： *C.morrowii* Variegata 不耐旱，适合用在充满阳光或阴僻的潮湿的屋顶。

发草属（禾本科）

常绿草种，粗壮的叶片丛生，成簇的花在暮秋成熟后变为艳丽的金黄色。

高度：90cm，稍耐旱或较耐旱，喜半阴。

种：*D.caepitosa.*

羊茅属（禾本科）

种：*F.scoparia*，syn.*F.gautieri*生长在砂石堆，深绿色叶高可达15cm，不耐旱。

地杨梅属（灯芯草科）

常绿木本植物，丛生，莲座形叶，圆锥花序。

高度：30～40cm，较耐旱，喜半阴。

种：*L.nivea*白色圆锥花序，可用于阴僻的地方的地被。

鼠尾栗属（禾本科）

装饰性强，极耐旱，丛生羽状叶，金黄色的花。

高度：60cm，较耐旱，喜光。

种：*S.airoides. S.beterolepis* 60cm。

针茅属（禾本科）

高度：30～60cm，较耐旱，喜光。

种：*S.calamagrostis*全年间持续开花。

球茎类

集约型：4～6cm的基质深度

葱属（百合科）

极有用的一个属。草状叶，球形头状花序。

高度：20～30+cm，极耐旱，喜光。

种：*A.atropurpureum*，棱叶韭，石生韭，*A.flavum*是一个十分有用的种，生命力强，*A.insubricum*花粉红色，*A.cyaneum*蓝色花，*A.schoenprasum* 紫色花，耐旱，还有许多种都适合屋顶绿化。

集约型：6～10cm的基质深度

葱属（百合科）

极有用的一个属。草状叶，球形头状花序。

高度：20～30+cm，极耐旱，喜光。

种：辉韭，*A.cernuum, A.moly, A.strictum.*

葡萄风信子属（百合科）

葡萄风信子具有艳丽的蓝色头状花序。

高度：10～15cm。

种：*M.armeniacum, M.botryoides*生命力强。

集约型/半集约型：6～10cm基质深度

葱属（百合科）

极有用的一个属。草状叶，球形头状花序。

高度：20～30+cm，极耐旱，喜光。

种：*A.christophii, A.karataviense.*

银莲毛属（毛茛科）

星形花，在春天、初夏开放。

高度：20cm，低耐旱，喜半阴。

种：*A.blanda, A.apennina.*

番红花属（鸢尾科）

大型球茎植物属，春季开花，夏季开始休眠。

高度：5～10cm，较耐旱，喜光。

种：*C.cbrysantbus*鲜艳的黄色花在冬末初春开放。
*C.tormmasinianus*紫花，生命力强。

风信子属（百合科）

高度：20cm，不耐旱，喜半阴。

种：*H.non-scripta*，蓝色风铃花（杂交种有白色、粉红色花），喜半阴，不耐旱。

H.hispanica.

Lxia（鸢尾科）

属于南非的集约型生长的属，花色艳丽，在春季、初夏开放，仲夏开始休眠。

高度：20cm，极耐旱。

水仙属（石蒜科）

一种春季典型的球茎植物。矮化种或矮化变种适合运用于春季的屋顶绿化。不同于其他球根花卉，该植物不耐夏天高温和干旱。

高度：20cm，不耐旱，喜半阴。

种：很多更小的种富有实验价值。

Nerine（石蒜科）

产自南非一种集约型生长的属。花色艳丽，在春季和初夏开放，仲夏开始休眠。适合无霜冻的区域。

高度：30cm，较耐旱或极耐旱，喜光。

虎眼万年青（百合科）

白或绿色的穗状花序在春天开放。

高度：30cm，不耐旱，喜半阴。

种：*O.nutans. O.umbellatum*高度可长至30cm。

绵枣儿属（百合科）

春季开蓝色花的小球茎类植物。

高度：10cm，较耐旱，喜半阴。

种：*S.bifolia, S.siberica S.mischtschenkoana.*

郁金香属（百合科）

集约型生长的球茎类植物，夏天运用广泛，产自地中海和中亚。高的园艺变种很少用于屋顶绿化，而矮化种或杂交种却是很有用的春季资源。

高度：10～30cm，较耐旱，喜光。

种：*T.tarda, T.urumiensis*有许多其他的种。

垂直绿化植物目录

植株高度：主要参考植株高度，在支撑条件允许的情况下可以稍有拓展

朝向：取决于纬度

支撑的最适宜宽度：使用棚架的地方

与墙的距离：离墙壁所需的距离，为了使主干粗壮，需要保留的基础距离

软枣猕猴桃（猕猴桃）

培育品种和相关种类：'Isai'是自己培育的，几个其他种类都值得尝试

胸径：9 cm

灌幅：最高60cm

叶面积指数：4

叶型：卵形，有硬毛，秋季变色呈金黄色

花，季节：白色，味芳香，初夏开花

果实：雌株上结黄绿果实

原产地：亚洲东部

喜光性：半阴到阴

攀爬方式：缠绕式

活力：强健

重量：中等，最重 20 kg/m²

支撑：垂直支撑，圆形横断面、直角滤网和有空格

的格架

最小的支撑高度：5m

最宜的支撑宽度：3m

与墙壁的距离：15cm

美味猕猴桃（猕猴桃）

猕猴桃，猕猴桃

培育品种和相关种类：各种各样的雌性培育品种包括，Blake是自己培育品种，雄性包括'Matua'和'tomuri'

植株高度：12m

冠幅：最高 90cm

叶面积指数：7

叶型：20cm长卵形叶子

花：米黄色花，初夏开花

果实：商品猕猴桃

原产地：中国

喜光性：全喜光性

攀爬方式：缠绕式

活力：非常强健

重量：重，最重 25 kg/m²

支撑：垂直支撑，圆形横断面、直角滤网

最小支撑高度：6m

最适宜支撑宽度：4m

与墙壁的距离：为了给以后生长留足够的空间，至少要25cm，这是最基本的距离

狗枣猕猴桃（猕猴桃）

培育品种和相关种类：葛枣猕猴桃（叶面积指数4）在叶上的银色部分是相似的

植株高度：6 m

冠幅：最大90cm

叶面积指数：4

叶型：卵形叶，有独特的白色和紫红色斑点

花：白色，味芳香，初夏开花

果实：雌株上结黄绿色果实

起源：亚洲东部

喜光性：全喜光性，不喜暴晒

攀爬机制：缠绕式

活力：中等

重量：中等，最重20 kg/m^2

支撑：垂直支撑，圆形横断面、直角滤网

最小支撑高度：3m

最适宜支撑宽度：2m

距墙的距离：8cm

备注：生长缓慢，在大陆性气候下可能生长较快

木通（木通科）

培育品种和相关种类：Akebia trifoliata与紫色花的总状花序非常相似

植株高度：10 m

冠幅：最大60 cm

叶面积指数：5

叶形：掌状，互生、常绿树或者半常绿树

开花，季节：早春开褐红的辛辣味花，从背后照亮时很美丽

果实：9 cm卵状长圆形的紫罗兰色果实

原产地：亚洲东部

喜光性：半阴

攀爬方式：缠绕式

活力：强健

重量：轻，最重15 kg/m^2

支撑：垂直支撑，圆形横断面、直角滤网

最小支撑高度：7m

最适宜支撑宽度：2m

与墙壁的距离：10cm

东北蛇葡萄（葡萄科）

品种及相关品种：与蛇榆（叶面积指数4）相似，类似美国东南部的乡土品种

植株高度：6m

冠幅：最大60cm

叶面积指数：9

叶形：藤形状，秋天呈黄色或者橘黄色

花：小的绿色花，夏季

果实：紫色，然后变成蓝色的像浆果的果实

原产地：亚洲东北部

喜光性：半阴

攀爬方式：卷须

活力：中等

重量：轻，最重15 kg/m^2

支撑：垂直支撑，最好是直角交叉的网格，最大周

长70mm，直角滤网

最小支撑高度： 3m

最适宜支撑宽度： 2m

与墙壁的距离： 1cm

柔毛大叶蛇葡萄（葡萄科）

品种及相关品种： 蛇兔儿（叶面积指数4）长到12m，掌状叶

植株高度： 10m

冠幅： 90cm

叶面积指数： 5

叶形： 60cm双羽状叶

果实： 黑色果实

原产地： 中国西部

喜光性： 半阴

攀爬方式： 卷须

活力： 强

重量： 中等，最高20 kg/m²

支撑： 支撑垂直，与角度的边缘，最大周长为70mm，直角滤网

最低支撑的高度： 5m

最适宜支撑宽度： 3m

与墙壁的距离： 15cm

Araujia sericifera（*Asclepiadaceae*）（萝摩科）

危险植物

植株高度： 10m

冠幅： 最大60cm

叶面积指数： 9

叶形： 10cm，长矛型叶片，常绿

原产地： 南美洲

喜光性： 半阴

攀爬方式： 缠绕

活力： 中等

重量： 轻，最高15 kg/m²

支撑： 垂直支撑，圆截面，直角网格

最小高度支撑： 5m

与墙壁距离： 8cm

革叶马兜铃（马兜铃科）

品种及相关品种： 马兜铃毛白杨（叶面积指数8），与美国东南部的乡土植物地区相似。那里有很多热带物种

植株高度： 10m

冠幅： 最大60cm

叶面积指数： 7

叶形： 心形叶片，全长达30cm

花： 夏季，小型的花朵隐藏在叶片中

原产地： 北美洲东部

喜光性： 弱光

攀爬方式： 缠绕

活力： 强健

重量： 轻，最多15 kg/m²

支撑： 垂直支撑，圆截面，直角网格

最低高度支撑： 8m

最适宜宽度支撑： 3m

与墙壁的距离： 10cm

备注： 特别需要土壤潮湿

交藤（紫葳科）

小号花，交藤

植株高度： 10 ~ 20m

冠幅： 最大90cm

叶面积指数： 10

叶形： 18cm，叶卷须，常绿，但也有可能在寒冷的天气落叶

花： 橘红色花，夏季

果实： 扁平，像豆子

原产地： 东南部美国

喜光性： 半阴

攀爬方式： 叶卷须

活力： 十分强健

重量： 中等，最高20 kg/m^2

支撑： 支撑垂直，角型截面，直角网格

最低高度的支撑： 6m

距墙的距离： 10cm

叶子花（紫茉莉科）

叶子花属

品种及相关物种： 一个与其他物种广泛杂交的种，颜色很丰富如粉红，红，红橙色，金黄等

植株高度： 8m

冠幅： 最大的90cm

叶面积指数： 4

叶形： 浅绿色，椭圆形叶片，常绿

花： 多彩苞片包围的小花朵，喜欢季节气候

原产地： 巴西

喜光性： 喜阳

攀爬方式： 荆棘

活力： 强健

重量： 中等，最大20 kg/m^2

支撑： 支撑水平，篱笆

最小的支撑高度： 4m

最适宜宽度支撑： 4分

与墙的距离： 15cm

备注： Scandent茎可能需要驯养或修剪（注意避免的荆棘）

厚萼凌霄（紫葳科）

凌霄花

品种及相关品种： 凌霄，*Campsis radicans f. flava*（又称"黄牌小号"）有黄色的花朵。*Campsis grandiflora*（叶面积指数7）类似，但很少产生气根，因此需要支撑。*Campsis x tagliabuan*景观独特

植株高度： 10m

形态： 最大90cm

叶面积指数： 4

叶形： 10cm，羽状叶，秋季变黄

花： 花喇叭状，橘红色，夏末到秋季开花

源产地： 中国

喜光性： 需要充足的喜光性

攀爬机制： 气根

活力： 强健

重量： 轻，最大15 kg/m^2

支撑： 横向支撑，棚架与直角或对角线网

最小的支撑高度： 6m

最适宜支撑宽度： 4m

与墙壁的距离： 在以后的几年发展的基础与主干的

至少有15cm可能性相当大，

备注：尽管有气生根，建议设置一些支架

南蛇藤（卫矛科）

品种及相关品种：有很多相似的物种，其中的东亚Clastrus蛇（叶面积指数4）最为著名，但众所周知它是的外来侵略物种。

植株高度：10m

冠幅：最大1.2cm

叶面积指数：2

叶形：10cm，卵形叶，秋季变色呈明黄色

花：花小，黄绿色，夏季开花

果实：雌株种子呈亮橙色

原产地：北美洲东部

喜光性：半阴

攀爬机制：缠绕

活力：强健

重量：轻，最重15 kg/m^2

支撑：垂直支撑，圆截面，直角网格

最小的支撑高度：7m

最适宜支撑宽度：2m

与墙壁的距离：至少15cm，为后期主干生长预留空间

铁线莲

有超过200种铁线莲，植株高度有很大的差异，同时有超过1000种杂交品种。

除了C. armandii外，在花期看起来不整洁。

流行的大花杂交种很少超过15m，越现代的品种越短。在垂直绿化中引入一些新栽培种或稍大一点的

植株的种，可通过杂交，如将常绿的*C. armandii*与其他种类杂交即可获得

小木通（毛茛科）

植株高度：8m

冠幅：60cm

叶面积指数：8

叶形：三叶，深色光泽，常绿，卵形，披针

花：花白色，不同品种花大小在5～8cm不等，早夏开花

源产地：中国

喜光性：半阴，需要遮阴

攀爬机制：叶缠绕植物

活力：强健

支撑：网格与直角或对角线网，与角度的截面最好。最大的跨周长4.5cm

最小的支撑高度：4m

最适宜支撑宽度：3m

与墙壁的距离：3cm

备注：生长速度中等或快速，低矮处枝条不多

蒙大拿铁线莲（毛茛科）

品种及相关品种：现在有很多品种受欢迎。因软花和特色冠幅"伊丽莎白"是最流行的。并非所有品种都具有活力的物种，因此建议谨慎选购

植株高度：12m

冠幅：最大90cm

叶面积指数：6

观叶：枳叶，绿色或紫色，青铜刷新

花：花粉红色或白色，根据品种不同，花约

5~8cm，初夏开花

原产地：中国中部和西部，喜马拉雅山

喜光性：半阴

攀爬机制：叶卷须

活力：强健

重量：轻，最大15 kg/m²

支撑：直角或对角线网，交叉型网格，最大网眼4.5cm

最小的支撑高度：5m

最适宜支撑宽度：3m

与墙壁的距离：8cm

东方铁线莲（毛莨科）

柠檬皮铁线莲

品种及相关品种：现有几个栽培种和杂交种已运用到生产中，但并不是所有的活力都有母代那样的活力。其中"Bill MacKenzie"特别好，Clematis tangutica（叶面积指数5）是类似但个体稍小的种

植株高度：5m

冠幅：最大60cm

叶面积指数：4

叶形：小三叶，浅绿

花：厚萼，金黄色铃状花序，仲夏到秋季

果实：蓬松种子头

原产地：中亚和北亚地区

喜光性：半阴

攀爬机制：叶卷须

活力：强壮

重量：很轻，最大10 kg/m²

支撑：直角或多边尼龙网，最好是有对角线，网格

眼大小不超过3cm

最小的支撑高度：5m

最适宜支撑宽度：3m

与墙壁的距离：8cm

铁木铁线莲（毛莨科）

植株高度：6m

冠幅：最大的90cm

叶面积指数：6

叶形：羽状叶，向心密集

花：钟形奶黄色小花，夏季中后期开花

原产地：中国

喜光性：喜光，需要遮阴

攀爬机制：叶卷须

活力：强健

重量：轻，最重15 kg/m²

支撑：直角或多边尼龙网，最好是有对角线，网格眼大小不超过3cm

最小的支撑高度：4m

最适宜支撑宽度：3m

与墙壁的距离：8cm

备注：植被建成缓慢

铁线莲（毛莨科）

植株高度：10m

冠幅：最大90cm

叶面积指数：6

叶形：有三小叶，深绿

花：花小，白色，微香，秋季开花

原产地：东亚

喜光性：喜光，需要遮阴

攀爬机制：叶卷须

活力：强健

重量：轻，最重15 kg/m^2

支撑：直角或多边尼龙网，最好是有对角线，网格眼大小不超过4.5cm

最小的支撑高度：6m

最适宜支撑宽度：3m

与墙壁的距离：5cm

备注：生长势较强，在生长后期会卷曲

老人须

植株高度：15m

冠幅：最大90cm

叶面积指数：4

叶形：复叶

花：花小，白色，夏季中后期开花

果实：蓬松种子头

原产地：欧洲

喜光性：半阴

攀爬机制：叶卷须

活力：非常强健

重量：轻，最重15 kg/m^2

支撑：直角或多边尼龙网，最好是有对角线，网格眼大小不超过4cm

最小的支撑高度：8m

最适宜支撑宽度：4m

与墙壁的距离：15cm

备注：较少使用，但在北欧大部分地区有自然生长

Cobaea scandens（花葱科）

杯碟藤

植株高度：在合适的气候可以生长到20m

冠幅：最大90cm

叶面积指数：10

叶形：分叶，卷须

花：大杯形花，紫色，夏季开花

原产地：墨西哥

喜光性：喜光

攀爬机制：卷须

活力：强健

重量：轻，最重15 kg/m^2

支撑：直角或多边尼龙网，最好是有对角线，网格眼大小不超过4.5cm

最小的支撑高度：2m

最适宜支撑宽度：2m

与墙壁的距离：8cm

备注：可做半耐寒性的一年生植物培养，做多年生植物培养时寿命较短

Cocculus carolinus（Menispermaceae）

植株高度：5m

冠幅：没有测量

叶面积指数：7

叶形：椭圆形或心形叶，13cm长

花：白色，夏季开花

果实：穗状红果

原产地：美国东南部

喜光性：半阴

攀爬机制：缠绕

活力：没有测量

重量：没有测量

支撑：垂直支撑，对角或直角网格网

最小的支撑高度：3m

距墙的距离：10cm

赤壁巴巴拉（绣球）

植株高度：9m

冠幅：最大60cm

叶面积指数：8

叶形：卵形叶，长13cm，常绿或半常绿

花：顶部生长，白色，8cm，夏季开花

原产地：美国东南部

喜光性：半阴

攀爬机制：气生根

活力：适中

重量：轻，最重15 kg/m^2

支撑：自行攀爬

最小的支撑高度：4m

最适宜支撑宽度：2m

与墙壁的距离：10cm

备注：幼年期进行压条繁殖生长势旺盛

Euonymus fortune var . radicans（Celastraceae）

品种及相关品种：有几个园艺品种存在。通常作为灌木，攀援性强。白色"Sliver Queen"可攀援6m，"Emerald 'n' Gold"有较多金色斑点.变种如"Golden Prince"不适合攀援。

植株高度：5m

冠幅：最大90cm

叶面积指数：5

叶形：常绿，深绿色，部分栽培品种有银色或金色斑点

花期：粉红色或白色，株高5~8cm，初夏开花

原产地：东亚

喜光性：半阴

攀爬机制：气生根

活力：适中

重量：重，最重可接近20~25 kg/m^2

支撑：自行攀爬，建议用网或水平支撑

最小的支撑高度：4m

最适宜支撑宽度：2m

与墙壁的距离：10cm

备注：如常春藤，在植物生长后期会有茂密的叶片

Fallopian balaschuanica（Polygonaceae）

balaschuanica

品种及相关品种：*Fallopian aubertii*（叶面积指数4）很小，但花很茂盛

植株高度：18m

冠幅：最大60cm

叶面积指数：4

叶形：叶心形，鲜绿色

花：聚生头状花序，夏末至秋季开花

原产地：中亚

喜光性：半阴

攀爬机制：缠绕

活力：非常强健

重量：轻，最重15 kg/m^2

支撑：垂直支撑，对角或直角网格支撑

最小的支撑高度：8m

最适宜支撑宽度：3m

与墙壁的距离：8cm

备注：能满足速生生长需要。缠绕生长过密需定期梳理

攀爬机制：气生根

活力：适中

重量：非常轻，最重10 kg/m²

支撑：自行攀爬

备注：适合温暖气候

x Fatshedera lizei（五加科）

品种及相关品种：有少数斑叶品种

植株高度：6×4m

冠幅：最大90cm

叶面积指数：7

叶形：油绿色，叶片浅裂，叶长约25cm。

起源：庭院

喜光性：树荫，不喜欢全阳

攀爬机制：蔓生

活力：适中

重量：轻，最重15 kg/m²

支撑：直角或水平棚架支撑

最小的支撑高度：3m

最适宜支撑宽度：2m

与墙壁的距离：10cm

Ficus pumla（Moraceae）

Climbing fig , creeping fig

植株高度：4m

冠幅：最小15cm

叶面积指数：9

叶形：2~7cm长，革质，深绿色

原产地：东亚

喜光性：喜弱光

常春藤（五加科）

Engilsh ivy

品种及相关品种：常春藤有很多种，叶形、叶色和斑点分布上都有差异。不幸的是，在荫蔽条件下，叶斑颜色会逐渐变淡，活力也会有所减弱。

Hedera hibernica 和*H.Helix*在活力上相似，但因后者没有很多的气生根所以不推荐做垂直绿化。大多数常春藤能长大30米，所以在需要覆盖大面积墙体时是很好的材料。而一些杂色的品种因活力较弱比较适合一些体量小一点的墙体。然而，一些中等或强力品种因大部分不能充分生长，所以我们也不知到底它们最适合的尺寸是怎样的。

"芍药"，有椭圆形的叶子，比较适合覆盖大一点的场所（Rose，1996），但"Buttercup"是一个更为强壮的种（Wassmann，2003）。*Heedra canariensis*（叶面积指数8）具有较大的叶（最大约20cm），甚至能蓬勃发展至9m。它有几个变色叶种。"Dentata"（叶面积指数5）拥有大型的，装饰性强的、长势强壮的树冠。所有的常春藤基本上受海洋气候的影响，不适合寒冬地区。"Bulgaria"、"Romania"、"238th St"、"Thorndal"和"Wilson"都比"H.helis"更适合美国的中西部地区。很显然，"Baltica"从名字上一看就不适合。那些在冬季变紫的一些种，比如"Woernerii"和"Atropurpurea"都很硬。"Goldheart"

很硬质但生长很缓慢（Wassmann，2003）。在那些常春藤硬质的地区，一些生长强劲的种类可以用。值得注意的是常春藤在做地被时因生长过于强势，可能会导致很多其他的地方物种没办法生存，比如太平洋西北部地区，在这些地区已禁用常春藤。在一些地区这不是问题或本身就是本地种，那么可以看成是非常好的野生资源，为一些昆虫或鸟类提供庇护地。

植株高度：10m

冠幅：最大的30cm，生长成乔木状时冠幅可达90cm

叶面积指数：4

叶形：深绿色，箭头形，常绿，叶形多变

花：绿色，秋季开花

果实：穗状黑果

原产地：欧洲，西亚

喜光性：喜光或耐阴

活力：强健

重量：重，生长成乔木时可达20~25 kg/m²

支撑：自行攀爬

备注：可生长成灌木或乔木

枫皮龟（木通）

植株高度：7m

冠幅：最大60cm

叶面积指数：7

叶形：15cm三小叶，常绿

花：串状白绿或粉色花，有芳香，春天开花

原产地：中国中部

喜光性：喜阳，耐阴

攀爬机制：缠绕

活力：强健

重量：轻，最大15 kg/m²

支撑：垂直支撑，对角或直角网格支撑

最低的支撑高度：3m

与墙壁距离：10cm

啤酒花（Cannabinaceae）

品种及相关品种：*Humulus lupulus*'Aureus'有黄叶，品种丰富

植株高度：7m

冠幅：最大90cm

叶面积指数最大值：3

叶形：浅绿色，浅裂，草本

果实：绿色，纸质，装饰性较强

原产地：北半球

喜光性：半阴

攀爬机制：缠绕

活力：非常强健

重量：很轻，最重10 kg/m²

垂直支撑，对角或直角网格支撑

最小支撑高度：6m

最适宜支撑宽度：2m

与墙壁的距离：5cm

备注：冬季需清除落叶

绣球（绣球科）

品种及相关品种：*Hydrangea serratifolia*（syn. *H . integerrima*；叶面积指数8）有常绿叶，但不太明显

植株高度：15m

冠幅：最大90cm

叶面积指数：5

叶形：11cm，长卵形叶

花：花顶部宽25cm，散状小花奶白色，盛夏开花

原产地：远东

喜光性：半阴

攀爬机制：气生根

活力：适中

重量：轻，最大15 kg/m²

支撑：自行攀爬，建议在初期建成时用网格（直角或多边）或水平支撑

最小支撑高度：4m

最适宜支撑宽度：5m

与墙壁的距离：10cm

备注：压条繁殖幼年生长势更好

薤菜碗花（旋花科）

牵牛花

植株高度：3~5m

冠幅：最大30cm

叶面积指数：8

叶形：三浅裂叶片

花：蓝色，夏季开花，花期较长，可持续整个夏天

原产地：日本

喜光性：喜阳

攀爬机制：缠绕

活力：强健

重量：很轻，最重10 kg/m²

支撑：垂直支撑，对角、直角或多边网格支撑

最小的支撑高度：2m

最适宜支撑宽度：2m

与墙壁的距离：5cm

备注：半木质茎有利于夏季成荫

素馨（木犀科）

茉莉花.

品种及相关品种：有200种，很多适合在温带生长。大部分具有强攀援性，气味独特

植株高度：12m

冠幅：最大1.2m

叶面积指数：7

叶形：羽状小叶

花：花白色，味香，夏末、初秋开花

原产地：西亚山区

喜光性：喜光

攀爬机制：缠绕

活力：适中

重量：轻，最重15 kg/m²

支撑：直角或对角网格支撑，横向水平支撑

最小的支撑高度：4m

最适宜支撑宽度：3m

与墙壁的距离：5cm

金银花（忍冬科）

常绿金银花

植株高度：10m

冠幅：最大90cm

叶面积指数：4

叶形：卵形叶

花：白色，味香，夏季开花

起源：日本

喜光性：半阴，需遮阴

攀爬机制：缠绕

活力：强健

重量：非常轻，最重10 kg/m²

支撑：垂直支撑，对角（直角或多边）网格支撑

最小的支撑高度：5m

最适宜支撑宽度：3m

与墙壁的距离：5cm

备注：北美和欧洲南部入侵物种，但北欧没有出现相关的问题报道

忍冬periclymenum（忍冬科）

普通金银花

品种及相关品种：很多种应用广泛，有些有利于密集种植，在选择时需要清楚植株的最终高度

植株高度：7m

冠幅：最大 60cm

叶面积指数：4

叶形：卵形叶，微显海绿色

花：黄白色花，浓香，夏季开花

果实：红色浆果，但不是主要的特点

原产地：欧洲

喜光性：半阴

攀爬机制：缠绕

活力：适中

重量：非常轻，最重10 kg/m²

支撑：垂直支撑，对角或直角网格支撑

最小的支撑高度：4m

最适宜支撑宽度：2m

与墙壁的距离：5cm

金银忍冬（忍冬科）

品种及相关品种：*Loniera hildebrandtiana*（巨人缅甸金银花）可生长到10m，但叶面积指数为9

植株高度：12m

冠幅：最大60cm

叶面积指数：6

叶形：12cm，长卵形叶

花：橘黄色，长管状，8cm长，夏季开花

果实：红色浆果

原产地：中亚

喜光性：需遮阴

攀爬机制：缠绕

活力：适中

重量：非常轻，最重10 kg/m²

支撑：垂直支撑，直角或对角网格支撑

最小的支撑高度：6m

最适宜支撑宽度：3m

与墙壁的距离：5cm

蝙蝠柳菊（防己科）

Canada moonseed

植株高度：5m

冠幅：没有测量

叶面积指数：5

叶形：卵形叶

果实：光滑黑果

原产地：北美洲东部

喜光性：喜光

攀爬机制：缠绕

活力：强健

重量：非常轻，最重10 kg/m^2

支撑：垂直支撑，直角或对角网格支撑

最小的支撑高度：4m

最适宜支撑宽度：2m

与墙壁的距离：5cm

备注：有吸盘但吸附力不强。会缠绕生长，需及时梳理

Muehlenbeckia conplexa（Polygonaceae）

maidenhair vine

植株高度：3m

冠幅：最大60cm

叶面积指数：8，可能是7

叶形：细而坚硬的茎上有小叶，形成独特的密集生长习性

原产地：新西兰

喜光性：半阴，需遮阴

攀爬机制：缠绕

活力：中等

重量：非常轻，最重10 kg/m^2

支撑：垂直支撑，直角或对角网格支撑

最小的支撑高度：2m

最适宜支撑宽度：2m

与墙壁的距离：5cm

备注：可修剪成几何状

Parthenocissus henryana（Vitaceae）

品种及相关品种：与*Parthenocissus* thomsoii非常相似

植株高度：10m

冠幅：最大30cm

叶面积指数：7

叶形：叶面有明显的白色叶脉突起，可分裂成三叶或五叶，秋叶为红色

原产地：中国

喜光性：适合全光或半光

攀爬机制：吸盘

活力：强健

重量：轻，最重15 kg/m^2

支撑：自行攀爬

五叶地锦（葡萄科）

弗吉尼亚爬山虎（真）

品种及相关品种：*Parthenocissus quinquefolia* 'Engelmannii'有较强的自我攀援能力，不需要提供支撑设施

植株高度：15m

冠幅：最大30m

叶面积指数：3

叶形：五单叶，秋叶为红色

原产地：北美东部

喜光性：半阴

攀爬机制：吸盘，攀爬能力较弱

活力：强健

重量：轻，最重15 kg/m^2

支撑：自身攀爬，但时需要棚架（菱形网格）支撑

备注：广泛种植，并经常与爬山虎（*Parthenocissus tricuspidata*）混淆

爬山虎（葡萄科）

波士顿常春藤，地锦，弗吉尼亚爬山虎（错误）

品种及相关品种： *Parthenocissus tricuspidata* "Beverley Brook" 叶片略显紫色

植株高度： 20m

冠幅： 至少15cm

叶面积指数： 4

叶形： 三叶，秋叶为火红色

原产地： 东亚

喜光性： 半阴

攀爬机制： 吸盘

活力： 强健

重量： 非常轻，最重10 kg/m^2

支撑： 自行攀爬

备注： 较小的冠幅使它们成为非常有用的物种

西番莲果忍冬（西番莲科）

西番莲

品种及相关品种： 有超过400个品种，其中西番莲是温暖气候地区较适合的攀爬品种

植株高度： 10m

冠幅： 最大30cm

叶面积指数： 7

叶形： 叶深绿色，3~9裂

花： 花色有浅绿色，蓝色，紫罗兰，夏季中后期开花

起源： 巴西南部

喜光性： 喜光，耐阴

攀爬机制： 卷须

活力： 强健

重量： 轻，最重15 kg/m^2

支撑： 直角或多边尼龙网，最好是有对角线，网格眼大小不超过50mm

最小支撑高度： 5m

最适宜支撑宽度： 3m

与墙壁的距离： 8cm

希腊杠柳（萝藦科）

丝藤

植株高度： 9m

冠幅： 没有测量

叶面积指数： 6

叶形： 叶卵形，有光泽

花： 紫褐色和绿色花，夏季开花

果实： 12cm长荚，裂开时有穗状外露

原产地： 欧洲东南部，西亚

喜光性： 喜光

攀爬机制： 缠绕

活力： 强健

重量： 没有测量

支撑： 方形或菱形棚架支撑

最小的支撑高度： 8m

最适宜支撑宽度： 3m

与墙壁的距离： 8cm

白花蕨（白花丹科）

石墨

植株高度： 6m

冠幅： 最大 90cm

叶面积指数：10

叶形：浅绿色叶，常绿

花：整个生长期都大量蓝花

原产地：南非

喜光性：半阴

攀爬机制：蔓性植物

活力：强健

重量：适中，最重20 kg/m^2

支撑：水平或方形网格支撑

最小的支撑高度：3m

最适宜支撑宽度：2.5m

与墙壁的距离：10cm

备注：暖温带气候其中最合适的物种。没有真正的攀爬结构，需要提供支撑，需要经常梳理

炮仗花（Bignoniacese）

炮仗花

植株高度：25m

冠幅：最大90cm

叶面积指数：10

叶形：尖叶，常绿

花：喇叭状橙色小花，夏季开花

原产地：南非

喜光性：喜光

攀爬机制：缠绕茎，卷须

活力：强健

重量：轻，最重15 kg/m^2

支撑：垂直支撑，直角或对角网格支撑

最小的支撑高度：10m

与墙壁的距离：10cm

备注：喜欢酸性土壤

玫瑰（蔷薇科）

玫瑰

植株高度：高达9m，视品种而定

冠幅：高达1~2m

叶形：叶缘锯齿状

花：花色取决于种或栽培品种，夏季开花

果实：红色

喜光性：半阴

攀爬机制：钩刺

重量：非常轻，最重10 kg/m^2

支撑：水平支撑，直角或对角网格支撑，最好有对角线

与墙壁的距离：10cm

备注：可把散生的茎绑在支架上，并定时对向下生长的茎进行控制和修剪。藤本玫瑰经常被用于建筑外墙绿化，由于本身与墙体的联系并不稳固，生长在植物茎上的钩刺是个很大的安全隐患

北五味子（五味子科）

品种及相关品种：有几个相似的物种，果实较大。

植株高度：9m

冠幅：最大90cm

叶面积指数：8~9

叶形：正椭圆形叶

花：奶白，蜡质，香味浓郁，初夏开花

果实：在雌株上有鲜红色果实

原产地：远东

喜光性：喜荫，背阳面种植较合适

攀爬机制：缠绕

活力：适中

重量：适中，最重20 kg/m^2

支撑：垂直支撑，对角

最小的支撑高度：6m

最适宜支撑宽度：3m

与墙壁的距离：15cm

备注：前期生长较缓，但后期生长迅速，雌雄异株

Schizophragma hydrangeoides（绣球科）

品种及相关品种：*Schizophragma integrifolium*植株较小；*S. hydrangeoides* Rosea为粉红色的花

植株高度：12m

冠幅：最大的60cm

叶面积指数：6

叶形：墨绿色，椭圆形叶

花：绣球状花，花色艳丽，初夏开花

原产地：日本

喜光性：喜光或半阴

攀爬机制：气生根

活力：适中

重量：轻，最重15 kg/m²

支撑：自行攀援，但在生长初期需要棚架或水平支撑

最小的支撑高度：4m

最适宜支撑宽度：5m

与墙壁的距离：10cm

备注：适合在生长初期进行压条繁殖

串果草（木通科）

植株高度：15m

冠幅：最大的60cm

叶面积指数：6

叶形：三小叶，15cm，下部有蓝绿色叶

果实：淡紫色，葡萄状

原产地：中国

喜光性：需遮阴

攀爬机制：缠绕

活力：强健

重量：轻，最重15 kg/m²

支撑：垂直支撑，直角或对角网格支撑

最小的支撑高度：8m

与墙壁的距离：10cm

茄栀子（茄科）

potao vine

品种及相关品种：*Solamum jasminoides* Album为白花。*Solamum cripum*植株较小，但适应性较强似的；S．c．Glasnevin是优势品种

植株高度：6m

冠幅：最大的60cm

叶面积指数：8

叶形：尖叶，深绿色叶，常绿

花：紫花，花蕊为黄色，夏季开花

原产地：南美

喜光性：喜光，需遮阴

攀爬机制：攀爬

活力：强健

重量：轻，最重15 kg/m²

支撑：垂直支撑，直角或对角网格支撑

最小的支撑高度：3m

最适宜支撑宽度：3m

与墙壁的距离：5cm

备注：生长初期需支架辅助支撑

Stauntonia hexaphtlla（木通科）

植株高度：10m

冠幅：最大的30cm

叶面积指数：8

叶形：3~7小叶，常绿

花：有香味，紫、白花，春季开花

果实：暗绿色，深紫色核果

原产地：东亚

喜光性：喜光或半阴

攀爬机制：缠绕

活力：强健

重量：轻，最重15 kg/m²

支撑：垂直支撑，直角或对角网格支撑

最小的支撑高度：5m

与墙壁的距离：10cm

Thunbergia grandiflora（Acanthaceae）

Bengal vina

品种及相关品种：是温带地区一个具有较强攀爬能力的属，如Thunbergia mysorensis，有下垂的长钉状花，并频繁地出现

植株高度：6m，一年生物种为2~3m

冠幅：最大的60cm

叶面积指数：10

叶形：叶椭圆形

花：蓝紫色喇叭状花，夏天到秋天开花

原产地：印度北部

喜光性：喜光或半阴

攀爬机制：缠绕

活力：强健

重量：轻，最重15 kg/m²

支撑：垂直支撑，直角或对角网格支撑

最小的支撑高度：一年生物种2m，如果成长为每年

最适宜支撑宽度：2m

与墙壁的距离：8cm

备注：可做一年生植物培养，也可以其他植物为本体扦插

Trachelospermum jasminoides（Apocynaceae）

品种及相关品种：Trachelospermum asiaticum与络石非常接近，但是植株较小

植株高度：9m

冠幅：最大的30cm

叶面积指数：8

叶形：深绿色叶，革质，有光泽，常绿

花：奶黄聚伞状花絮，夏季开花

原产地：东亚

喜光性：半阴，需遮阴

攀爬机制：缠绕

活力：中等适中

重量：轻，最重15 kg/m²

支撑：垂直支撑，直角或对角网格支撑

最小的支撑高度：4m

最适宜支撑宽度：2m

与墙壁的距离：5cm

备注：在寒冷气候中较难稳定生长或生长缓慢

*Tropaeoleum*缘毛（Tropaelolceae）

品种及相关品种：其他几个攀援物种有一定的实验价值

植株高度：10m

冠幅：小于15cm

叶面积指数：8，可变动

叶形：叶小，6小叶，草本

花：黄花，盛夏开花

果实：小紫果

原产地：智利

喜光性：喜光或半阴

攀爬机制：缠绕

活力：强健

重量：很轻，最重10 kg/m^2

支撑：网格

最小的支撑高度：5m

最适宜支撑宽度：3m

与墙壁的距离：5cm

备注：在草本筛查中是潜在的优势物种

Vitis aestivalis（Vitaceae）

夏季葡萄

品种及相关品种：来自北美中部和东部，*Vitis argentifolia*（叶面积指数：3），可生长至10，新枝上具有相似的白毛。West coast *Vitis californica*（叶面积指数：7），秋叶为红色。北美本土生长高度在10m左右，如*Vitis labrusca*（叶面积指数5）

植株高度：15m

冠幅：最大为90cm

叶面积指数：3

叶形：深绿叶，叶长30cm

果实：黑果

原产地：北美中部和东部

喜光性：喜光或半阴

攀爬机制：卷须

活力：强健

重量：轻，最重kg/m^2（1.41磅/平方英尺），在幼年生长时期，主干可能会承受超出其自身重量的植物体重量

支撑：直角或多边尼龙网，最好是有对角线，网格眼大小不超过7cm

最小的支撑高度：8m

最适宜支撑宽度：3m

与墙壁的距离：至少有15cm为主干留出足够的发展空间

备注：适应性很强

Vitis coignetiaes（Vitaceae）

crimson glory vine

品种及相关品种：山葡萄*Vitis amurensis*（叶面积指数：4）可长到9m，同时有较好的秋色

植株高度：15m

冠幅：最大的90cm

叶面积指数：5

叶形：叶片表面粗糙。叶长30cm，秋叶为深红或鲜红色

Fruit: black，grapelike

果实：黑果，葡萄状

起源：日本

喜光性：喜光或半阴

攀爬机制：卷须

活力：强健

重量：轻，最重 kg/m²，在幼年生长时期，主干可能会承受超出其自身重量的植物体重量

支撑：直角或多边尼龙网，最好是有对角线，网格眼大小不超过7cm

最小的支撑高度：8m

最适宜支撑宽度：3m

与墙壁的距离：至少有15cm为主干留出足够的发展空间

备注：攀援性较强，是日本传统绘画素材

葡萄（葡萄科）

grape vine

品种及相关品种：*Vitis vinifera* Purpurea的深红色叶在秋天变成紫色。*Vitis vinifera* Brant的浅绿色树叶秋季变成橙黄色和红色，多用于葡萄甜点和葡萄酒的生产

植株高度：9m

冠幅：最大的60cm

叶面积指数：6

叶形：3～5掌状裂，缘由锯齿

果实：浆果，可食用

原产地：高加索

喜光性：喜光

攀爬机制：卷须

活力：强健

重量：轻，最重 kg/m²，在幼年生长时期，主干可能会承受超出其自身重量的植物体重量

支撑：直角或多边尼龙网，最好是有对角线，网格眼大小不超过7cm

最小的支撑高度：5m

最适宜支撑宽度：3m

与墙壁的距离：至少有15cm为主干发展留出足够的空间

备注：过度的营养生长会影响葡萄产量，在地中海气候地区会运用传统的遮阳方式来解决这个问题

紫藤（豆科）

wistera

品种及相关品种：有较多的栽培品种，大部分用花色来区分。多花紫藤*Wisteria floribunda*（叶面积指数：4）植株较小（10m）。*Wisteria floribunda* Macrobotrys有长达1m的花序

植株高度：30m

冠幅：最大为1.2cm

叶面积指数：5

叶形：羽状，叶长50cm，春季为白色

花：味香，蓝紫色总状花序，初夏开花

果实：扁平荚果

原产地：东亚

喜光性：喜光或半阴

攀爬机制：缠绕

活力：非常强健

重量：轻，最重15 kg/m²，在幼年生长时期，主干可能会承受超出其自身重量的植物体重量

支撑：垂直支撑，直角或对角网格支撑

最小的支撑高度：15m

最适宜支撑宽度：3m

与墙壁的距离：至少有15cm为主干留出足够的发展空间

备注：传统的修剪方式会抑制茎的生产而促生花的发育，对垂直绿化而言，如希望植物长势较好建议每年进行一次维护

信息链接
独立研究机构和非商业团体

如果想获得屋顶绿化的信息，首选是各国家屋顶绿化协会、贸易团体或一些独立的信息网络。以下是主要的屋顶绿化信息链接地址。

Augustenborg Botanical Roof Garden and
Scandinavian Green Roof Institute
Ystadvägen 56
SE-214 45 Malmö
Sweden
Phone: +46 40 94 85 20
E-mail: info@greenroof.se
http://www.greenroof.se/

Dach + Grün
The oldest journal for green roof researchers and
the industry, quarterly, in German.
http://www.verlagsmarketing.de/sonstiges/start.
html#dg

The Green Roof Centre of Excellence at the
University of Applied Sciences, Neubrandenberg,
Germany:
http://www.gruendach-mv.de

World Green Roof Infrastructure Network
http://www.worldgreenroof.org/

North America

Green Roofs for Healthy Cities (North American
green roof network)
http://www.greenroofs.org

Greenroofs.com is an excellent and dynamic
current information source for North America
and the rest of the world
http://www.greenroofs.com

United Kingdom
The Green Roof Centre
http://www.thegreenroofcentre.co.uk

Living Roofs
http://www.livingroofs.org/

Brazil
http://www.ecotelhado.com.br

Australia
Green Roofs for Healthy Australian Cities
http://greenroofs.wordpress.com

屋顶绿化公司

ZinCo GmbH
Grabenstrasse 33
D-72669 Unterensingen
Germany
Phone: +49 7022 6003 540
Fax: +49 7022 6003 541
E-mail: international@zinco.de
http://www.zinco.de

Optigrün International AG
Am Birkenstock 19
D-72505 Krauchenwies-Göggingen
Germany
Phone: +49 7576 772 0
Fax: +49 7576 772 299
E-mail: info@optigruen.de
http://www.optigruen.de

Erisco-Bauder Ltd
Broughton House
Broughton Road
Ipswich
Suffolk IP1 3QR
United Kingdom
Phone: +44 1473 257671
Fax: +44 1473 230761
E-mail: systems@erisco-bauder.co.uk
http://www.erisco-bauder.co.uk

American Hydrotech, Inc.
303 East Ohio Street
Chicago, Illinois 60611-3387
United States
Phone: +1 800 877 6125
Fax: +1 312 661 0731
http://www.hydrotechusa.com

Sarnafil Ltd
Robberds Way
Bowthorpe Industrial Estate
Norwich NR5 9JF
United Kingdom
Phone +44 1603 74 89 85
Fax +44 1603 74 30 54
E-mail: roofing@sarnafil.co.uk
http://www.sarnafil.co.uk

Roofscapes, Inc.
7114 McCallum Street
Philadelphia, Pennsylvania 19119
United States
Phone: +1 215 247 8784
Fax: +1 215 247 4659
E-mail: cmiller@roofmeadow.com
http://www.roofmeadow.com

VegTech
Fagerås
SE-340 30 Vislanda
Sweden
Phone: +46 472 303 16
Fax: +46 472 300 23
http://www.vegtech.se

Alumasc Exterior Building Products Ltd
White House Works
Bold Road
Sutton
St Helens
Merseyside WA9 4JG
United Kingdom
Phone: +44 1744 648400
Fax: +44 1744 648401
E-mail: info@alumasc-exteriors.co.uk
http://www.alumasc-exteriors.co.uk

Blackdown Horticultural Consultants
Coombe St Nicholas
Taunton TA20 3HZ
United Kingdom
Phone: +44 1460 234582
E-mail: art@blackdownhortic.co.uk
http://www.greenroof.co.uk

Sidonie Carpenter
PO Box 1270 New Farm
Brisbane
Queensland 4005
Australia
Phone: +61 418 867 123
E-mail: scarpenter@primus.com.au
Green roof, wall and landscape design services

模块化屋顶绿化系统

GreenTech
1301 Macy Drive
Roswell, Georgia 30076
United States
Phone: +1 804 363 5048
Fax: +1 770 587 2445
E-mail: info@greentechitm.com
http://www.greentechitm.com

GreenGrid® Main Office
Weston Solutions, Inc.
Suite 500
750 E Bunker Court
Vernon Hills, Illinois 60061
United States

垂直绿化支撑系统

Jakob AG
Drahtseilfabrik
CH-3555 Trubschachen
Switzerland

Phone: +41 34 495 10 10
Fax: +41 34 495 10 25
E-mail: seil@jakob.ch
http://www.jakob-inoxline.ch
Informative catalogue in English, affiliated companies in many other countries.

Jakob UK
Mendip Manufacturing Agency
Wells BA5 3ET
United Kingdom
Phone: +44 1761 241437
Fax: +44 1761 241437

Carl Stahl DecorCable
660 West Randolph Street
Chicago, Illinois 60661-2114
United States
Phone: +1 312 474 1100
Fax: +1 312 474 1789
E-mail: sales@decorcable.com
http://www.decorcable.com

Clarke & Spears International
Knaphill Nursery
Barrs Lane
Knaphill, Woking
Surrey GU21 2JW
United Kingdom
Phone: +44 1483 485800
http://www.thegreenscreen.co.uk
Combined natural fibre and mesh screens for climbing plant support

Greenscreen
1743 S. La Cienega Blvd.
Los Angeles
CA 90035-4650
United States

Tel: +1 800 450 3494
E-mail: sales@greenscreen.com
http://www.greenscreen.com
Rigid steel mesh screens for climber support

Raderschall Landschaftsarchitekten AG
Burgstrasse 69
8706 Meilen
Switzerland
Phone: +41 44 925 55 00
Fax: +41 44 925 55 01
E-mail: info@raderschall.ch
http://www.raderschall.ch
Façade-greening design

园艺咨询

Fritz Wassmann
Hofenstrasse 69
Hinterkappelen
CH 3032
Switzerland
Phone/Fax: +41 31 829 2755

Noël Kingsbury
Montpelier Cottage
Brilley
Hereford HR3 6HF
United Kingdom
http://www.noelkingsbury.com
Horticultural consultancy—green roofs/façade greening

Dr Nigel Dunnett
Department of Landscape
University of Sheffield
Sheffield S10 2TN
United Kingdom
E-mail: n.dunnett@sheffield.ac.uk
Green roof planting and design

模块化墙系统

Soil Retention Systems
2501 State Street
Carlsbad, California 92008
United States
Phone: +1 800 346 7995
http://www.soilretention.com

生物墙

Air Quality Solutions Ltd
55 Callander Drive
Guelph, Ontario
Canada N1E 4H6
Phone: +1 519 820 5504
Fax: +1 519 837 9289
Email: info@naturaire.com
http://www.naturaire.com
Indoor living walls

G-Sky
669 Ridley Place, Unit 208
Delta, BC (Annacis Island)
Canada V3M 6Y9
Phone: +1 604 708 0611
Fax: +1 604 357 1315
http://www.greenrooftops.com
Living walls and green roofs

Sharp & Diamond Landscape Architecture Inc.
602–1401 West Broadway
Vancouver, BC
Canada V6H 1H6
Phone: +1 604 681 3303
E-mail: info@sharpdiamond.com
http://www.sharpdiamond.com
Living wall design

Elevated Landscape Technologies Inc. (ELT)
245 King George Road Suite #319
Brantford, Ontario
Canada N3R 7N7
Phone: +1 866 306 7773, +1 519 449 9433
E-mail: info@elteasygreen.com
http://www.livingwalls.com
Living wall systems

参考文献

Air Quality Solutions Ltd. 2004. Library. http://www.naturaire.com/library.html (accessed 3 October 2007).

Alcazar, S. S., and B. Bass. 2005. Energy performance of green roofs in a multi-storey residential building in Madrid. In *Proceedings of the Third Annual International Green Roofs Conference: Greening Rooftops for Sustainable Communities*, Washington DC, May 2005. Toronto: The Cardinal Group.

Anderson, R. C., J. S. Fralish, and J. M. Baskin. 1999. *Savannas, Barrens and Rock Outcrop Plant Communities of North America*. New York: Cambridge University Press.

Arbeitskreis 'Fassadenbegrünung'. 2000. *Richtlinie für die Planung, Ausführung und Pflege von Fassadenbegrünung mit Kletterpflanzen*. Bonn, Germany: Forschungsgesellschaft Landschaftsentwicklung Landschaftsbau (FLL).

Barbour, M. C., and W. D. Billings. 1988. *North American Terrestrial Vegetation*. Cambridge, UK: University of Cambridge Press.

Bass, B. 2001. Reducing the urban heat island and its associated problems: Examining the role of green roof infrastructure. *The Green Roof Infrastructure Monitor* 3(1): 10–12.

Bass, B., R. Stull, S. Krayenjoff, and A. Martilli. 2002. Modelling the impact of green roof infrastructure on the urban heat island in Toronto. *The Green Roof Infrastructure Monitor* 4(1): 2–3.

Baumann, N. 2006. Ground-nesting birds on green roofs in Switzerland: preliminary observations. *Urban Habitats* 4: 37–50. Available online at http://www.urbanhabitats.org/v04n01/birds_full.html (accessed 6 October 2007).

Beattie, D., and D. Berghage. 2004. Green roof media characteristics: the basics. In *Proceedings of the Second Annual International Green Roofs Conference: Greening Rooftops for Sustainable Communities*, Portland, May 2004. Toronto: The Cardinal Group.

Berghage, R. 2007. Green roof runoff water quality. In *Proceedings of the Fifth Annual International Green Roofs Conference: Greening Rooftops for Sustainable Communities*, Minneapolis, May 2007. Toronto: The Cardinal Group.

Bisgrove, R. 1992. *The Gardens of Gertrude Jekyll*. London: Frances Lincoln.

Boivin, M., M. Lamy, A. Gosselin, and B. Dansereau. 2001. Effect of artificial substrate depth on freezing injury of six herbaceous perennials grown in a green roof system. *HortTechnology* 11: 409–412.

Brandwein, T., and M. Köhler. 1993. In M. Köhler, ed. *Fassaden-und Dachbegrünung*. Stuttgart: Ulmer.

Brenneisen, S. 2003. The benefits of biodiversity from green roofs: key design consequences. In *Proceedings of the First Annual International Green Roofs Conference: Greening Rooftops for Sustainable Communities*, Chicago, May 2003. Toronto: The Cardinal Group.

Brenneisen, S. 2004. From biodiversity strategies to agricultural productivity. In *Proceedings of the Second Annual International Green Roofs Conference: Greening Rooftops for Sustainable Communities*, Portland, May 2004. Toronto: The Cardinal Group.

Brenneisen, S. 2005. Green roofs: recapturing urban space for wildlife – a challenge for urban planning and environmental education. In *Proceedings of the Third Annual International Green Roofs Conference: Greening Rooftops for Sustainable Communities*, Washington DC, May 2005. Toronto: The Cardinal Group.

Brenneisen, S. 2006. Space for urban wildlife: designing green roofs as habitat in Switzerland. *Urban Habitats* 4: 27–36. Available online at http://www.urbanhabitats.org/v04n01/wildlife_full.html (accessed 6 October 2007.)

Breuning, J. 2007. Do we need a belt, suspenders and a nail in our belly button to hold our pants? Fire and wind on extensive green roofs. *The Green Roof Infrastructure Monitor* 9(1): 12–13.

Broili, M. 2002. Eco-roofs as a stormwater management tool. *Newsletter of Living Systems Design Guild* April.

Burke, K. 2003. Green roofs and regenerative design strategies: The Gap's 901 Cherry Project. In *Proceedings of the First Annual International Green Roofs Conference: Greening Rooftops for Sustainable Communities*, Chicago, May 2003. Toronto: The Cardinal Group.

Burgess, H. 2004. An assessment of the potential of green roofs for bird conservation in the UK. Unpublished BSc thesis, University of Sussex, UK. Available online at http://www.livingroofs.org.uk (accessed 6 October 2007).

Carter, T., and T. Rasmussen. 2005. Use of green roofs for ultra-urban stream restoration in the Georgia piedmont (USA). In *Proceedings of the Third Annual International Green Roofs Conference: Greening Rooftops for Sustainable Communities*, Washington DC, May 2005. Toronto: The Cardinal Group.

Carter, T., and C. Jackson. 2007. Vegetated roofs for stormwater management at multiple spatial scales. *Landscape and Urban Planning* 80: 84–94.

Catling, P. M., and V. R. Brownell. 1995. A review of the alvars of the Great Lakes region: distribution, floristic composition, biogeography, and protection. *Canadian Field-Naturalist* 109(2): 143–171.

Catling, P. M., and V. R. Brownell. 1999. Alvars of the Great Lakes region. In Anderson, R. C., J. S. Fralish, and J. M. Baskin, eds. *Savannas, Barrens and Rock Outcrop Plant Communities of North America*. New York: Cambridge University Press.

Cheney, C. 2002. Greening Gotham's rooftops. *The Green Roof Infrastructure Monitor* 4(2): 20–22.

Cheney, C. 2005. The Viridian project: Green roofs for affordable and supportive housing. In *Proceedings of the Third Annual International Green Roofs Conference: Greening Rooftops for Sustainable Communities*, Washington DC, May 2005. Toronto: The Cardinal Group.

Chiaffredo, M., and F. Denayer. 2004. Mosses: a necessary step for perennial plant dynamics. In *Proceedings of the Second Annual International Green Roofs Conference: Greening Rooftops for Sustainable Communities*, Portland, May 2004. Toronto: The Cardinal Group.

Coffman, R., and G. Davis. 2005. Insect and avian fauna presence on the Ford Assembly Plant ecoroof. In *Proceedings of the Third Annual International Green Roofs Conference: Greening Rooftops for Sustainable Communities*, Washington DC, May 2005. Toronto: The Cardinal Group.

Compton, S., and T. Whitlow. 2006. A zero-discharge green roof system and species selection to optimise evapotranspiration and water retention. In *Proceedings of the Fourth Annual International Green Roofs Conference: Greening Rooftops for Sustainable Communities*, Boston, May 2006. Toronto: The Cardinal Group.

Cooper, P. 2003. *Interiorscapes: Gardens Within Buildings*. London: Mitchell Beazley.

Currie, B., and B. Bass. 2005. Estimates of air pollution mitigation with green plants and green roofs using the UFORE model. In *Proceedings of the Third Annual International Green Roofs Conference: Greening Rooftops for Sustainable Communities*, Washington DC, May 2005. Toronto: The Cardinal Group.

Crûg Farm Nursery Catalogue. 2007. Crûg Farm, Bangor, Wales. http://www.mailorder.crug-farm.co.uk (accessed 4 October 2007).

Cushman, R. 1988. *Shortgrass Prairie*. Boulder, CO: Pruett.

David, S., H. Kalivoda, E. Kalivodová, and J. Steffek. 2007. *Xerotermné biotopy Slovenska*. Séria vedeckej literatúry, Vol. 13. Edícia Biosféra, Slovakia: Bratislava (summary text in English).

Doshi, H. 2007. Using GIS to rank potential sites based on green roof impact. In *Proceedings of the Fifth Annual International Green Roofs Conference: Greening Rooftops for Sustainable Communities*, Minneapolis, April/May, 2007. Toronto: The Cardinal Group.

DTG Products. 2005. *Chikusa cultural little theatre*. http://www.daitoutg.co.jp/exp/popup/hd_ex_p20.htm (accessed 4 October 2007; in Japanese).

Dunnett, N. 2002. Up on the roof. *The Garden* May: 380–383.

Dunnett, N., and A. Nolan. 2004. The effect of substrate depth and supplementary watering on the growth of nine herbaceous perennials in a semi-extensive green roof. *Acta Horticulturae* 643: 305–309.

Dunnett, N. 2006a. Sheffield's Green Roof Forum: a multi-stranded programme of green roof infrastructure development for the UK's 'greenest city'. In *Proceedings of the Fourth Annual International Green Roofs Conference: Greening Rooftops for Sustainable Communities*, Boston, May 2006. Toronto: The Cardinal Group.

Dunnett, N. 2006b. Green roofs for biodiversity: reconciling aesthetics with ecology. In *Proceedings of the Fourth Annual International Green Roofs Conference: Greening Rooftops for Sustainable Communities*, Boston, May 2006. Toronto: The Cardinal Group.

Dunnett, N., A. Nagase, R. Booth, and J. P. Grime. 2005. Vegetation composition and structure significantly influence green roof performance. In *Proceedings of the Fourth Annual International Green Roofs Conference: Greening Rooftops for Sustainable Communities*, Washington DC, May 2005. Toronto: The Cardinal Group.

Dunnett, N. and A. Clayden. 2007. *Rain Gardens: Managing Water Sustainably in the Garden and Designed Landscape*. Portland, OR: Timber Press.

Dunnett, N., and A. Nagase. 2007. The dynamics and visual impact of planted and colonising on a green roof over six growing seasons 2001–2006: influence of substrate depth. In *Proceedings of the Fifth Annual International Green Roofs Conference: Greening Rooftops for Sustainable Communities*, Minneapolis, May 2007. Toronto: The Cardinal Group.

Durhman, A., D. Rowe, and C. Rugh. 2007. Effect of substrate depth on initial growth, coverage and survival of 25 succulent green roof plant taxa. *HortScience* 42: 588–595.

Emilsson, T. 2003. The influence of establishment method and species mix on plant cover. In *Proceedings of the First Annual International Green Roofs Conference: Greening Rooftops for Sustainable Communities*, Chicago, May 2003. Toronto: The Cardinal Group.

Emilsson, T., J. Berndtsson, J. Mattson, and K. Rolf. 2007. Effect of using conventional and controlled released fertiliser on nutrient runoff from various vegetated roof systems. *Ecological Engineering* 29: 260–271.

English Nature. 2003. *Green Roofs: Their Existing Status and Potential for Conserving Biodiversity in Urban Areas*. English Nature Report no. 498. Peterborough, UK: English Nature.

Evans, D., H. Stevenson, and S. Leeth. 2005. Nutrient trading and green roof incentives. In *Proceedings of the Fourth Annual International Green Roofs Conference: Greening Rooftops for Sustainable Communities*, Boston, May 2005. Toronto: The Cardinal Group.

Ferguson, B. K. 1998. *Introduction to Stormwater: Concept, Purpose, Design*. New York: John Wiley and Sons, Inc.

Garnett, T. 1997. Digging for change: The potential of urban food production. *Urban Nature Magazine* Summer: 62–65.

Gedge, D. 2003. From rubble to redstarts. In *Proceedings of the First Annual International Green Roofs Conference: Greening Rooftops for Sustainable Communities*, Chicago, May 2003. Toronto: The Cardinal Group.

Grant, G. 2006. Extensive green roofs in London. *Urban Habitats* 4: 51–65. Available online at http://www.urbanhabitats.org/v04n01/london_full.html (accessed 4 October 2007).

Greenberg, J. 2002. *A Natural History of the Chicago Region*. Chicago, IL: Chicago University Press.

The Green Roof Infrastructure Monitor. 2001a. Vol. 2, no. 3.

The Green Roof Infrastructure Monitor. 2001b. Vol. 3, no. 2.

Grime, J. P. 2002. *Plant Strategies, Vegetation Processes and Ecosystem Properties*. Chichester, UK: John Wiley.

Hämmerle, F. 2002. Dachbegrünungen rechnen sich. *Jahrbuch Dachbegrunung*, 18–25.

Hauth, E., and T. Liptan. 2003. Plant survival findings in the Pacific Northwest. In *Proceedings of the First Annual International Green Roofs Conference: Greening Rooftops for Sustainable Communities*, Chicago, May 2003. Toronto: The Cardinal Group.

Herman, R. 2003. Green roofs in Germany: Yesterday, today and tomorrow. In *Proceedings of the First Annual International Green Roofs Conference: Greening Rooftops for Sustainable Communities*, Chicago, May 2003. Toronto: The Cardinal Group.

Hewitt, T. 2003. *Garden Succulents*. RHS Wisley Handbook. London: Cassell Illustrated Publications.

Hill, P. 2001. Vertical thinking. *The Garden* April: 280–283.

Hitchmough, J. 1994. *Urban Landscape Management*. Sydney: Incata Press.

Hoffman, L., and G. Loosvelt. 2007. Viridian green roofs for multifamily affordable housing: reducing upfront costs and creating financing opportunities. In *Proceedings of the Fifth Annual International Green Roofs Conference: Greening Rooftops for Sustainable Communities*, Minneapolis, April/May 2007. Toronto: The Cardinal Group.

Hunt, B., A. Hathaway, J. Smith and J. Calabria. 2006. Choosing the right green roof media for water quality. In *Proceedings of the Fourth*

Annual International Green Roofs Conference: Greening Rooftops for Sustainable Communities, Boston, May 2006. Toronto: The Cardinal Group.

Hutchinson, D., P. Abrams, R. Retzlaff, and T. Liptan. 2003. Stormwater monitoring of two ecoroofs in Portland, Oregon, USA. In *Proceedings of the First Annual International Green Roofs Conference: Greening Rooftops for Sustainable Communities*, Chicago, May 2003. Toronto: The Cardinal Group.

Jakob. 2002. Catalogue. Trubschachen, Switzerland: Jakob AG.

Johnson, P. A. 2007. A green roof grant program for Washington DC. In *Proceedings of the Fifth Annual International Green Roofs Conference: Greening Rooftops for Sustainable Communities*, Minneapolis, April/May 2007. Toronto: The Cardinal Group.

Johnson, J., and J. Newton. 1993. *Building Green: A Guide to Using Plants on Roofs, Walls and Pavements*. London: London Ecology Unit.

Kadas, G. 2006. Rare invertebrates colonising green roofs in London. *Urban Habitats* 4: 66–86.

Keeley, M. 2007. Incentivizing green roofs through parcel based stormwater fees. In *Proceedings of the Fifth Annual International Green Roofs Conference: Greening Rooftops for Sustainable Communities*, Minneapolis, April/May 2007. Toronto: The Cardinal Group.

Kendle A. D., and J. E. Rose. 2000. The aliens have landed! What are the justifications for 'native only' policies in landscape plantings? *Landscape and Urban Planning* 47: 19–31.

Kephart, P. 2005. Living architecture: an ecological approach. In *Proceedings of the Third Annual International Green Roofs Conference: Greening Rooftops for Sustainable Communities*,

Washington DC, May 2005. Toronto: The Cardinal Group.

Kingsbury, N. 2001. Roofing veldt. *The Garden* June: 446–449.

Köhler, M. 1993. *Fassaden-und Dachbegrünung*. Stuttgart: Ulmer.

Kohler, M. 2004. Green roof technology – from a fire protection system to a central instrument in sustainable urban design. In *Proceedings of the Second Annual International Green Roofs Conference: Greening Rooftops for Sustainable Communities*, Portland, May 2004. Toronto: The Cardinal Group.

Köhler, M., M. Schmidt, F. W. Grimme, M. Laar, and F. Gusmao. 2001. Urban water retention by greened roofs in temperate and tropical climates. In *Proceedings of the 38th World Congress of the International Federation of Landscape Architects*, Singapore. Versailles: IFLA.

Kohler, M., W. Wiartalla, and R. Fiege. 2007. Interaction between PV-systems and extensive green roofs. In *Proceedings of the Fifth Annual International Green Roofs Conference: Greening Rooftops for Sustainable Communities*, Minneapolis, May 2007. Toronto: The Cardinal Group.

Kolb, W. 1988. Direktaussaat von Stauden und Graesern zur Extensivebegrünung von Flachdaechern. *Rasen-Turf-Gazon* 3. Republished in *Veitshoechheimer Berichte*, Heft 39, Dachbegrünung.

Kolb, W. 1995. *Dachbegrünungen Versuchsergebnisse Neue Landschaft* 10. Republished in *Veitshoechheimer Berichte*, Heft 39, Dachbegrünung.

Kolb, W., and T. Schwarz. 1986a. Zum Klimatisierungseffekt von Pflanzenbeständen auf Dächern, Teil I. *Zeitschrift für Vegetationstechnik* 9. Republished in

Veitshoechheimer Berichte, Heft 39, Dachbegrünung.

Kolb, W., and T. Schwarz. 1986b. Zum Klimatisierungseffekt von Pflanzenbeständen auf Dächern, Teil II. *Zeitschrift für Vegetationstechnik* 9. Republished in *Veitshoechheimer Berichte*, Heft 39, Dachbegrünung.

Kolb, W., and T. Schwarz. 1999. *Dachbegrünung intensive und extensiv.* Stuttgart: Ulmer.

Kolb, W., T. Schwarz, R. Trunk, and H. Zott. 1989. Extensivbegrünung mit System? *Rasen-Turf-Gazon* 4: 91–97.

Kolb, W., and R. Trunk. 1993. *Allium ergünzen Sedum hervorragend Tagungband Landespflegetage.* Republished in *Veitshoechheimer Berichte*, Heft 39, Dachbegrünung.

Kosareo, L., and R. Ries. 2006. Life cycle assessment of a green roof in Pittsburgh. In *Proceedings of the Fourth Annual International Green Roofs Conference: Greening Rooftops for Sustainable Communities*, Boston, May 2006. Toronto: The Cardinal Group.

Kula, R. 2005. Green roofs and the LEED green building rating system. In *Proceedings of the Third Annual International Green Roofs Conference: Greening Rooftops for Sustainable Communities*, Washington DC, May 2003. Toronto: The Cardinal Group.

Liptan, T. 2002. Author interview, Bureau of Environmental Services, Portland, Oregon, 26 October 2002.

Liptan, T., and R. Murase. 2002. Water gardens as stormwater infrastructure (Portland, Oregon). In R. France, ed. *Handbook of Water-Sensitive Planning and Design.* Boca Raton, FL: Lewis Publishers.

Liu, K., and B. Baskaran. 2003. Thermal performance of green roofs through field evaluation. In *Proceedings of the First Annual International Green Roofs Conference: Greening Rooftops for Sustainable Communities*, Chicago, May 2003. Toronto: The Cardinal Group.

Liu, K., and J. Minor. 2005. Performance evaluation of an extensive green roof. In *Proceedings of the Third Annual International Green Roofs Conference: Greening Rooftops for Sustainable Communities*, Washington DC, May 2003. Toronto: The Cardinal Group.

Lundberg, L. 2005. Swedish green roof research – an overview. Paper presented at the World Green Roof Congress, Basel, Switzerland, September 2005.

Lundholm, J. T. 2006. Green roofs and façades: a habitat template approach. *Urban Habitats* 4: 87–101. Available from http://www.urbanhabitats.org/v04n01/habitat_full.html (accessed 4 October 2007).

MacDonagh, P., N. Hallyn and S. Rolph. 2006. Midwestern plant communities + design = bedrock bluff prairie green roofs. In *Proceedings of the Fourth Annual International Green Roofs Conference: Greening Rooftops for Sustainable Communities*, Boston, May 2006. Toronto: The Cardinal Group.

Martens, R., and B. Bass. 2006. Roof-envelope ratio impact on green roof energy performance. In *Proceedings of the Fourth Annual International Green Roofs Conference: Greening Rooftops for Sustainable Communities*, Boston, May 2006. Toronto: The Cardinal Group.

Meiss, M. 1979. The climate of cities. In I. Laurie, ed. *Nature in Cities.* Chichester, UK: John Wiley & Sons.

Mentens, J., D. Raes, and M. Hermy. 2003. Effect of orientation on the water balance of green roofs. In *Proceedings of the First Annual International Green Roofs Conference: Greening Rooftops for Sustainable Communities*, Chicago, May 2003. Toronto: The Cardinal Group.

Mentens, J., D. Raes, and M. Hermy. 2006. Green roofs as a tool for solving the rainwater runoff problem in the urbanised 21st century. *Landscape and Urban Planning* 77: 216–226.

Miller, C. 2002. Mathematical simulation methods: A foundation for developing general-purpose green roof simulation models. Unpublished conference notes, 8 December 2002.

Miller, C. 2003. Moisture management in green roofs. In *Proceedings of the First Annual International Green Roofs Conference: Greening Rooftops for Sustainable Communities*, Chicago, May 2003. Toronto: The Cardinal Group.

Miller, T., and L. Liptan. 2005. Update on Portland's integrated cost analysis for widespread green implementation: executive summary. In *Proceedings of the Third Annual International Green Roofs Conference: Greening Rooftops for Sustainable Communities*, Washington DC, May 2005. Toronto: The Cardinal Group.

Montalto, F., C. Behr, K. Alfredo, M. Wolf, M. Ayre, and M. Walsh. 2007. Rapid assessment of the cost-effectiveness of low-impact development for CSO control. *Landscape and Urban Planning*, in press.

Moran, A., B. Hunt, and G. Jennings. 2004. A North Carolina field study to evaluate green roof water runoff quantity, runoff quality, and plant growth. In *Proceedings of the Second Annual International Green Roofs Conference: Greening Rooftops for Sustainable Communities*, Portland, May 2004. Toronto: The Cardinal Group.

Nagase, A. 2008. Plant Selection for Green Roofs in the UK. Doctoral thesis, The University of Sheffield, Sheffield, UK.

Oberlander, C., E. Whitelaw, and E. Matsuzaki. 2002. *Introductory Manual for Greening Roofs for Public Works and Government Services in Canada*. Toronto: Public Works and Government Services.

Optigrün. 2002. Catalogue. Krauchenwies-Goggingen, Germany: Optigrün.

Onmura, S., M. Matsumoto, and S. Hokoi. 2001. Study on evaporative cooling effect of roof lawn gardens. *Energy and Buildings* 33: 653–666.

Osmundson, T. 1999. *Roof Gardens, History, Design, Construction*. New York: W. W. Norton and Co.

Pantalone, J., and L. Z. Burton. 2006. Making green roofs happen in Toronto. In *Proceedings of the Fifth Annual International Green Roofs Conference: Greening Rooftops for Sustainable Communities*, Boston, May 2006. Toronto: The Cardinal Group.

Peck, S. 2003. Towards an integrated green roof infrastructure evaluation for Toronto. *The Green Roof Infrastructure Monitor* 5(1): 4–5.

Peck, S., and M. Kuhn. 2000. *Design Guidelines for Green Roofs*. Toronto: Environment Canada.

Peck, S. P., C. Callaghan, M. E. Kuhn, and B. Bass. 1999. *Greenbacks from Greenroofs: Forging a New Industry in Canada*. Toronto: Canada Mortgage and Housing Corp.

Philippi, P. 2006. How to get cost reduction in green roof construction. In *Proceedings of the Fourth Annual International Green Roofs Conference: Greening Rooftops for Sustainable Communities*, Boston, May 2006. Toronto: The Cardinal Group.

Randall, D. 2003. Conversation with author, Bristol, UK, 6 March 2003.

Rose, P. Q. 1996. *The Gardeners Guide to Growing Ivies*. Newton Abbot, UK: David and Charles.

Rowe, D., R. Clayton, N. Van Woert, M. Monterusso, and D. Russell. 2003. Green roof slope, substrate depth and vegetation influence runoff. In *Proceedings of the First Annual International Green Roofs Conference: Greening Rooftops for Sustainable Communities*, Chicago, May 2003. Toronto: The Cardinal Group.

Rowe, D., C. Rugh, and A. Durhman. 2006. Assessment of substrate depth and composition on green roof plant performance. In *Proceedings of the First Annual International Green Roofs Conference: Greening Rooftops for Sustainable Communities*, Boston, May 2006. Toronto: The Cardinal Group.

Schillander, P., and S. Hultengren. 1998. *Plants and Animals on the Alvars of Öland*. Kälmar, Sweden: Länsstyrelsen Kälmar Län.

Schmidt, M. 2006. *Rainwater harvesting for stormwater management and building climatization*. http://www.a.tu-berlin.de/GtE/forschung/Adlershof/Beijing2006.pdf (accessed 4 October 2007).

Schmidt, M. no date. Institute of Physics in Berlin-Adlershof. Berlin Senate for Urban Development – Communication. http://www.a.tu-berlin.de/GtE/forschung/Adlershof/faltblatt_institut_physik_engl.pdf (accessed 4 October 2007).

Scholz-Barth, K. 2001. Green roofs: Stormwater management from the top down. *Environmental Design & Construction* January/February.

Schrader, S., and M. Boning. 2006. Soil formation on green roofs and its contribution to urban biodiversity with emphasis on Collembolans. *Pedobiologia* 50: 347–356.

Sharp, R. 2006. Green towers and green walls. In *Proceedings of the Fifth Annual International Green Roofs Conference: Greening Rooftops for Sustainable Communities*, Boston, May 2006. Toronto: The Cardinal Group.

Sharp, R. 2007. Green walls in Vancouver. In *Proceedings of the Fifth Annual International Green Roofs Conference: Greening Rooftops for Sustainable Communities*, Minneapolis, April 2007. Toronto: The Cardinal Group.

Smith, R., K. Gaston, P. Warren, and K. Thompson. 2006. Urban domestic gardens (viii): environmental correlates of invertebrate abundance. *Biodiversity and Conservation* 15: 2515–2545.

Snodgrass, E., and L. Snodgrass. 2006. *Green Roof Plants: A Resource and Planting Guide*. Portland, OR: Timber Press.

Spronken-Smith, R. A., and T. R. Oke. 1998. The thermal regime of urban parts in two cities with different summer temperatures. *International Journal of Remote Sensing* 19(11): 2085–2104.

Stein, S. 1993. *Restoring the Ecology of Our Own Backyards*. Boston: Houghton Mifflin.

Stender, I. 2002. Policy incentives for green roofs in Germany. *The Green Roof Infrastructure Monitor* 4(1): 10–11.

Stephenson, R. 1994. *Sedum: Cultivated Stonecrops*. Portland, OR: Timber Press.

Tan, P., N. Wong, Y. Chen, C. Ong, and A. Sia. 2003. Thermal benefits of rooftop gardens in Singapore. In *Proceedings of the First Annual International Green Roofs Conference: Greening Rooftops for Sustainable Communities*, Chicago, May 2003. Toronto: The Cardinal Group.

Tan, P.Y., and A. Sia. 2005. A pilot green roof research project in Singapore. In *Proceedings of the Fifth North American Green Roofs Conference:*

Greening Rooftops for Sustainable Communities, Washington DC, May 2005. Toronto: The Cardinal Group.

Ulrich, R. 1984. View through a window may influence recovery from surgery. *Science* 224: 420–421.

Ulrich, R. 1986. Human responses to vegetation and landscapes. *Landscape and Urban Planning* 13: 29–44.

Ulrich, R. S., and R. Simons. 1986. Recovery from stress during exposure to everyday outdoor environments. In J. Wineman, R. Barnes, and C. Zimring, eds. *The Costs of Not Knowing*, Proceedings of the 17th Annual Conference of the Environmental Research Association. Washington, DC: Environmental Research Association.

Valazquez, L. 2003. Modular green roof technology: An overview of two systems. In *Proceedings of the First Annual International Green Roofs Conference: Greening Rooftops for Sustainable Communities*, Chicago, May 2003. Toronto: The Cardinal Group.

Van Seters, T., L. Rocha, and G. McMillan. 2007. Evaluation of the runoff quantity and quality performance of an extensive green roof in Toronto, Ontario. In *Proceedings of the Fifth Annual International Green Roofs Conference: Greening Rooftops for Sustainable Communities*, Minneapolis, May 2007. Toronto: The Cardinal Group.

Von Stulpnagel, A., M. Horbert, and H. Sukopp. 1990. The importance of vegetation for the urban climate. In H. Sukopp, ed. *Urban Ecology*. The Hague, Netherlands: Academic Publishing.

Wachter, H. M., D. Lilly, B. Berkompas, W. Taylor, and K. W. Marx. 2007. City of Seattle green roof policy development through extended performance monitoring as a basis for hydrologic modeling. In *Proceedings of the Fifth Annual International Green Roofs Conference: Greening Rooftops for Sustainable Communities*, Minneapolis, April/May 2007. Toronto: The Cardinal Group.

Wassmann, F. 2003. Interview with Noël Kingsbury, 10 April 2003, Hinterkappelen, Switzerland.

Werthmann, C. 2007. *Green Roof – A Case Study. Michael Van Valkenburgh's Associates Design for the Headquarters of the American Society of Landscape Architects*. New York: Princeton Architectural Press.

White, J. W., and E. Snodgrass. 2003. Extensive green roof plant selection and characteristics. In *Proceedings of the First Annual International Green Roofs Conference: Greening Rooftops for Sustainable Communities*, Chicago, May 2003. Toronto: The Cardinal Group.

Wieditz, I. 2003. Urban biodiversity: An oxymoron? *The Green Roof Infrastructure Monitor* 5(1): 8–9.

Wolverton, B. C. 1997. *How to Grow Fresh Air: 50 House Plants that Purify Your Home or Office*. New York: Penguin.

Wolverton, B. C., A. Johnson, and K. Bounds. 1989. *Interior Landscape Plants for Indoor Air Pollution Abatement: Final Report*. Washington, DC: NASA.

Wong, E. 2005. Green roofs and the U.S. Environmental Protection Agency's heat island reduction initiative. In *Proceedings of the Third Annual International Green Roofs Conference: Greening Rooftops for Sustainable Communities*, Washington DC, May 2003. Toronto: The Cardinal Group.

Wong, N., S. Tay, R. Wong, C. Ong, and A. Sia. 2003. Life cycle cost analysis of rooftop gardens in Singapore. *Building and Environment* 38: 499–509.

Wong, N., P. Tan, and C. Yu. 2007. Study of thermal performance of extensive rooftop greenery systems in the tropical climate. *Building and Environment* 42: 25–54.

Yuen, B. and W. Hien. 2005. Residents perceptions and expectations of rooftop gardens in Singapore. *Landscape and Urban Planning* 73: 263–276.

拓展阅读

Roof greening

Virtually all English-language material is available on the web, much of which duplicates the German and other European research. To date, the major books in English have been:

Earth Pledge. 2005. *Green Roofs: Ecological Design and Construction*. New York: Earth Pledge.

Johnson, J., and J. Newton. 1993. *Building Green: A Guide to Using Plants on Roofs, Walls and Pavements*. London: London Ecology Unit. This provides a very useful overview of the use of plants on buildings.

Osmundson, T. 1999. *Roof Gardens: History, Design, Construction*. New York: W. W. Norton and Co. This comprehensive book concentrates mainly on intensive roof gardens.

Snodgrass, E. C., and L. L. Snodgrass. 2006. *Green Roof Plants, A Resource and Planting Guide*. Portland, OR: Timber Press.

For readers of German, there are several books which are very useful on techniques and plants:

Kolb, W., and T. Schwartz. 1999. *Dachbegrünung, intensiv und extensiv*. Stuttgart: Ulmer. This is the most useful all-round book.

Richtlinie für die Planung, Ausführung und Pflege von Dachbegrünung. 1995. Bonn: Forschungsgesellschaft Landschaftsentwicklung Landschaftsbau (FLL).

Technical specifications for planning, implementation, and maintenance:

Ernst, W. 2002. *Dachabdichtung Dachbegrünung 1. Fehler. Ursachen, Auswirkungen und Vermeidung*. Stuttgart: IRB Verlag. This provides a study of failures of roof sealing and roof greening as well as their causes, effects, and prevention.

Ernst, W., and H.-J. Liesecke. 2002. *Dachabdichtung Dachbegrünung. Fachbuchpaket*. Stuttgart: IRB Verlag. This gives detailed technical information on roof protection and sealing and greening.

Façade greening

There is virtually nothing on façade greening written in English, although the brochure of the Jakob company (see suppliers) is very useful in addressing schemes above two storeys. The following sources are in German and between them are very comprehensive.

Brandwein, T. http://www.biotekt.de

Köhler, M. 1997. *Fassaden-und Dachbegrünung*. Stuttgart: Ulmer.

Richtlinie für die Planung, Ausführung und Pflege von Fassadenbegrünung mit Kletterpflanzen. 2000. Bonn: Forschungsgesellschaft Landschaftsentwicklung Landschaftsbau (FLL).

索引

Plates are indicated with bold page numbers. Plants described only in the appendices, pages 191–242, are not included here.

译后记

借北京大学景观设计师大会之际，认识了导师奈杰尔·邓尼特，获得国家留学基金委资助后，于2008年9月到达谢菲尔德大学开始半年的访学生涯。在那短暂的几个月时间，导师详细介绍了欧洲屋顶绿化理论与技术的发展概况，带我参与他主持完成的几个屋顶绿化实践项目。在他家面积并不很大的庭院里，看到两个屋顶绿化工程示范案例。老师对屋顶绿化技术的热爱溢于言表，深深理解他是想通过该技术的推广，实现"让世界更美好的愿望"……

当第一次接触《屋顶绿化与垂直绿化》这本书时，正值该书韩文版面世之际，被其详实的内容、精美的图片和丰富的案例所感动。得到老师的允许后，在北京大学李迪华老师的鼓励与支持下，联系中国建筑工业出版社，决定将本书译成中文。在琐碎和断断续续中，今日，翻译工作终于完成。

翻译期间，得到湖南农业大学园艺园林学院风景园林学科师生、同事们的大力支持。杨娜、汤燕、王紫芹、曾敏、马紫薇、王婧、肖楚楚、何晓阳等同学在翻译、校正等工作中付出了辛勤的劳动。

特别感谢中国建筑工业出版社戚琳琳、张鹏伟、刘钰老师的支持、理解和信任。正是他们耐心、细致、认真的审校，才使本书以最好的姿态呈现在读者面前。感谢我的家人尤其是先生和孩子无条件地支持和包容，让我能有时间完成这项工作。

最后，再次向老师奈杰尔·邓尼特致以崇高的敬意，他对事业的热爱和执着深深地感染了我，希望他那不断追求卓越的精神能影响一代又一代的风景园林从业者。也相信，依托屋顶绿化技术的实施和推广，能推进我国的生态文明建设和风景园林事业的发展。